潍坊耕地

张西森　潘云平　侯月玲　主编

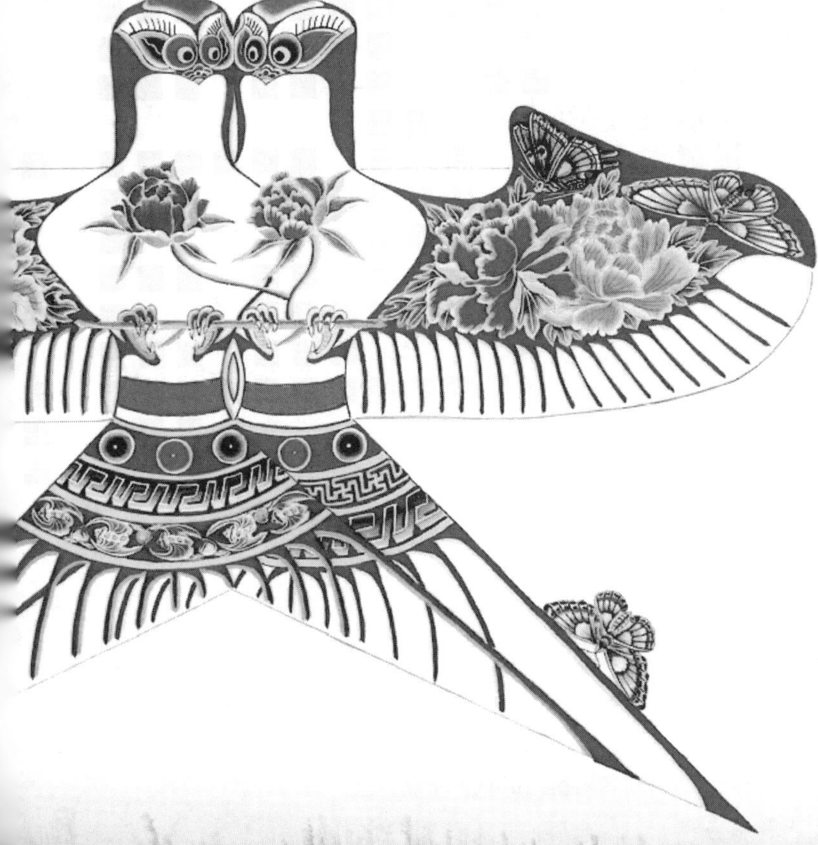

中国农业科学技术出版社

图书在版编目（CIP）数据

潍坊耕地／张西森，潘云平，侯月玲主编．—北京：中国农业科学技术出版社，2016.2
ISBN 978-7-5116-2336-2

Ⅰ.①潍…　Ⅱ.①张…②潘…③侯…　Ⅲ.①耕作土壤-土壤肥力-土壤调查-潍坊市②耕作土壤-土壤评价-潍坊市　Ⅳ.①S159.252.3②S158

中国版本图书馆CIP数据核字（2015）第252751号

责任编辑　张孝安
责任校对　李向荣

出 版 者　中国农业科学技术出版社
北京市中关村南大街12号　邮编：100081
电　　话　（010）82109708（编辑室）　（010）82109704（发行部）
（010）82109709（读者服务部）
传　　真　（010）82106650
网　　址　http://www.castp.cn
经 销 者　各地新华书店
印 刷 者　北京富泰印刷有限责任公司
开　　本　787 mm×1 092 mm　1/16
印　　张　14.875　彩插22面
字　　数　330千字
版　　次　2016年2月第1版　2016年2月第1次印刷
定　　价　100.00元

《潍 坊 耕 地》
编 辑 委 员 会

前言

PREFACE

土地是人类赖以生存和发展的最基本资源，是一切物质最基本的源泉。耕地是土地的精华，是具有一定地力特点的自然资源，关系到国家食品安全、社会稳定和经济发展。耕地地力与农作物的产量、品质及农业增效、农民增收密切相关，因此，对耕地进行分级评价，准确掌握耕地不同地力数量和空间分布，摸清其现状和生产潜力，可以有效保护耕地资源，提高耕地土壤肥力，科学制订农业发展规划、调整产业结构，促进耕地资源合理有效利用。为此，根据《全国耕地地力调查与质量评价技术规程》的要求，在山东省潍坊市范围内开展了耕地地力调查与质量评价工作。

调查和评价是在充分利用第二次土壤普查成果的基础上，按照土壤土种优先，用地类型、种植作物、代表性、均匀性、布点与修正兼顾的原则，在全市均匀布点调查和取样分析。全市共调查了8万多个点位，从中选取了4 671个代表点位参与评价，对参与评价的点位化验分析了土样的pH值、土壤有机质、全氮、碱解氮、有效磷、速效钾、缓效钾、交换性钙、交换性镁、有效硫、有效锌、有效铜、有效钼、有效铁、有效硼、有效锰及土壤质地等21个项目，共计化验79 124个项次。以调查和化验分析的基础信息为依据，按照《耕地地力调查与质量评价技术规程》农业行业标准，结合当地实际情况，选取了对耕地地力影响较大，区域内变异明显，在时间序列上具有相对稳定性，与农业生产有密切关系的多个因素，建立评价指标体系。以土壤图与土地利用现状图叠加形成评价单元，应用模糊综合评判方法，并采用现代信息技术手段对潍坊市耕地资源现状、基础生产能力、土壤肥力状况、土壤障碍因素等进行了全面分析，将潍坊市的耕地进行了精准分等定级，并按级进行了耕地基础地力状况、耕地土壤理化性状、环境质量、水资源状况以及障碍因素分析，针对各级耕地提出了耕地资源合理配置建议、种植业结构调整规划、标准化生产意见、农田污染防治措施，为制订粮食和蔬菜发展与农业结构调整规划、耕地质量保护与建设、耕地改良利用、科学施肥以及节水农业、生态农业等提供了科学依据，也为绿色农产品生产及食品安全提供了决策依据。

基于耕地地力调查与质量评价工作形成的一些宝贵技术资料，建立了潍坊市耕地地力基础属性信息数据库、基础空间数据库，整理编绘了潍坊市土地利用现状图、潍坊市土壤图、潍坊市地貌图、潍坊市耕地地力调查点点位图、潍坊市灌溉分区图5种基础图件，潍坊市土壤pH值分布图以及有机质、全氮、碱解氮、有效磷、速效钾、缓效钾、交换性钙、交换性镁、有效硫、有效锌、有效硼、有效锰、有效钼、有效铜、有效铁含量分布图、潍坊市耕地地力评价等级图等17个成果图件。

为了将调查与评价成果尽快应用于生产，以总结调查与评价成果为基础，借鉴第二次土壤普查的部分成果，编写了《潍坊耕地》一书。首次全面系统地阐述了潍坊市耕地资源现状、地力状况、环境质量和利用状况及改良提高的对策，可为农业转方式、调结构提供技术支持。

在潍坊市的耕地地力调查与质量评价工作中，山东省土壤肥料总站、山东农业大学资源与环境学院、山东天地亚太国土遥感公司的有关专家和潍坊市财政局、国土局、统计局、气象局等都提供了支持和帮助，县市区土肥系统及乡镇农业科技人员在基本情况调查、土样采集和化验分析工作中付出了艰辛的劳动，在此一并表示衷心的感谢。

由于我们水平有限，加之时间仓促，书中难免有错误和纰漏之处，敬请批评指正。

编　者

2015年9月

目　录

CONTENTS

第一章　自然与农业生产概况

耕地是重要的农业生产资料，是具有一定地力特点的自然资源。耕地资源对农业生产的发展，对人类物质生活水平的提高，乃至对整个国民经济的发展都有着巨大的影响。耕地地力与质量是在多种自然条件共同作用下形成的，并在人类活动的影响下发生着深刻的变化，对农作物的产量、品质有着直接的影响，对耕地地力进行科学的评价，具有重要的现实意义和深远的历史意义。

第一节　自然条件

一、地理位置与行政区划

潍坊市位于山东半岛中部泰沂山北麓，胶东半岛与鲁中腹地的过渡带，地跨北纬35°42′～37°19′，东经118°10′～120°01′。南靠临沂、日照，北临渤海，东与青岛、烟台相邻，西与淄博、东营接壤。辖奎文、潍城、坊子、寒亭4区，青州、诸城、寿光、安丘、昌邑、高密6市（县级），昌乐、临朐2县。设有国家级高新技术产业开发区、滨海经济技术开发区、峡山生态经济发展区、综合保税区、经济技术开发区5个市属开发区。陆地面积1.61万km^2，海域面积1 400km^2，常住人口878.87万人，其中，非农业人口460.25万人。

二、气候条件

潍坊地处北温带季风区，背陆面海，属暖温带季风型半湿润性气候。四季特点为：冬冷夏热，四季分明；春季风多雨少；夏季炎热多雨，温高湿大；秋季天高气爽，晚秋多干旱；冬季干冷，寒风频吹。

（一）日照

全年日照时数平均为2 409.6h，日照率为55.0%。1年中实际日照时数平均以5月最多，为254.5h，日照率为58.0%。山区受山峰遮光影响，实际日照时数减少。

（二）气温

潍坊市年平均气温12.6℃，极端最高气温40.7℃，1982年5月25日出现在潍城；极端最低气温-24.2℃，1985年12月9日出现在昌乐。1月平均气温在-5.9～-0.5℃之间，7月平均气温在23.8～28.7℃。

潍坊市年平均降水量615.3mm，降水量最多年出现在1964年，全市平均降水量1 268.8mm，其中，昌邑多达1 412.2mm；降水量最少年出现在1981年，全市平均降水量357.5mm，其中，高密最少仅252.5mm；日降水量极大值为619.7mm，1999年8月12日出现在诸城。春季降水量在25.9～176.1mm，夏季降水量在232.5～629.7mm，秋季降水量在22.6～205.8mm，冬季降水量在3.0～72.6mm。

潍坊市年平均风速3.0m/s，极大风速为36.2m/s，风力达12级，于1978年7月9日出现在潍城。

三、地形地貌

潍坊市地处山东半岛中部，地势南高北低，南部是山区丘陵，中部为平原，北部是沿海滩涂，山区、平原、滩涂面积分别占总面积的28.7%、57.7%和13.6%。

潍坊市市域地貌自北向南，由低到高，形成几个台阶。大体分为潍北滨海低地，洼地，潍中平原，山地丘陵区4个地貌区及14个地貌类型（表1-1）。

（一）潍北滨海低地区

该区北临莱州湾，南以咸淡水线为界，是由海相沉积物和河流冲积物叠次覆盖而成，地势低平，主要由海滩、低平地和缓平低地三种地貌类型组成。海滩分布在高潮线以下，海拔高度在2.5m以下，为近代海沉积而成，常为高潮淹没，主要分布在滨海滩地盐土。低平地，海拔为2.5～5m，为海相沉积而成，出露较早，多不受海潮侵袭，地面常有盐生植被。主要分布滨海潮盐土，并为盐田主要分布地。缓平低地，海拔高度在5～7m，地面多覆盖近代河流冲积物，主要分布有盐化潮土。该区面积224 064.7hm^2，占全市总面积的13.88%。

（二）洼地

该区是长期以来经河流冲积、静水沉积形成了洼地，海拔高度一般在5～10m。区内土壤质地黏重，主要分布着砂姜黑土和湿潮土。按其类型可分为浅平洼地和碟形洼地两个地貌类型，该区面积134 484.7hm^2，占全市总面积的8.33%。

（三）潍中平原区

主要分布在市辖域中部及东部，地势由南向北倾斜，海拔7～100m。由河滩地、平地、缓平坡地和微斜平地四种地貌组成。主要由洪积和河流冲积而成，堆积厚度达几十米至几百米。区内的河网密度较大，较大的河流有弥河、白浪河、潍河、胶莱河，其他多系支流，发源于南部山地丘陵区，贯穿本区向北流入渤海。雨季来时，山洪爆发，上游水流湍急，携带大量泥沙而下，至区内河床变宽，水流减缓，泥沙沉积，堆积于沟谷之外的山麓地带及河流两岸，逐渐形成广阔的洪、冲积平原。区内地面平坦，土层深厚，土壤肥力较高，地下水丰富，是潍坊市主要粮棉及蔬菜生产基地。也是潍坊市潮土、潮棕壤、潮褐土、褐土及淋溶褐土的主要分布区。全市面积为593 558.3hm^2，占全市总面积的36.77%。

（四）南部山地丘陵区

潍南低山丘陵分布于市域的西南及南部，从南向北逐渐变低，一直延伸至胶济铁路南侧，海拔 100m 以上。以沂沭断裂带为界，归属两个脉系，西部为泰山山脉的鲁山和沂山北麓，分布在临朐、青州和昌乐南部及安丘市的中南部，最高点在临朐县南部的沂山玉皇顶，海拔 1 032m。地层带属于太古界泰山群的老变质岩系，由于受高级区域变质作用，大部分遭受了强烈的混合岩及花岗岩岩化过程，形成了多种混合岩和混合花岗岩。东部属崂山山脉的余脉，主要分布在诸城市。山丘以东北—西南延伸，主要岩性为片麻岩、粒岩及砂、页岩等。山地丘陵区地貌类型为谷地、山间平地、台地、高丘、低山和中山六个地貌组成，为棕壤和棕壤性土，褐土和褐土性土的集中分布区。全市面积为 662 206.3hm²，占全市总面积的 41.02%。

表 1-1　潍坊市地貌类型

地貌类型＼项目		面积			分布	成因	特征
		数量（hm²）	占总土地面积（%）	占本区面积（%）			
滨海低地区	海滩地	40 652.20	2.52	18.14	海拔 2.5m 下	海积	与海岸成带状分布，低平向海倾斜，多数高潮淹没，质地多为砂壤质，地下水矿化度高，多形成滩地盐土
滨海低地区	低平地	103 386.67	6.40	46.14	2.5～5m	海积和河相沉积迭次覆盖而成	滩地以上部位，多已不受海潮影响，地下水位较高，矿化度较高，多形成滨海潮盐土
滨海低地区	缓平低地	80 025.87	4.96	35.72	5～7m	海相沉积和河流冲积迭次覆盖而成	是本区地形较高部位，低平倾斜，地下水矿化度＜10g/L，多形成盐化潮土
洼地区	浅平洼地	88 624.67	5.49	65.90	胶莱河西及南部寒亭南孙等	湖沼相沉积	海拔高度一般低于 20m。地势低洼，排水不畅，多垦为台、条田，已为粮棉高产田
洼地区	碟形洼地	45 860.07	2.84	34.10	寿光牛头洼等	湖沼相沉积	海拔高度 7～10m，中间凹，成碟形，地势低洼，排水不畅，大多垦为农田
潍中平原地区	河滩地	108 817.07	6.74	18.33	河流两侧	冲积	坡降多在 1/1 000，沿河成带状分布，地势较高，多形成脱潮土
潍中平原地区	平　地	49 758.20	3.08	8.38	昌邑境内，潍河下游西岸广阔平地	冲积	平坦，坡降小，一般在 1/1 500 以下，地下水丰富，为井灌区，多形成潮土
潍中平原地区	缓平坡地	174 306.60	10.80	29.37	胶济铁路两侧	坡、洪、冲积	位于山丘和平原过渡地带，地势较平，坡降 1/500 左右，多形成褐土和潮褐土
潍中平原地区	微斜平地	260 676.40	16.15	43.92	胶济铁路两侧平原	洪、冲积	地势倾斜，较平坦，坡降 1/500～1/1 000，地下水丰富，多形成潮土和潮褐土

（续表）

地貌类型	项目	面积 数量（hm^2）	占总土地面积（%）	占本区面积（%）	分布	成因	特征
山地丘陵地区	谷地	84 643.24	5.24	12.78	山丘间缓流两侧	坡洪积	谷面不宽，呈阶梯状，多为梯田
	山间平地	158 463.05	9.82	23.93	山丘间开阔平地	坡洪积	开阔，地面起伏不大，土层深厚，主要为农田
	台地	71 201.35	4.41	10.75	山丘边缘	台升、剥蚀侵蚀	台面平坦，边界明显，切割轻，梯田
	高丘	123 190.74	7.63	18.60	海拔＜500m散布	断块台升、挤压、皱褶、剥蚀侵蚀	分砂石丘陵和青石丘陵，砂石丘陵主要在南部和西南，沟谷切割密度大，切割厚度小，地形起伏不大，形状浑圆。青石丘陵分布在西部和西南部，为崮顶残体，沟谷切割密度小。梯田及坡地
	低山	209 115.52	12.95	31.58	南部和西南部，500～1 000m	断块台升、挤压、皱褶、剥蚀侵蚀	砂石低山，脉路明显，山岭平缓，山形多成弯状，沟谷开敞，呈“凹”形。青石山山顶平缓，山坡陡峭，沟谷切割深，呈“V”形。山坡及梯田
	中山	15 592.40	0.97	2.35	沂山	隆起	岩层花岗岩和片麻岩，为本市制高点

四、岩石类型与成土母质

（一）岩石类型

潍坊市境内地质复杂，各时期岩层均有，母岩分布也较复杂。主要的岩石类型有：花岗岩、片麻岩、粒岩、安山岩、火山岩、玄武岩、非石灰性砂页岩、石灰岩等七大类型。花岗岩主要分布在临朐，构成了较大山体的沂山；片麻岩、粒岩主要分布在诸城、昌乐等地，由于岩石古老变质，易于风化剥蚀，多形成平缓岗岭或缓丘；安山岩、非石灰性砂页岩主要分布在诸城市，以白垩系王氏级杂色砂页岩及青山组的部分安山质凝灰砂岩为主，易于风化剥蚀，多形成浑圆形丘陵及平岗岭，主要形成棕壤；火山岩、玄武岩主要分布在安丘、昌乐、临朐等地，其风化物为棕壤和淋溶褐土的成土母质；石灰岩集中分布在青州、临朐一带，其他地方也有零星分布，其风化物主要形成褐土。

各类岩石的化学组成差异极大，形成了类型复杂、性质各异的成土母质，在当地的生物气候条件下，形成土壤类型繁多。

（二）成土母质

母质是形成土壤的物质基础，母质的性质对土壤的形成和性质起积极的作用。本市成土母质种类繁多，母质种类和性质与母岩性质关系密切，成土母质主要可分为以下几种类型。

1. 残—坡积物

残—坡积物广泛分布于山地和丘陵。主要是岩浆岩和沉积岩风化物，厚度一般较薄，颗粒较粗，含有较多砾石，在本市发育为性土，主要在棕壤和褐土分布区存在。根据母岩的性质不同，残—坡积物可分为酸性岩、基性岩、非石灰性砂页岩和钙质岩残—坡积物四类。

酸性岩残—坡积物：主要由花岗岩、片麻岩等风化形成。分布在诸城、临朐、安丘、昌乐及坊子等地。此类风化物中二氧化硅含量很高，而氧化钙含量极低。由片麻岩形成的酸性岩残—坡积物，土层以下多有棕红色或棕黄色的如腐烂的豆饼，易透水的半风化物俗称酥石硼。在本市多形成棕壤性土。

基性岩残—坡积物：主要由玄武岩、安山岩等风化形成，分布较零散。分布在昌乐、安丘、诸城等地。此类风化物中二氧化硅含量比酸性岩残—坡积物显著减少，多呈中性反应。基性岩—残坡积物在淋溶强度大的棕壤区，多形成棕壤性土，而在褐土区多形成褐土性土。

非石灰性砂页岩残—坡积物：由非钙质的砂页岩和部分砾岩风化物组成，主要分布在诸城，其风化物中以 SiO_2 为主，CaO 的含量极低，并有较高的 Fe、Al 的氧化物、呈酸性反应，多形成棕壤性土。

钙质岩残—坡积物：主要是石灰岩及部分钙质砂页岩等碳酸盐母岩的风化物组成，主要分布在青州、临朐，其次在昌乐、安丘等地也有分布，钙质岩的风化物中 CaO 的含量显著高于 SiO_2 的含量，Fe、Al 等氧化物的含量低微，CaO 主要以碳酸盐的形式存在，呈碱性反应，一般形成褐土性土。

2. 坡—洪积物

坡—洪积物分布较广泛，全市各县市区均有，主要分布于山麓的缓坡地段、洪积扇及沟谷高阶地。土层较厚，多大于 1.5m；部分坡地厚度不足 60cm。坡—洪积物多数直接受山体岩性影响，根据来源不同，可分为酸性岩、基性岩、非石灰砂页岩、钙质岩和厚层坡—洪积物五类。

酸性岩坡—洪积物和非石灰砂页岩坡—洪积物：酸性岩坡—洪积物多分布在山地丘陵下部及洪积扇上部，酸性岩坡—洪积物以昌乐、临朐分布面积较大。而非石灰砂页岩坡—洪积物主要在诸城，呈棕色，多为轻壤—中壤土，部分为砂壤，呈酸性或微酸性反应，无石灰性，为棕壤亚类的主要成土母质。

基性岩坡—洪积物：主要分布在昌乐、安丘、临朐等县市，分布零星、面积小，多为轻壤—中壤土，呈中性反应，一般无石灰性或弱石灰性，在当地生物气候条件下，多形成淋溶褐土，部分形成棕壤。

钙质岩坡—洪积物：主要分布在青州、临朐等县市，为石灰岩和部分钙质砂页岩的厚层坡—洪积物，棕色或褐色，质地多为中壤土，多含有较多的游离石灰，呈中性至碱性反应。为褐土亚类和淋溶褐土的主要成土母质。

厚层坡—洪积物：多分布在岩性复杂的山间盆地和山麓地带，在胶济铁路南北广泛分布。厚层坡洪积物是本市褐土的主要成土母质之一，由于类型比较复杂，石灰含量差异较大，对褐土形成中钙化作用的强弱影响极为明显。含石灰量高的厚层坡—洪积物多形成褐土亚类，而含石灰量低的多形成淋溶褐土。

3. 洪—冲积物

分布在山前洪积扇中下部，潍坊市境内河流较密，往往使洪积物和河流冲积物迭次沉积，形成面积较为广阔的洪—冲积平原。主要分布在诸城、安丘和临朐以北地带，地形平坦、开阔，土体深厚，地下水埋深较浅、近几年来由于干旱和开发提灌，水位下降幅度较大。洪—冲积物因来源不同，大体可分为两大类：一类为酸性岩和非石灰性砂页岩区的非钙质厚层洪—冲积物，主要分布在诸城、安丘、昌乐和高密等县市，多为中壤土，呈中性至酸性反应，多为潮棕壤的成土母质，在北部多形成非石灰性潮褐土；另一类是钙质岩区和富钙质的洪冲积物，主要在潍河以西胶济铁路以北，多为轻壤—中壤土，有较强的石灰性，呈中性至碱性反应，pH 值＞7，为潮褐土的主要成土母质。

4. 河流冲积物

主要分布于境内沿河冲积平原，地势平坦，土层深厚，河相冲积沉积层理明显。由于冲积物来源不同，可分为两大类：一类为无石灰性冲积物，来源于酸性母岩和非石灰性砂页岩母岩的山地丘陵区，无石灰性，多呈微酸性或中性反应，主要分布在潍河水系流域的诸城、安丘、昌邑，其次是高密东部的胶河沿岸，为无石灰河潮土的主要成土母质；另一类为石灰性冲积物，物质来源主要是上游的钙质岩（石灰岩）山地丘陵区，或流经富钙母质区，有不同程度的石灰性，多呈中性至碱性反应，主要分布在弥河水系的寿光、临朐和白浪河下游的寒亭区境内，为石灰性河潮土的主要成土母质。

5. 湖沼相沉积物

位于排水不畅的洼地，主要在高密的北部、昌邑东部的胶莱洼地、寿光和青州交界的交接洼地，其他县市区的封闭洼地也有零星分布。由于静水沉积作用，质地较黏，多为中壤土—重壤土，部分为黏土，黏粒含量较高，呈中性至碱性反应，pH 值 7～8。此类沉积物多形成砂姜黑土和湿潮土。

6. 海相沉积物

分布在北部莱州湾的滨海地带，为河流入海沉积物，长期受海水浸渍，后出露成陆形成的，多为砂壤土。由于经常受海水浸渍，含盐量高，多发育形成滨海潮盐土和滩地盐土。

7. 黄土母质

主要分布在昌邑、寒亭、潍城等市区的土埠岭，在青州也有零星分布。为风积而成，质地较轻，多为砂壤—轻壤，含石灰量高，形成石灰性褐土。

五、河流与地下水

（一）河流

潍坊市境内流域面积在 50km^2 以上的河流有 103 条，主要有五条水系，即北胶莱河、潍河、白浪河、弥河和小清河支流塌河，其他数百条河流及溪流，均系上述主要河流的支流，五条水系由南向北流入渤海（表 1-2）。因补给来源主要是大气降水，故属季雨型河流。

表 1-2 潍坊市水系情况统计表

河流＼项目	发源地点	流域面积（km^2）		流经县市区	干流长度（km）	所属支流
		全流域	本市内			
北胶莱河水系		3 978.6	1 918.3	高密市、昌邑市	97	五龙河、柳沟河
潍河水系	临沂莒县	6 493.2	5 386	诸城、安丘、高密、坊子、昌邑		汶河、渠河、涓河、芦河、百尺河、夫其河
白浪河水系	昌乐县大鼓山	1 237.0	1 237.0	昌乐、潍城、寒亭	127	汗河、桂河
弥河水系	临朐县摩天岭	3 847.5	3 847.5	临朐、青州、寿光	206	石河、丹河、崔家河
小清河支流塌河水系			1 463.4	青州、寿光		阳河、张僧河

从径流情况看，境内各地因地形不同和降水量的多少，丰枯悬殊，差异很大。南部山丘地区雨量集中，而且多以大雨—暴雨形式出现，加之地面坡度大，植被稀疏，径流量大，径流深度大，极易造成水土流失，使土层变薄，土壤肥力降低。中部和北部平原区，地形逐渐低平，径流量较小，河水流速缓慢，泥沙沉积，形成土层深厚的洪积、冲积平原。

径流的年际变化也因逐年间降水变率大而差异显著，并且年径流的季节性变化也极显著，一般降水多的 6～8 月，径流量占全年径流量的 70%～80%，10 月至翌年 3 月为枯水期，以 4～5 月径流量最小。目前各河流均修筑拦水坝和水库，流量很小，几乎长年断流、干枯。

（二）地下水

1. 地下水类型

地下水主要类型有：松散岩层孔隙水、岩溶裂隙水、碎屑岩风化裂隙水和玄武岩孔隙水。

松散岩层孔隙水：分布在山前平原和河谷平原区，含水层相互叠置，质地构造较复杂。地下水为潜水及微承压水，富水性强。单井涌水量 3 000～5 000m^3/d；在洪、冲积扇前缘及河间洼地，单井涌水量 1 000～3 000m^3/d。含水层厚度一般为 6.5～30m，平均为 13.5m，埋深 6m 左右。在河谷平原，含水层多为粗砂、砾石，透水性强，单井涌水量大于 3 000m^3/d。北部沿海地区，地下潜水埋深浅不一，且矿化度高，是导致土壤积盐的重要因素之一。

岩溶裂隙水：分布在本市西部及南部，裸露区为低山、丘陵，部分隐伏于第四纪地层以下，一般岩溶区透水性较好，单井涌水量 500～1 000m^3/d，有的小于 100m^3/d。

石灰岩裸露的低山丘陵区，地下水埋藏深，开采困难，形成严重缺水区。

碎屑岩风化裂隙水：主要分布在本市东部及东南部，贮存于为太古界变质岩和侏罗纪、白垩纪砂页岩及第三纪砂页岩中的水，富水性弱，单井涌水量小于 100m³/d。

玄武岩孔隙水：主要分布在中南部，第三纪玄武岩具有气孔状构造，柱状节理发育，有利于地下水运动和贮存，富水性强，单井涌水量 300～500m³/d。水质较好，但因面积小，总水量少。

以上后 3 种类型均为山丘区地下水，依靠大气降水补给，补给量取决于岩石风化程度及地质构造情况。多年平均为 5.9437 亿 m³，平均年水量为 5.9427 亿 m³，年偏枯为 5.4494 亿 m³。

近年来，潍坊市地下水由于严重过量开采，地下水位逐年下降，产生海水入浸现象。

2. 地下水的区域分布及与土壤的关系

地下水的埋藏深度和水质可直接影响土壤的形成。山地丘陵区地下水埋藏较深，多在 10m 以下，对土壤形成的影响不大。在山麓平原地区，由于地势相对较高，有一定的坡度，地下径流畅通，地下水埋藏较深，常年多在 5～7m 以下，甚至更深，水质较好，矿化度较低，多在 0.5g/L 以下，土壤不直接受地下水影响。在本市多形成地带性土壤—棕壤和褐土。在山间谷地洪积扇下缘的开阔平原区，地下水埋深多在 3～5m，矿化度也小，地下水可影响土壤的形成，但影响比较弱，往往形成潮棕壤和潮褐土。在沿河冲积平原，地下水埋深多在 2m 上下，矿化度多在 1g/L 左右，地下水直接参与土壤的形成过程，多形成潮土。在潍坊市的洼地，地下水埋藏较浅，除潮化过程外，往往有潜育化过程，多形成湿潮土或砂姜黑土。而在潮土区的局部较高部位，地下水埋深稍深，且排水良好，在潮化过程同时又发生褐土化过程，为脱潮土分布地。在滨海低平地，地下水埋深较浅，多在 1.5～3m，水质为咸水，矿化度较高，多在 2～10g/L，形成盐化潮土。在滩涂和近海低平地，地下水埋深浅，一般小于 1m，矿化度极高，多在 30～50g/L，高的达到 100g/L 以上，形成滨海潮盐土。

近 20 年来，由于连续干旱，河道干枯，加之过量开发地下水，地下水位显著下降，平均降深 4～6m，因而使部分土壤潮化过程减弱。

六、植被

潍坊市地处暖温带，气候温和，地形复杂，植物资源丰富。有木本植物 243 种，分属 58 科。本市境内可分为 3 个植被区：山地丘陵区、平原河谷区和北部滨海低平地、滩涂区。

山地丘陵区以落叶、阔叶林木为主，分布在临朐及诸城、青州、安丘、昌乐南部等县市的山地丘陵。植被是森林—灌草丛类，上层乔木林主要是刺槐林、落叶栎等。在棕壤区有一定比重的针叶林，主要是油松林，其次是落叶松、赤松和少数侧柏等。在山麓和沟谷中，可见大量的杨柳科及胡桃科阔叶林，由于生长环境良好，长势较好。山地丘陵草丛、草场面积 4.03 万公顷，占自然草场面积的 30%；山丘疏林草丛、草场面积 2.10 万公顷，占 15%；山丘灌木草丛、草场 0.62 万公顷，占 4.6%。

平原河谷区是以农田林网和沿河丰产林组成的防护林网，主要以粮食作物、蔬菜、果树等经济作物为主的栽培植物生长。林木主要为人工栽植的杨树、刺槐等，野生杂草主要是草原草甸植物，在洼地也有湿生植物，生长茂盛，生物积累作用明显。

北部滨海低平地、滩涂区多生长耐盐碱的落叶、阔叶林类，集中分布在寿光、寒亭、昌邑 3 市（区）北部。由于地下水位浅，含盐量高，植物种类少。乔木主要有刺槐、杨树、枣树等；灌木主要有紫穗槐、柽柳等；草本植物主要有黄须菜、黑蒿、碱蓬、茅草、芦苇等。

第二节　农村经济与农业生产情况

一、农村经济状况

2012 年，潍坊市生产总值（GDP）完成 4 012.4亿元，按可比价格比上年增长 10.6%；其中，第一产业增加值 390.52 亿元，增长 5.2%；第二产业增加值 2 166.17 亿元，增长 11.7%，其中，工业增加值 1 952.43亿元，增长 12.0%；第三产业增加值 1 455.74亿元，增长 10.5%。第一、二、三产业对经济增长的贡献率分别为 4.9%、61.9%和 33.2%，分别拉动 GDP 增长 0.5、6.6 和 3.5 个百分点。按常住人口计算，人均 GDP 达到 43 681元（按年末汇率折算为 6 950美元），比 2011 年增加 4 848元，增长 9.8%。第一、二、三产业的比例由 2011 年的 10.14∶55.38∶34.48 调整为 9.73∶53.99∶36.28，三产比重提高 1.8 个百分点，产业结构进一步优化。

近年来，潍坊市委、市政府全面落实国家惠农政策，加大农业投入和政策扶持力度，农民生产积极性不断提高，农业生产运行良好，粮食总产实现“十连增”。2012 年农作物播种面积 1 140 125hm^2，其中，粮食播种面积 803 087hm^2，瓜菜播种面积 227 984hm^2，花生种植面积 48 769hm^2，棉花种植面积 39 668hm^2，果树种植面积 37 775hm^2，黄烟种植面积 14 619hm^2（表 1-3）。实现粮食总产 552.0 万 t，瓜菜总产 1 153万 t、果品总产 89.5 万 t。

据统计，2012 年全年完成农林牧渔业总产值 774.6 亿元，其中，农业生产总值为 429.9 亿元，较 2011 年增加 38.1 亿元，2012 年农民人均所得 11 797元。

表 1-3　农业生产现状

农作物		播种面积（hm^2）	单产（kg/hm^2）	总产量（t）	农作物	播种面积（hm^2）	单产（kg/hm^2）	总产量（t）
粮食作物		803 087	6 873	5 519 575	瓜类	39 392	50 793	2 000 853
其中	小麦	390 188	6 515	2 541 749	西瓜	26 763	53 013	1 418 787
	玉米	395 104	7 925	2 881 804	蔬菜	188 591	61 137	11 529 898
	谷子	2 220	3 600	7 990	大豆	5 881	3 120	18 348
	高粱	359	3 288	1 180	薯类	8 684	7 622	66 182
	其他	53	3 867	205	桃	1 075	213 297	229 294

（续表）

农作物	播种面积（hm^2）	单产（kg/hm^2）	总产量（t）	农作物	播种面积（hm^2）	单产（kg/hm^2）	总产量（t）
花生	48 769	4 995	243 600	苹果	10 579	35 751	378 211
油菜籽	122	2 291	278	梨	2 011	34 020	68 414
棉花	39 668	1 242	49 261	葡萄	2148	32 312	69 407
黄烟	14 619	2 610	38 160	茶	229.69	3 617.80	55.40

二、农业生产现状

（一）粮食生产

潍坊市的粮食生产连续多年增产。2012 年潍坊市粮食作物播种面积 803 087hm^2，其中小麦播种面积 390 188hm^2，玉米 395 104hm^2。全市粮食总产量 552.0 万 t，增长 3.4%。近几年，随着国家粮食产业工程项目的实施、惠农政策的落实及耕地基础地力的提高，小麦、玉米等粮食作物播种面积及单产稳中有升。

（二）瓜菜生产

2012 年潍坊市瓜菜种植面积 22.80 万 hm^2，总产 1 152.99万 t，总产值比 2011 年增加 19.98 亿元，增长 5.7%。其中，日光温室（冬暖式大棚）种植面积发展到 5.51 万 hm^2、大中型拱棚 5.53 万 hm^2、小拱棚面积 1.59 万 hm^2，保护地设施蔬菜种植面积占蔬菜总种植面积的 55.4%。

随着市场调节、产业结构调整、农产品质量提升需求和部分县市区旧棚改造项目及大型蔬菜标准园区建设的实施，全市设施蔬菜生产出现了日光温室面积略减，而大中小拱棚面积略增的发展格局。2013 年，全市设施蔬菜种植面积 15.53 万 hm^2，全市设施蔬菜产量达到了 1 181.1万 t，比 2012 年增加 2.7%，产值达到 339.2 亿元，比 2012 年增加 26.3%。

目前，潍坊市形成了以栽培设施化和提高产出效益为重点，着力建设高效优质安全蔬菜基地。设施蔬菜主要分布在寿光、青州、昌乐等县市，以种植黄瓜、番茄、辣椒、甜椒、茄子等茄果类蔬菜为主；露地蔬菜主要分布在安丘、昌邑和寒亭等县市区，以大姜、土豆、大葱、大蒜为主要种植作物；其他县市区蔬菜种植面积也逐年扩大。随着农产品质量提升需求，潍坊市提出了“以品牌农业为引领，加快建设现代农业示范基地”的目标，建立了蔬菜、西瓜、甜瓜等有机、绿色和无公害农产品生产基地，注册了“乐义蔬菜”“志军西瓜”“俊青甜瓜”等几十项农业品牌，初步形成了区域化布局、标准化生产、规模化经营、企业化管理的新格局。

截至 2013 年年底，全市优质农产品基地面积达 35.67 万 hm^2。其中，无公害食品基地 11.84 万 hm^2，绿色食品基地 23.76 万 hm^2，有机食品基地 705.33hm^2。已认证无公害、绿色、有机食品等优质农产品 1 608个，其中，无公害蔬菜产品 436 个、绿色产品 1 088 个、有机产品 38 个，地理标志产品 28 个。涵盖蔬菜、果品、粮食等百余个品种。

（三）果品生产

2012年年底，全市现有园地37 775hm²，其中，水果面积25 488hm²，主要为苹果园10 579hm²、桃园10 750hm²、梨园2 011hm²、葡萄园2 148hm²等；干果面积11 390.12hm²，主要为板栗、山楂；茶园229.69hm²；其他园地667.19hm²。2012年，全市水果产量为894 946t，茶叶产量55.4t。

（四）食用菌生产

潍坊市食用菌主要分布在高密、诸城、寿光和昌邑四市，主要生产品种有平菇、黑木耳、香菇、金针菇、杏鲍菇等。其中，平菇年产量达到6.9万t，主产区域为高密、诸城、寒亭；其次是黑木耳，产量达5.1万t，主产区域为诸城、高密、昌邑；第三是香菇，产量达3.8万t，主产区域为高密、诸城、昌邑。

据调查统计，2013年，全市食用菌产量为23.5万t，比2012年增加12.2万t；产值20亿元，比2012年增加13.2亿元；年出口食用菌2 290吨，比2012年增加1 200吨，创汇646万美元，比2012年增加426万美元。全年食用菌生产规模、产量效益及出口创汇均呈现成倍增长的态势，食用菌产业正步入快速发展的新阶段。

（五）畜牧业生产

到2012年年底，全市大牲畜（除牛外）存栏39.85万头，出栏526头；牛存栏39.51万头，出栏33.77万头；猪存栏465.72万头，出栏800.23万头；羊存栏94.67万只，出栏113.65万只；家禽存栏12 597.01万只，出栏51 138.58万只；家兔存栏80.82万只，出栏208.64万只。肉、蛋、奶产量分别为142.4万t、26.24万t和31.08万t，畜牧业产值275.13亿元，占农业总产值的64%。

三、发展优势与潜力

潍坊市农业生产在资源、区位、生产条件、市场前景等方面优势明显、潜力巨大。

（一）自然资源环境条件良好

潍坊市地处暖温带半湿润季风气候区，气候温和，四季分明，光热资源充足。有潍河、弥河、白浪河、胶莱河4条大河，还有100多条支流水系。自南至北分布着棕壤、褐土、潮土、砂姜黑土和盐土五大土类15个亚类、34个土属、106个土种。棕壤土类主要分布南部山丘地带，占可利用土壤面积的21.84%，适宜种植喜酸嫌钙植物。褐土主要分布在市域中南部，占40.87%，适宜喜钙嫌酸等植物的生长。潮土主要分布在市域中北部，占23.34%，其中，脱潮土是粮、菜高产土壤，湿潮土适宜种植小麦、大豆、棉花等。砂姜黑土主要分布在胶莱河流域及其低洼地区，占10.42%。盐土主要分布在北部滨海地带，占3.52%。潍坊市土壤肥沃，生态环境较好，发展优质高效特色农业有着得天独厚的条件。

（二）政策支持力度大

潍坊市农业产业化水平较高，是国家优质粮食生产基地、全国重要的农产品生产和加工基地、全国蔬菜之乡。在今后的发展中，农业生产将会得到国家更多的政策倾斜支持。特别是中共中央对建设社会主义新农村采取“城市支持农村，工业反哺农业”，“多予、少取、放活”等的政策和国家对“菜篮子”“米袋子”工程的高度重视，以及潍坊市农业产业结构调整确定的特色农业、有机农业的定位，对发展现代农业创造了良好的政策基础。

（三）农业产业化基础扎实

潍坊是农业产业化的发源地，农业产业化模式不断创新，内涵不断丰富，在发展农村经济、增加农民收入、培养造就新型农民等方面发挥着越来越重要的作用。潍坊市把农业产业化作为推动农村经济转型升级的突破口来抓，按照“以工促农、以城带乡、城乡互动、协调发展”的思路，着力在发展农业龙头企业、创新产业化发展模式、夯实产业化基础等方面狠下工夫，走农产品加工增值带动农民致富的路子，促进了城乡经济一体化的发展。

（四）区位优势明显

潍坊资源优势得天独厚，发展空间无限广阔，是“山东半岛蓝色经济区”和“黄河三角洲高效生态经济区”两大国家战略项目区，成为中国区域协调发展战略的重要组成部分，迎来了千载难逢的发展时机。潍坊地理位置优越，交通便利，是胶东半岛的交通枢纽。市域有济青、青银、荣乌、潍莱、长深 5 条公路构成的陆路高速网络；胶济铁路、大莱龙铁路横穿东西；有飞往北京、上海等地的飞机场，距青岛国际机场 150km，距济南国际机场 180km；潍坊港现有 2 万吨码头 3 个，5 万吨级航道和 5 万吨级液化品泊位。

（五）农产品质量监管体系完善

潍坊市农产品监管体系健全，在狠抓基地管理、投入品监管和农产品质量检测这三个关键环节的基础上，不断完善了县、镇、村三级监管体系，严格落实了监管责任和生产主体责任，制定了《潍坊市农产品质量安全监管制度》，形成了农产品监管的长效机制。并建立了以潍坊市农产品检测中心为龙头，各县市区检测中心为骨干，市场、超市、基地检测点为基础的覆盖全市的农产品质量检测网络体系。同时，强化了基地档案化管理，建立了市场准入、准出制度，完善了农产品溯源体系。

第三节　农业基础设施情况

一、农田水利建设

（一）水利工程

1. 地下水资源

地下水资源量即为地下水天然补给量，包括降雨入渗补给量、地表水补给量等。潍坊市地下水贫乏，南部是山区丘陵，北部是沿海滩涂。市境内多年平均地下水资源不重复计算量约为 5.38 亿 m^3，地下水资源可利用量为 17.03 亿 m^3。地下水资源对潍坊市的农业发展起着举足轻重的作用。

2. 库坝建设

潍坊市共建有大、中型水库共 25 座，其中，大型水库 6 座，分别是峡山、白浪河、高崖、牟山、墙夼、冶源6座大型水库，合计兴修水利库容8.93亿m^3，占全部大中型水库兴利库容的77%。

峡山水库位于潍河中游，控制流域面积4 210km^2；牟山水库位于高崖水库下游，控制流域面积907km^2；高崖水库位于潍河支流汶河上游，控制流域面积355km^2；白浪河水库控制流域面积353km^2；冶源水库位于弥河上游，控制流域面积786km^2；墙夼水库位于诸城市枳沟镇，控制流域总面积为211.4km^2。

（二）灌溉

1. 井灌

井灌是潍坊市主要灌溉形式，机电井广泛分布于中部灌溉区，包括高密、潍城、奎文和诸城、安丘、昌乐等县市的北部，昌邑、寿光、寒亭等市区的南部，全市有效灌溉面积546 570hm^2。

2. 节水灌溉

潍坊市立足本地的实际情况，采取园区带动的办法，大力推广“水肥一体化”技术，狠抓节水示范区建设。在寿光市建立了6个水肥一体化核心示范区；在寒亭主要推广了膜下微喷、滴灌两种节水、节肥模式；在青州、诸城、高密、昌邑等市建立大田喷灌示范区、管灌示范区、渠道防渗示范区，在临朐、青州等县市建立了集雨节灌示范区，综合推广应用管灌、喷灌、微灌和渠道防渗等多种节水新技术，初步形成了“山区水利化、平原节水化、水库灌区防渗化”的节水工程体系。截至2012年年底，全市农田有效灌溉面积54.657万hm^2，占全市总耕地面积的69.77%；节水工程灌溉面积26.67万hm^2，其中防渗渠道灌溉面积9.0万hm^2、低压管道输水灌溉面积14.77万hm^2、喷灌灌溉面积1.87万hm^2、微喷滴灌1.03万hm^2。

二、农业生产机械

在国家农机购置补贴政策的激励下，大型农业机械快速增长，2012年全市农业生产机械总动力1 322.04万kw。联合收获机达到21 833台，其中，玉米联合收获机达到9 053台，农用拖拉机191 231台，农用运输车316 742辆。机耕面积68.965万hm^2，占总耕地面积的86.3%；机播面积99.520万hm^2，占总播种面积的87.3%；机收面积87.038万hm^2，占总播种面积的76.3%。详见表1-4所示。

表1-4　农业生产机械一览表

类别	单位	2012年
农业机械总动力	万kW	1 322.04
柴油发动机动力	万kW	996.74
汽油发动机动力	万kW	26.51
电动机动力	万kW	298.79
拖拉机	台	191 231

（续表）

类别	单位	2012 年
大中型	台	49 174
小型	台	142 057
农用运输车	台	316 742
三轮汽车	台	267 608
低速载货汽车	台	42 273
大中型拖拉机配套农具	部	82 190
小型拖拉机配套农具	部	216 203
排灌动力机械	台	368 002
联合收获机	台	21 833
机耕面积	万 hm^2	68.965
机播面积	万 hm^2	99.520
机电灌溉面积	万 hm^2	69.656
机械植保面积	万 hm^2	47.752
机收面积	万 hm^2	87.038
机械铺膜面积	万 hm^2	10.598

第二章　土壤与耕地资源状况

第一节　土壤类型及分布

一、土壤分类的原则和依据

土壤分类是土壤科学的高度概括。为了对种类繁多的土壤进行深入的研究，综合考虑自然和社会的成土条件、成土过程及其综合属性，是土壤分类的基本原则和依据。不仅要反映土壤的系统性和严密性，更要反映其生产特性和它的发生发展规律以及改良利用的特点。

自 1979—1987 年进行了全国第二次土壤普查。根据《全国第二次土壤普查暂行技术规程》和山东省《土壤普查工作分类暂行方案》的要求，采用土壤发生学分类的原则和土类、亚类、土属和土种四级分类制，将全市土壤划分为 5 个土类、15 个亚类、34 个土属、106 个土种。

（一）土类

土类是土壤高级分类的基本单元，它是在一定的自然条件和人为因素的作用下，经过一个主导或几个相结合的成土过程，以及具有反映这些过程特点的土壤属性的一群土壤个体。根据土壤形成的主要过程、发育方向、发育阶段以及剖面结构而划分，不同土类间的土壤属性在性质上有明显的差异。本市共划分了棕壤、褐土、砂姜黑土、潮土和盐土 5 个土类。

（二）亚类

亚类是土类的辅助级别和续分。主要依据主导成土过程的不同发育阶段或附加成土过程的特征，使土壤属性有较大差异，划分出亚类。如棕壤土类的形成过程，附加了潮土化过程，则区分出棕壤亚类和潮棕壤亚类；褐土续分出褐土、石灰性褐土、潮褐土、淋溶褐土和褐土性土等亚类。

（三）土属

在土壤发生学分类上，土属具有承上启下的特点。它既是亚类的续分，又是土种的归纳。其划分依据主要是根据成土母质的成因类型、属性和岩性及地形等地域性因素。同一土属，其成土母质组成成分的属性及发育特点基本一致。

（四）土种

土种是基层分类的基本单元。它是在同一土属中，具有相类似的发育程度和剖面层次排列的一种比较稳定的类型。其属性相对稳定，非一般耕作措施在短期内所能改变。在相同母质类型的土属范围内，土种间只表现土壤发育程度的差异。对土种的划分主要以土体厚度、土体构型和表层质地为依据。

土壤质地即土壤的砂黏程度，是划分土种的主要依据。本次质地划分以物理性黏粒（粒径小于0.01mm）在土壤中所占的百分数大小，把质地分为三类九级（表2-1）。

表2-1 土壤质地分级表（卡庆斯基制）

质地名称		物理性砂粒含量%（>0.01mm）	物理性黏粒含量%（<0.01mm）
砂土	松砂土	100～95	0～5
	紧砂土	95～90	5～10
壤土	砂壤土	80～70	10～20
	轻壤土	70～55	20～30
	中壤土	55～40	30～45
	重壤土	40～25	45～60
黏土	轻黏土	25～15	60～75
	中黏土	25～15	75～85
	重黏土	<15	>85

二、土壤命名

土壤命名，是本着既反映土壤本身的发生发展规律，又体现剖面综合属性的精神，采用分级处理，连续命名的方法。

土类和亚类属于高级分类，采用发生学名称。如棕壤、褐土、淋溶褐土；又考虑耕种熟化程度，从群众名称中加以提炼，如潮棕壤、潮褐土、潮土等。

土属土种属于基层分类，采用连续命名，能较清楚地反映出土壤发生的地域性特点及土壤耕层性状，土体构型和土壤肥力演变方向。连续命名，以土类为首，依次为亚类、土属、土种。具体命名时，要从低级到高级，依次为土种、土属、亚类、到土类，如轻壤浅位黏质酸性岩坡洪积棕壤。

三、土壤分类系统

按全国第二次土壤普查分类系统，潍坊市土壤共划分为棕壤、褐土、潮土、砂姜黑土和盐土5个土类，15个亚类，34个土属，106个土种（表2-2和表2-3）。

表 2-2　潍坊市土壤分类系统

土类		亚类		土属		土种			
						划分依据			
代号	名称	代号	名称	代号	划分依据	代号	土体构型分母表示	代号	表层质地分子表示
Ⅰ	棕壤	a	棕壤	2	酸性岩坡、洪积物	1	均质	2	砂壤
				4	基性岩坡、洪积物	2	浅位黏质	3	轻壤
				6	非石灰性砂页岩坡、洪积物	3	深位黏质	4	中壤
						4	中层		
		d	潮棕壤	5	洪、冲积物	1	均质	3	轻壤
						2	浅位黏质		
						3	深位黏质	4	中壤
		e	棕壤性土	1	酸性岩残、坡积物	2	薄层硬石底	1	砾质砂土
				2	基性岩残、坡积物	3	中层硬石底	2	砾质壤土
				3	非石灰性砂页岩残、坡洪积物	4	薄层酥石硼	4	砂质砾石土
						5	中层酥石硼		
Ⅱ	褐土	a	褐土	1	钙质岩坡、洪积物	1	均质	3	轻壤
						2	浅位黏质	4	中壤
				4	坡、洪积物	3	深位黏质	5	重壤
						4	中层		
		b	石灰性褐土	4	土埠土（黄土母质）	1	均质	2	砂壤
		c	淋溶褐土	1	钙质岩坡、洪积物	1	均质	3	轻壤
				3	基性岩坡、洪积物	2	浅位黏质		
				6	坡、洪积物	3	深位黏质	4	中壤
						4	中层		
		d	潮褐土	1	洪、冲积物	1	均质	3	轻壤
						2	浅位黏质		
				3	非石灰性洪冲积物	3	深位黏质	4	中壤
		e	褐土性土	1	钙质岩残、坡积物	2	薄层硬石底	1	砾质砂土
								2	砾质壤土
				2	基性岩残、坡积物	3	中层硬石底	4	砂质砾石土
Ⅲ	砂姜黑土	a	砂姜黑土	1	黑土裸露	1	通体黑土	3	轻壤
				2	黄土覆盖（厚度 30～60cm）	4	浅位厚黑土层	4	中壤
								5	重壤
		d	石灰性砂姜黑土	1	黑土裸露	1	通体黑土		
				2	黄土覆盖（厚度 30～60cm）	4	浅位厚黑土层	4	中壤

（续表）

土类		亚类		土属		土种			
						划分依据			
代号	名称	代号	名称	代号	划分依据	代号	土体构型分母表示	代号	表层质地分子表示
Ⅳ	潮土	a	潮土	7	砂质河潮土	1	砂均质	1	砂土
				8	壤质河潮土	2	壤均质	2	砂壤
				9	砂质石灰性河潮土	4	蒙淤型	3	轻壤
				10	壤质石灰性河潮土	5	蒙金型	4	中壤
						6	蒙银型		
						10	夹砂型		
		b	湿潮土	1	壤质冲积湿潮土	3	黏均质	4	中壤
				2	黏质冲积湿潮土	5	蒙金型	5	重壤
				3	黏质湖积湿潮土				
		c	脱潮土	1	砂质脱潮土	1	砂均质	2	砂壤土
				2	壤质脱潮土	2	壤均质	3	轻壤
								4	中壤
		d	盐化潮土	7	砂质滨海氯化物盐化潮土	1	砂均质	1	砂土
						2	壤均质	3	轻壤
				8	壤质滨海氯化物盐化潮土	10	夹砂型	4	中壤
						12	夹黏型		
Ⅴ	盐土	b	滨海潮盐土	1	滨海氯化物潮盐土	1	砂均质	1	砂土
						2	壤均质	3	轻壤
						3	黏均质	4	中壤
				2	滨海滩地盐土	10	夹砂型	5	重壤
						12	夹黏型		

潍坊市土壤分类系统有关划分标准说明：

1. 层位划分

浅位（心土层）20～60cm。

深位（腰土层）60～100cm。

平原区潮土、盐土层位：

表土层 0～20cm。

心土层 20～60cm。

底土层 60～100cm。

2. 潮土、盐土土体构型划分含义

砂均质：全剖面均为砂质；在心底位有一薄壤夹层（<20cm）亦划为砂均质。

壤均质：全剖面均为壤质；在心底位有一薄层（<20cm），砂质或黏质夹层，亦划为壤均质。

黏均质：全剖面为黏质；在心底位出现＜20cm壤质或砂质夹层，亦划为黏均质。

蒙淤型：指表层为砂质，轻壤或中壤，心土层以下出现厚层黏质土体，厚黏层以下不考虑出现其他质地与否。

蒙金型：指表层为砂、壤质，50cm以下为厚黏层的土体。

蒙银型：指表层为砂质，心土层以下出现厚壤质，以下为砂质土体。

夹砂型：指表层质地为壤或黏，心土层有一厚层（＞30cm）砂质、砂层以下为壤质的土体。

夹黏型：指盐土和盐化潮土，1m土体内有一厚层（＞30cm）黏质，不考虑层位。

3. 盐化潮土和盐土含盐量划分标准

0.1%～0.2%，轻盐化。

0.2%～0.5%，中盐化。

＞0.5%，盐土。

表 2-3 土壤分类及面积统计表

土壤名称	市图代号	面积（hm^2）	土种占土属（%）	占土壤总面积（%）
一、棕壤		269 858.12		21.84
（一）棕壤	1	135 617.87		10.97
1. 酸性岩坡洪积棕壤	1_1	68 834.83		5.57
①轻壤质酸性岩坡洪积棕壤	1_{12}	35 378.27	51.40	2.86
②轻壤质浅位黏质酸性岩坡洪积棕壤	1_{13}	3 386.99	4.92	0.27
③中壤质酸性岩坡洪积棕壤	1_{14}	16 418.84	23.85	1.33
④中层轻壤质酸性岩坡洪积棕壤	1_{16}	13 650.73	19.83	1.10
2. 基性岩坡洪积棕壤	1_2	815.19		0.07
中壤均质基性岩坡洪积棕壤	1_{21}	815.19	100	0.07
3. 非石灰性砂页岩坡洪积棕壤	1_3	65 967.85		5.34
①轻壤质非石灰性砂页岩坡洪积棕壤	1_{31}	45 177.52	68.48	3.66
②轻壤浅位黏质非石灰性砂页岩坡洪积棕壤	1_{32}	1 533.12	2.32	0.12
③中壤质非石灰性砂页岩坡洪积棕壤	1_{33}	2 653.96	4.02	0.21
④中壤质浅位黏质非石灰性砂页岩坡洪积棕壤	1_{34}	591.66	0.90	0.05
⑤中层轻壤质非石灰性砂页岩坡洪积棕壤	1_{35}	16 011.59	24.27	1.30
（二）潮棕壤	2	22 821.19		1.85
洪冲积潮棕壤	2_1	22 821.19		1.85
①轻壤质洪冲积潮棕壤	2_{11}	15 985.13	70.05	1.29
②轻壤质浅位黏质洪冲积潮棕壤	2_{12}	886.37	3.88	0.07
③轻壤质深位黏质洪冲积潮棕壤	2_{13}	1 990.25	8.72	0.16
④中壤质浅位黏质洪冲积潮棕壤	2_{14}	3 959.45	17.35	0.32
（三）棕壤性土	3	111 419.06		9.02
1. 酸性岩残坡积棕壤性土	3_1	98 383.86		7.96
①薄层砾质砂土酸性岩残坡积棕壤性土	3_{11}	66 060.49	67.15	5.35

（续表）

土壤名称	市图代号	面积（hm^2）	土种占土属（%）	占土壤总面积（%）
②中层砾质砂土酸性岩残坡积棕壤性土	3_{12}	22 683.87	23.06	1.84
③薄层砂质砾石土酸性岩残坡积棕壤性土	3_{13}	9 203.65	9.35	0.74
④薄层砾质壤土酸性岩残坡积棕壤性土	3_{14}	435.85	0.44	0.04
2. 基性岩残坡积棕壤性土	3_2	5 076.95		0.41
①中层砂质砾石土基性岩残坡积棕壤性土	3_{22}	2 025.57	39.90	0.16
②薄层砾质壤土基性岩残坡积棕壤性土	3_{23}	3 051.38	60.10	0.25
3. 非石灰性砂页岩残坡积棕壤性土	3_3	7 958.24		0.64
①薄层砾质砂土非石灰性砂页岩残坡积棕壤性土	3_{31}	4 485.69	56.37	0.36
②中层砾质砂土非石灰性砂页岩残坡积棕壤性土	3_{32}	204.67	2.57	0.02
③薄层砂质砾石土非石灰性砂页岩残坡积棕壤性土	3_{33}	1 291.85	16.23	0.10
④薄层砾质壤土非石灰性砂页岩残坡积棕壤性土	3_{34}	1 976.03	24.83	0.16
二、褐土		505 086.34		40.87
（一）褐土	4	104 905.72		8.49
1. 钙质岩坡洪积褐土	4_1	72 052.50		5.83
①轻壤质钙质岩坡洪积褐土	4_{11}	345.72	0.48	0.03
②中壤质钙质岩坡洪积褐土	4_{12}	58 120.79	80.66	4.70
③中壤质浅位黏质钙质岩坡洪积褐土	4_{13}	6 890.96	9.56	0.56
④中壤质深位黏质钙质岩坡洪积褐土	4_{14}	1 379.88	1.92	0.11
⑤中层中壤质钙质岩坡洪积褐土	4_{15}	5 315.15	7.38	0.43
2. 坡洪积褐土	4_2	32 853.22		2.66
①轻壤质坡洪积褐土	4_{21}	11 020.38	33.54	0.89
②中壤质坡洪积褐土	4_{22}	16 594.64	50.51	1.34
③中壤质浅位黏质坡洪积褐土	4_{23}	5 238.20	15.94	0.42
（二）石灰性褐土	$4'$	4 294.15		0.35
1. 土埠土（黄土母质石灰性褐土）	$4'_3$	4 294.15		0.35
砂壤均质黄土母质石灰性褐土	$4'_{31}$	4 294.15	100	0.35
（三）淋溶褐土	5	169 595.39		13.72
1. 钙质岩坡洪积淋溶褐土	5_1	21 010.98		1.70
①轻壤质钙质岩坡洪积淋溶褐土	5_{11}	1 384.19	6.59	0.11
②轻壤质浅位黏质钙质岩坡洪积淋溶褐土	5_{12}	2 592.79	12.34	0.21
③中壤质钙质岩坡洪积淋溶褐土	5_{13}	8 935.98	42.53	0.72
④中壤质浅位黏质钙质岩坡洪积淋溶褐土	5_{14}	1 872.97	8.91	0.15
⑤中层轻壤质钙质岩坡洪积淋溶褐土	5_{15}	6 225.04	29.63	0.50
2. 基性岩坡洪积淋溶褐土	5_2	62 428.74		5.05

（续表）

土壤名称	市图代号	面积（hm^2）	土种占土属（%）	占土壤总面积（%）
①轻壤质基性岩坡洪积淋溶褐土	5_{21}	29 301.05	46.94	2.37
②轻壤质浅位黏质基性岩坡洪积淋溶褐土	5_{22}	6 968.61	11.16	0.56
③中层轻壤质基性岩坡洪积淋溶褐土	5_{23}	26 159.08	41.90	2.12
3. 坡洪积淋溶褐土	5_3	86 155.67		6.97
①轻壤质坡洪积淋溶褐土	5_{31}	77 087.90	89.48	6.24
②轻壤质浅位黏质坡洪积淋溶褐土	5_{32}	2 941.09	3.41	0.24
③中壤质坡洪积淋溶褐土	5_{33}	1 540.67	1.79	0.12
④中壤质浅位黏质坡洪积淋溶褐土	5_{34}	4 586.01	5.32	0.37
（四）潮褐土	6	139 814.14		11.31
1. 洪冲积潮褐土	6_1	81 521.90		6.60
①轻壤质洪冲积潮褐土	6_{11}	49 957.60	61.28	4.04
②中壤质洪冲积潮褐土	6_{13}	5 378.92	6.60	0.44
③中壤质浅位黏质洪冲积潮褐土	6_{14}	24 579.63	30.15	1.99
④中壤质深位黏质洪冲积潮褐土	6_{15}	1 605.75	1.97	0.13
2. 非石灰性洪冲积潮褐土	6_2	58 292.24		4.72
①轻壤质非石灰性洪冲积潮褐土	6_{21}	21 755.31	37.32	1.76
②轻壤质浅位黏质非石灰性洪冲积潮褐土	6_{22}	9 791.00	16.80	0.79
③中壤质非石灰性洪冲积潮褐土	6_{23}	10 800.11	18.53	0.87
④中壤质浅位黏质非石灰性洪冲积潮褐土	6_{24}	12 595.86	21.61	1.02
⑤中壤质深位黏质非石灰性洪冲积潮褐土	6_{25}	3 349.96	5.75	0.27
（五）褐土性土	7	86 476.95		7.00
1. 钙质岩残坡积褐土性土	7_1	65 677.03		5.31
①薄层砂质砾石土钙质岩残坡积褐土性土	7_{11}	26 012.57	39.61	2.11
②中层砂质砾石土钙质岩残坡积褐土性土	7_{12}	7 036.65	10.71	0.57
③薄层砾质壤土钙质岩残坡积褐土性土	7_{13}	32 627.81	49.68	2.64
2. 基性岩残坡积褐土性土	7_2	20 799.91		1.68
①薄层砂质砾石土基性岩残坡积褐土性土	7_{21}	6 192.04	29.77	0.50
②薄层砾质壤土基性岩残坡积褐土性土	7_{22}	14 607.87	70.23	1.18
三、砂姜黑土		128 801.02		10.42
（一）砂姜黑土	8	104 466.38		8.45
1. 黑土裸露砂姜黑土	8_1	92 883.14		7.52
①轻壤质黑土裸露砂姜黑土	8_{11}	23 362.10	25.15	1.89
②中壤质黑土裸露砂姜黑土	8_{12}	64 814.97	69.78	5.25
③重壤质黑土裸露砂姜黑土	8_{13}	4 706.07	5.07	0.38
2. 黄土覆盖砂姜黑土	8_2	11 583.24		0.94
①轻壤质浅位黑土层黄土覆盖砂姜黑土	8_{21}	6 180.39	53.36	0.50
②中壤质浅位黑土层黄土覆盖砂姜黑土	8_{22}	5 402.85	46.64	0.44

（续表）

土壤名称	市图代号	面积（hm²）	土种占土属（%）	占土壤总面积（%）
（二）石灰性砂姜黑土	9	24 334.65		1.97
1. 黑土裸露石灰性砂姜黑土	9_1	1 604.02		0.13
中壤质黑土裸露石灰性砂姜黑土	9_{11}	1 604.02	100	0.13
2. 黄土覆盖石灰性砂姜黑土	9_2	22 730.62		1.84
中壤质浅位黑土层黄土覆盖石灰性砂姜黑土	9_{21}	22 730.62	100	1.84
四、潮土		288 424.30		23.34
（一）潮土	10	188 654.59		15.27
1. 砂质河潮土	10_1	26 658.15		2.16
①砂均质河潮土	10_{11}	8 195.03	30.74	0.66
②砂壤均质河潮土	10_{12}	17 496.79	65.63	1.42
③砂壤质蒙银型河潮土	10_{13}	966.34	3.62	0.08
2. 壤质河潮土	10_2	119 435.28		9.67
①轻壤均质河潮土	10_{21}	70 443.99	58.98	5.70
②轻壤质夹砂型河潮土	10_{22}	7 247.38	6.07	0.59
③轻壤质蒙金型河潮土	10_{23}	7 132.83	5.97	0.58
④中壤均质河潮土	10_{24}	16 915.02	14.16	1.37
⑤中壤质蒙淤型河潮土	10_{25}	17 696.07	14.82	1.43
3. 砂质石灰性河潮土	10_3	4 799.81		0.39
砂均质石灰性河潮土	10_{31}	4 799.81	100	0.39
4. 壤质石灰性河潮土	10_4	37 761.35		3.06
①轻壤均质石灰性河潮土	10_{41}	10 983.64	29.09	0.89
②轻壤质夹砂型石灰性河潮土	10_{42}	519.91	1.38	0.04
③轻壤质蒙金型石灰性河潮土	10_{43}	2 039.67	5.40	0.17
④中壤均质石灰性河潮土	10_{44}	14 492.43	38.38	1.17
⑤中壤质蒙淤型石灰性河潮土	10_{45}	7 276.00	19.27	0.59
⑥中壤质蒙金型石灰性河潮土	10_{46}	2 449.70	6.49	0.20
（二）湿潮土	11	33 621.92		2.72
1. 壤质冲积湿潮土	11_1	21 234.48		1.72
中壤质蒙金型冲积湿潮土	11_{11}	21 234.48	100	1.72
2. 黏质冲积湿潮土	11_2	6 835.36		0.55
黏均质冲积湿潮土	11_{21}	6 835.36	100	0.55
3. 黏质湖积湿潮土	11_3	5 552.08		0.45
黏均质湖积湿潮土	11_{31}	5 552.08	100	0.45
（三）脱潮土	12	19 361.33		1.57
1. 砂质脱潮土	12_1	4 079.18		0.33
砂均质脱潮土	12_{11}	4 079.18	100	0.33
2. 壤质脱潮土	12_2	15 282.15		1.24

（续表）

土壤名称	市图代号	面积（hm^2）	土种占土属（%）	占土壤总面积（%）
①轻壤均质脱潮土	12_{21}	7 575.12	49.57	0.61
②中壤均质脱潮土	12_{22}	7 707.03	50.43	0.62
（四）盐化潮土	13	46 786.46		3.79
1. 砂质氯化物滨海盐化潮土	13_1	1 360.79		0.11
砂均质中盐化氯化物滨海盐化潮土	13_{11}	1 360.79	100	0.11
2. 壤质氯化物滨海盐化潮土	13_2	45 425.67		3.68
①轻壤均质轻盐化氯化物滨海盐化潮土	13_{21}	2 712.51	5.97	0.22
②轻壤均质中盐化氯化物滨海盐化潮土	13_{22}	2 884.99	6.35	0.23
③轻壤质夹砂型轻盐化氯化物滨海盐化潮土	13_{23}	1 918.34	4.22	0.16
④轻壤质夹砂型中盐化氯化物滨海盐化潮土	13_{24}	5 228.77	11.51	0.42
⑤轻壤质夹黏型轻盐化氯化物滨海盐化潮土	13_{25}	588.34	1.30	0.05
⑥轻壤质夹黏型中盐化氯化物滨海盐化潮土	13_{26}	1 126.69	2.48	0.09
⑦中壤均质轻盐化氯化物滨海盐化潮土	13_{27}	6 603.62	14.54	0.53
⑧中壤均质中盐化氯化物滨海盐化潮土	13_{28}	2 066.31	4.55	0.17
⑨中壤质夹黏型轻盐化氯化物滨海盐化潮土	13_{210}	12 321.29	27.12	1.00
⑩中壤质夹黏型中盐化氯化物滨海盐化潮土	13_{211}	9 974.80	21.96	0.81
五、盐土		43 532.33		3.52
（一）滨海潮盐土	14	43 532.33		3.52
1. 氯化物滨海潮盐土	14_1	33 669.22		2.72
①砂均质氯化物滨海潮盐土	14_{11}	3 340.80	9.92	0.27
②砂质夹黏型氯化物滨海潮盐土	14_{12}	3 375.68	10.03	0.27
③轻壤质夹砂型氯化物滨海潮盐土	14_{13}	11 856.78	35.22	0.96
④中壤均质氯化物滨海潮盐土	14_{14}	3 535.47	10.50	0.29
⑤中壤质夹砂型氯化物滨海潮盐土	14_{15}	1 505.64	4.47	0.12
⑥中壤质夹黏型氯化物滨海潮盐土	14_{16}	8 501.40	25.25	0.69
⑦黏均质氯化物滨海潮盐土	14_{17}	1 553.44	4.61	0.13
2. 滨海滩地盐土	14_2	9 863.11		0.80
砂均质滨海滩地盐土	14_{21}	9 863.11	100	0.80
合计		1 235 702.11		

四、土壤分布概况

潍坊市地处山东半岛中部，暖温带中南部，气候为暖温带半湿润季风型，地带性植被为中生型落叶、阔叶林。本市地处北纬 35°42′～37°19′，南北跨度不太大，基本属于同一个生物气候带，母岩母质是制约本市土壤的重要因素，因此，地带性土壤棕壤和褐土并存是本市土壤分布的地带特点。南部主要是以酸性岩为母岩发育的棕壤，分布较单一；胶济线南北以褐土为主；中间地带由于母岩母质关系，棕壤和褐土犬牙交错分布；北部沿海平原及境内河流沿岸，地势较平坦，地下水位较高，地下水参与成土过程，分布着非地带性土壤—潮土、盐土和砂姜黑土。

境内地形自南向北，由高到低有规律的变化，从中山、低山—丘陵—山前洪积平原—低平原—沿海低平地—滩涂。生物气候条件自南向北逐渐变化，由湿润到较干燥。南部降水较多，较湿润，淋溶作用比北部强烈。由于地形和生物气候条件的差异，使潍坊自南向北土壤分布有较鲜明的规律。从南向北土壤分布依次为：棕壤—褐土—潮土、砂姜黑土—盐土。

棕壤集中分布在诸城、临朐、昌乐县市东南部，安丘市西南部及高密市南部等地。棕壤是境内主要地带性土壤之一，大部分形成于酸性岩类的母质，其次是非石灰性砂页岩，基性岩形成棕壤面积较小。全市棕壤面积 269 858.11hm^2，是本市主要农林用地。

褐土主要分布于潍中山地丘陵及山前洪积平原上，集中分布在胶济铁路两侧的青州、昌乐、潍城、坊子、昌邑等县（市、区），临朐、寿光、安丘等县市也有较大面积分布。青州市和临朐县的褐土，形成于钙质岩类母质上；其他县市区多发育在富含钙质的坡洪积母质上；在基性岩母质上多发育淋溶褐土。褐土面积 505 086.34hm^2，为潍坊市主要农林用地。

砂姜黑土主要分布在昌邑、高密的胶莱河平原和寿光、青州的交接洼地，除此之外寒亭区、诸城、安丘等县市区的蝶形洼地也有零星分布。全市总面积 128 801.02hm^2。由于母质来源及水文地质条件的差异，砂姜黑土的石灰反应不同。胶莱河平原（高密、昌邑）和诸城、安丘等地的低地，主要分布普通砂姜黑土；青州、寿光北部的交接洼地，砂姜黑土发育于富含钙质母质，石灰反应强烈，分布着石灰性砂姜黑土。

潮土主要分布在城区以北的寿光、昌邑、寒亭的中部和北部及流经本市境内的胶莱河、潍河、白浪河、虞河、弥河等两岸的冲积平原上，在南部山前平原下部及沟谷洪积小平原上，也有小面积分布。由于母质来源的影响，潮土可分石灰性和无石灰性两种类型，石灰性潮土主要分布在寒亭、寿光等市区，高密北部的胶莱河两岸，也有小面积分布；无石灰性潮土主要分布在昌邑、高密、诸城、安丘等县市。在北部潮土和盐土过渡带，分布着盐化潮土。全市潮土面积共有 288 424.30hm^2，为本市的主要农田用地。

盐土主要分布在寿光、寒亭、昌邑北部沿海地区，多分布在海拔 5m 以下地带，面积 43 532.33hm^2。

五、土壤类型及分布

（一）棕壤土类

棕壤面积 269 858.11hm^2，占全市土壤面积的 21.84%，其中，耕地面积 140 689.15hm^2，占本土类的 52.13%。广泛分布于南部山地丘陵区，形成于酸性岩、非石灰性砂页岩及部分基性岩的山地丘陵，及其由这些岩类风化物堆积的高阶地、山前倾斜平原及洪冲积平原上。主要分布在本市南部的诸城市、临朐县东南部，在潍坊中部的昌乐县和安丘市等地也有一定面积分布。

棕壤的成土母质以酸性岩类（花岗岩、片麻岩等）风化物为主，其次为非石灰性砂页岩及部分基性岩（安山岩、辉长岩、玄武岩等）风化物。在上述母岩的山地丘陵的上部和坡面上为残坡积物，山麓及山前倾斜平原上部为坡洪积物，平原大部为洪冲积物，分别形成棕壤性土，棕壤和潮棕壤。

棕壤区的植被，目前原生落叶阔叶林难见，绝大部分为次生林，主要为次生针叶树，多生长松树，占林木植被的 3/4 左右。其次为刺槐，杂有杨树等。人工栽植的有泡桐、苹果、山楂、板栗等。自然草本植物为杂草。阔叶灌木丛主要有杜鹃、酸枣、胡枝子等。

土体剖面通体无石灰反应，土壤呈酸性至微酸性，pH 值一般在 5.3～6.8。典型棕壤具有明显的淋溶和淀积作用，剖面呈棕色或棕褐色，有较黏重的心土层，并有铁锰结核，铁质凝聚体等新生体。土壤呈粒状或块状结构。从垂直分布看，由上而下的亚类分布是：棕壤性土→棕壤→潮棕壤。表土质地由粗到细，土体厚度由薄到厚，土壤养分含量由少到多，地下水位由低到高。

依据棕壤的附加成土过程、土壤属性，本市棕壤划分为棕壤、潮棕壤和棕壤性土 3 个亚类。以棕壤为代表性亚类，潮棕壤受地下水和耕种的影响最深，棕壤性土受侵蚀影响最重。

棕壤共有 3 个亚类，7 个土属，24 个土种，见表 2-4 所示。

表 2-4　棕壤各亚类及土属情况表

亚类	土属	面积（hm^2）	占亚类（%）	占全市土壤面积（%）	主要分布地	土种数量（个）
棕壤	酸性岩坡洪积棕壤	68 834.83	50.76	5.57	临朐、昌乐、诸城、安丘、峡山	4
	基性岩坡洪积棕壤	815.19	0.60	0.07	安丘、临朐	1
	非石灰性砂页岩坡洪积棕壤	65 967.85	48.64	5.34	诸城、高密	5
潮棕壤	洪冲积潮棕壤	22 821.19	100	1.85	诸城、昌乐、安丘、高密	4
棕壤性土	酸性岩残坡积棕壤性土	98 383.86	88.30	7.96	临朐、诸城、安丘、昌乐	4
	基性岩残坡积棕壤性土	5 076.95	4.56	0.41	临朐、安丘、昌乐	2
	非石灰性砂页岩残坡积棕壤性土	7 958.24	7.14	0.64	诸城	4

1. 棕壤亚类（代号 1）

棕壤亚类在本市主要分布在山前倾斜平原、缓坡丘陵中下部。主要分布在诸城、临朐、昌乐、高密、安丘等县市。母质母岩为酸性岩类，非石灰性砂页岩及少量基性岩的坡洪积物。总面积 135 617.87hm^2，占土壤总面积的 10.97%，占棕壤土类面积的 50.26% 。

棕壤亚类分布地形较平缓，土层比较深厚，土壤颜色以棕色为主。剖面一般都发育良好，剖面构型为 A-B-C 型，表层即为淋溶层（A 层），淋溶层以下为淀积层（B 层），淀积层既有黏粒淀积又有铁锰的淀积，因此，在 B 层可见较多的铁锰结核，黏粒含量相应较高，本市棕壤黏粒淀积层位较浅。母质层（C 层）一般为棕黄色，有的为明显的母岩半风化物。这种土壤有多年的垦植历史，土壤垦耕率较高，保水保肥性能强，适宜作物广泛。

棕壤亚类的基本性质：剖面通体呈弱酸性反应，个别呈中性，pH 值为 6～7，大多数为 6.5 左右，盐基不饱和，表层略高，盐基组成以钙镁为主，盐基交换量较大，盐基饱和度多在 80%。剖面土体构型以均壤质为主，有明显的淋溶和淀积作用，剖面具有明显的黏重心土层，表土为轻壤或中壤，心土层和底土层呈核块状结构，并覆被铁锰胶膜和铁子。

棕壤亚类的黏土矿物以水云母为主，有一定量的蒙脱石，高岭石和少量蛭石、绿泥石等，全剖面的黏土矿物类型比较一致。

棕壤亚类，根据母岩性质和母质类型，划分为酸性岩坡洪积棕壤、基性岩坡洪积棕壤和非石灰性砂页岩坡洪积棕壤 3 个土属，共 10 个土种。分别概述如下。

（1）酸性岩坡洪积棕壤土属（代号 1_1），有 4 个土种。该土属在本市分布面积为 68 834.83hm^2，占土壤总面积的 5.57%。为棕壤亚类的 50.76%。主要分布在诸城、临朐、昌乐、安丘等县市。母质基岩主要为花岗石、片麻岩等。由于母岩不含游离石灰，同时由于淋溶作用比较强，全剖面呈弱酸反应，心土层以下酸性比上层大，表层 pH 值一般接近 7.0，心土层以下 pH 值为 6～6.7。表层以轻壤为主，小部为砂壤—中壤，比较疏松，易耕种，心土层为中壤—重壤，剖面中部黏粒含量较高，具有黏化特点，有淋溶淀积现象。该土属多为厚层土，大部垦为农田，为棕壤区的主要农用地。

根据土体构型和表层质地，该土属划分 4 个土种（表 2-5）。其中，以轻壤均质和中壤均质面积最大，其次是中层土，3 个土种为该土属的 3 个代表土种，分布广泛。以轻壤均质酸性岩坡洪积棕壤的典型剖面为例，说明其形态特征。

表 2-5 酸性岩坡洪积棕壤土种、面积及分布表

土种名称	图上代号	面积（hm^2）	占土属（%）	主要分布地
轻壤均质酸性岩坡洪积棕壤	1_{12}	35 378.27	51.40	昌乐、临朐、诸城、峡山
轻壤质浅位黏质酸性岩坡洪积棕壤	1_{13}	3 386.99	4.92	安丘
中壤均质酸性岩坡洪积棕壤	1_{14}	16 418.84	23.85	临朐、昌乐
中层轻壤质酸性岩坡洪积棕壤	1_{16}	13 650.73	19.83	昌乐、临朐、安丘、诸城

其典型剖面特征如下：

0～18cm：A层，浅棕色，轻壤质，粒状结构，较疏松，孔隙、根系多，有蚯蚓穴，无石灰反应。

18～58cm：AB层，棕色，轻壤，粒状结构，较疏松，多孔，多根系，有蚯蚓穴和砖块，无石灰反应。

58～97cm：B层，暗棕色，中壤，块状结构，结构面胶膜明显，有铁子，较紧实，少孔隙，少根系，无石灰反应。

97～150cm：BC层，黄棕色，中壤，块状结构，有铁子，紧实，有砾石，无石灰反应。

（2）基性岩类坡洪积棕壤土属（代号 1_2）

基性岩类坡洪积棕壤土属只有1个土种，即中壤均质基性岩坡洪积棕壤（代号 1_{21}）。全市面积为815.19hm²，占土壤总面积的0.07%，占棕壤亚类面积的0.60%，主要分布于安丘、临朐等县市，多发育于基性岩类的山麓坡地上，基岩为安山岩、辉长岩等。由玄武岩风化物发育成棕壤的比率较小。基性岩母质发育的棕壤多呈中性反应，pH值为6.5～7.0，土层较厚，多属中厚层土壤。

基性岩发育的棕壤，质地较细，多为中壤土。心土层以下稍黏，明显的特点是表层黏粒含量比酸性岩和非石灰性砂页岩母质发育的棕壤含量高，黏粒在剖面中的分异现象不显著。

其剖面形态特征：

0～20cm：A层，黄褐色，中壤，粒状结构，松，多孔，多根系，有小石块。

20～45cm：B_1层，黄褐色，中壤，细粒状结构。

45～100cm：B_2层，棕褐色，中壤，块状结构，稍紧，有铁子。

100～150cm：C层，棕黄色，中壤，紧。

（3）非石灰性砂页岩坡洪积棕壤土属（代号 1_3）

非石灰性砂页岩坡洪积棕壤土属有5个土种，该土属面积65 967.85hm²，占土壤总面积的5.34%，占棕壤亚类面积的48.64%。主要分布在高密南部、诸城东部、南部的低山缓丘的山麓坡地上，其中，诸城面积最大，面积为53 822.84hm²。成土母质母岩主要为沉积砂页岩及少数砾岩的坡洪积物。

该土属按土体构型及表层质地，划分为5个土种（表2-6）。其中，轻壤质和中层壤质这两个土种面积最大，为该土属的代表土种。以轻壤质非石灰性砂页岩坡洪积棕壤为例，说明其形态特征。

表2-6　非石灰性砂页岩坡洪积棕壤土种、面积及分布表

土种名称	图上代号	面积（hm²）	占土属（%）	主要分布地
轻壤质非石灰性砂页岩坡洪积棕壤	1_{31}	45 177.52	68.48	诸城、高密
轻壤质浅位黏质非石灰性砂页岩坡洪积棕壤	1_{32}	1 533.12	2.32	诸城
中壤质非石灰性砂页岩坡洪积棕壤	1_{33}	2 653.96	4.02	诸城
中壤质浅位黏质非石灰性砂页岩坡洪积棕壤	1_{34}	591.66	0.90	青州
中层轻壤质非石灰性砂页岩坡洪积棕壤	1_{35}	16 011.59	24.27	诸城、高密

剖面形态特征：

0～20cm：A层，棕黄，轻壤，粒状结构，松，多孔，根系多。

20～39cm：AB层，褐棕色，轻壤，粒状结构，可见铁子，较松，多孔，多根系，夹有砖瓦块。

39～70cm：B_1层，深灰—深棕色，中壤，块状结构，铁子较多，紧，少孔，少根系。

70～103cm：B_2层，灰棕色，中壤，块状结构，铁子较多，紧实。

103～150cm：BC层，棕黄色，中壤，块状结构，铁子较多，紧实。

典型剖面表明，非石灰性砂页岩坡洪积棕壤，质地较轻，表土层多为轻壤，砂壤土仅在中层土存在。剖面中部多为中壤—重壤，黏粒含量相应较高，剖面中部有黏化特点，有淋溶淀积现象。各剖面一般都含有一定量的石砾。

本市非石灰性砂页岩坡洪积棕壤大多数垦为耕地，少数林地均为人工林，生物积累不如自然林地强。土壤理化性状特点：有机质含量不高，土壤呈弱酸性反应，pH值6.0～6.8，土壤紧实板结，容重偏大，孔隙度偏低。

2. 潮棕壤亚类（代号2）

全市潮棕壤面积22 821.19hm^2，占土壤总面积1.85%，占棕壤土类的8.46%。主要分布在诸城、昌乐、安丘及高密等地。潮棕壤与棕壤亚类分布在同一区域，但分布的地形部位较低，多分布于山前倾斜平原的下部，地形平坦，地下水位较高，并参与了成土过程，在棕壤的成土过程中，附加了潮化过程。

潮棕壤的成土母质为无石灰性的洪冲积物，具有棕壤的一般特征，全剖面无石灰反应，呈微酸性至中性反应，剖面有淋溶淀积现象，但盐基饱和度比棕壤亚类稍高，在剖面的下部有锈斑。潮棕壤土体的明显特点是：B层深厚，在1.5m土体以内，B层黏粒含量明显比A层高，并有向下增多趋势。

潮棕壤是本市的主要高产田，一般都有灌溉条件，旱涝保收。由于耕作历史长久，土壤有机质的积累主要受耕种和施肥的影响，土壤有机质的积累比自然植被下的棕壤亚类要弱，但因精耕细作和良好的水分条件，土壤肥力比较高。

潮棕壤在本市只有1个土属，为洪冲积潮棕壤（代号2_1），根据土体构型和表层质地，划分为4个土种，其分布和面积见表2-7所示。其中，以轻壤均质面积最大，以其剖面为例，说明其形态特征。

表2-7 洪冲积潮棕壤土种、面积及分布表

土种	图上代号	面积（hm^2）	占土属（%）	主要分布地
轻壤均质洪冲积潮棕壤	2_{11}	15 985.13	70.05	诸城、昌乐、安丘、高密
轻壤质浅位黏质洪冲积潮棕壤	2_{12}	886.37	3.88	诸城
轻壤质深位黏质洪冲积潮棕壤	2_{13}	1 990.25	8.72	诸城
中壤质浅位黏质洪冲积潮棕壤	2_{14}	3 959.45	17.35	诸城

剖面形态特征：

0～20cm：A层，灰棕色，轻壤，粒状结构，多孔多根系。

20～40cm：AB层，棕色，轻壤，小块状结构，较松。

40～110cm：B层，灰棕褐色，中壤土，块状结构，下部锈斑纹较多，紧实，少根少孔。

110～150cm：C层，棕灰色，中壤土，块状，锈斑纹多量，紧实。

洪冲积潮棕壤质地适中，多为轻壤—中壤土，耕层黏粒含量中等，大面积土体构型为上松下紧的蒙金型，对肥水保持有利，部分面积心土层黏粒含量增多，但黏化程度不严重，对根系下扎障碍作用不大。潮棕壤一般不含有砾石，而棕壤亚类大部分剖面含有一定量的砾石，这与二者的成土母质有关。潮棕壤呈弱酸性—中性。

3. 棕壤性土亚类（代号3）

棕壤性土，又名粗骨棕壤，群众俗称石渣土、马牙砂土、薄砂土等，分布在本市棕壤区山地丘陵中上部坡度较大的部位及侵蚀残丘、中山山坡及山脊。母质为花岗岩、片麻岩等酸性岩类，非石灰性砂页岩及以安山岩为主的基性岩的残坡积物。

棕壤性土的主要特点是土层薄，一般仅10～30cm，厚度不到60cm，土层以下即为半风化物母岩或母岩碎片，多数剖面发育不完全或无剖面发育，剖面多为A-(B)-C型或A-C型。土壤侵蚀严重，水、肥、土流失，是形成棕壤性土的主要原因。土壤质地粗，砾石多，孔隙多，疏松，不抗旱，不保水，不保肥，养分贫瘠肥力低，是棕壤中最瘠薄的亚类。

棕壤性土在本市分布面积为111 419.06hm^2，占土壤总面积的9.02%，占棕壤土类面积的41.29%。主要分布在临朐县、诸城市，其次是安丘市、昌乐县（表2-8），目前低山缓丘上的棕壤性土已多垦耕为农田。在山地较高、坡度较大处也有垦耕的，但垦耕后，水土流失严重。农耕地的棕壤性土宜种花生、地瓜等，一般是1年一作。较高处坡度较陡的棕壤性土以林为主，主要有松、栎、刺槐及杨。目前，已发展了较大面积的果树。在坡度大，土层薄的地段，林木较少，多为荒山坡。

表2-8　棕壤性土的分布及面积表　（单位：hm^2）

分布地	临朐	诸城	安丘	昌乐	坊子
面积	57 343.38	32 306.22	14 673.05	7 094.67	1.73

由于母质母岩，地形部位，侵蚀程度等因素的影响，使棕壤性土之间产生较大差异，依据母质母岩性质不同，把棕壤性土划分为3个土属：①酸性岩棕壤性土；②基性岩棕壤性土；③非石灰性砂页岩棕壤性土。共有10个土种，分别概述如下：

（1）酸性岩残坡积棕壤性土土属（代号3_1），有4个土种。该土属主要分布在酸性岩棕壤区的山地丘陵中上部，在棕壤亚类的上部，面积98 383.86hm^2，占土壤总面积的7.96%，占棕壤性土面积的88.30%，其分布见表2-9所示。

表2-9　酸性岩残坡积棕壤性土土属分布及面积表　（单位：hm^2）

分布地	临朐	诸城	安丘	昌乐	坊子
面积	54 169.35	24 347.98	13 789.06	6 075.74	1.73

酸性岩残坡积棕壤性土，主要由花岗岩、片麻岩等岩石风化而成。按土层厚度及表层质地，划分为 4 个土种，见表 2-10 所示。

表 2-10 酸性岩残坡积棕壤性土土种、面积及分布表

土种	图上代号	面积（hm^2）	占土属（%）	主要分布地
薄层砾质砂土酸性岩残坡积棕壤性土	3_{11}	66 060.49	67.15	临朐、安丘、诸城、昌乐
中层砾质砂土酸性岩残坡积棕壤性土	3_{12}	22 683.87	23.06	临朐、诸城、昌乐
薄层砂质砾石土酸性岩残坡积棕壤性土	3_{13}	9 203.65	9.35	诸城
薄层砾质壤土酸性岩残坡积棕壤性土	3_{14}	435.85	0.44	昌乐、安丘

在 4 个土种中以薄层砾质砂土酸性岩残坡积棕壤性土面积最大、分布最广，为该土属的代表土种，以其典型剖面为例说明其形态特征。

剖面取自临朐县沂山，剖面形态特征：

0～20cm：A 层，暗棕色，砾质砂石，松散，多孔，多根系。

20cm 以下：C 层，半风化物之酥石硼。

该土属质地粗，含石砾 15.6%～36%，黏粒含量很少，呈微酸性反应，pH 值为 6.1～6.9。由于植被是林地或荒草地未耕垦，有机质积累比较强，但由于有机物来源少，大多数有机质含量不高，由于土层薄，含有较多的石砾，质地较粗，黏粒含量低，代换量比较低，土壤容重较大，毛管孔隙较小，水分状况差。

(2) 基性岩残坡积棕壤性土土属（代号 3_2），有 2 个土种。在全市分布面积较小，共有 5 076.95hm^2，占土壤总面积的 0.41%，占棕壤性土亚类面积的 4.56%，主要分布在临朐县，昌乐县、安丘市也有小面积分布。分布部位为山丘的中上部，母岩母质为以安山岩、辉长岩、玄武岩为主的风化物。在坡度较大部位，由于侵蚀较重，土壤含有较多的碎石片，含量超过 30%，大部分形成砾石土。在植被较好，侵蚀程度较轻的缓坡上，含砾石较少，多形成砾质壤土。

根据土层厚度和表层质地划分为 2 个土种，见表 2-11 所示。

表 2-11 基性岩残坡积棕壤性土土种、面积及分布表

土种	图上代号	面积（hm^2）	占土属（%）	分布
中层砂质砾石土基性岩残坡积棕壤性土	3_{22}	2 025.57	39.90	临朐、昌乐
薄层砾质壤土基性岩残坡积棕壤性土	3_{23}	3 051.38	60.10	临朐、昌乐、安丘

其中，以薄层砾质壤土基性岩残坡积棕壤性土面积最大，为代表土种，其剖面形态特征如下：

0～20cm：A 层，灰棕色，轻壤，疏松，多孔隙，多根系，动物穴较多。

20cm 以下：C 层，为岩石半风化物，碎石。

基性岩残坡积棕壤性土砾石含量较高，为 30.3%～59.3%，土壤质地粗，表层多为砂壤—轻壤。黏粒含量比较低，土壤养分含量很低。土壤呈中性—弱酸性，pH 值为 6.5～7.0，稍高于其他土属。

(3) 非石灰性砂页岩残坡积棕壤性土土属（代号 3_3），有 4 个土种。分布面积 7 958.24hm²，占土壤总面积的 0.64%，占棕壤性土亚类面积的 7.14%，主要分布在诸城市。该土属发育在基岩为非石灰性砂页岩山地残丘中上部，由于所处地形部位较高，坡度较大，土壤侵蚀较重，土层较薄，质地为砂土或砂壤土，并含有较多的石砾。

依土层厚度和表层质地，该土属划分为 4 个土种，见表 2-12 所示。其中薄层砾质砂土面积最大，其次是薄层砾质壤土，现以薄层砾质壤土非石灰性砂页岩残坡积棕壤性土为例，说明其剖面特征。

表 2-12　非石灰性砂页岩残坡积棕壤性土土种、面积及分布表

土种	图上代号	面积（667m²）	占土属（%）	分布
薄层砾质砂土非石灰性砂页岩残坡积棕壤性土	3_{31}	4 485.69	56.37	诸城
中层砾质砂土非石灰性砂页岩残坡积棕壤性土	3_{32}	204.67	2.57	诸城
薄层砂质砾石土非石灰性砂页岩残坡积棕壤性土	3_{33}	1 291.85	16.23	诸城
薄层砾质壤土非石灰性砂页岩残坡积棕壤性土	3_{34}	1 976.03	24.83	诸城

剖面形态特征：

0～25cm：A 层，棕色，砂壤，疏松，多孔，多根系，含较多量砾石。

25cm 以下：母岩碎块。

由典型剖面看出，该土壤含有较多砾石，砂粒含量较高，黏粒含量较低，表层质地为砂壤，疏松。由于土层薄，土层以下即为硬石底，不透水，在丰水期易侵蚀。土壤养分含量较低，pH 值为 6.0～6.8。

（二）褐土土类

潍坊市位于山东半岛中部，属于胶东丘陵棕壤与西部褐土过渡带。褐土的分布最广泛，各县市区均有，各土类中面积最大，总面积有 505 086.34hm²，占土壤总面积的 40.87%，耕地面积 287 547.12hm²，占本土类面积的 56.93%。

依据褐土的附加成土过程，或发育阶段不同，可划分为褐土、石灰性褐土、淋溶褐土、潮褐土及褐土性土 5 个亚类。其中以褐土亚类为褐土类的代表亚类，其黏化作用和钙化作用都比较明显。石灰性褐土（土埠土）黏化作用和钙化作用均较弱，但通体含有较多的碳酸钙，属强石灰性。淋溶褐土的黏化作用虽较明显，但由于淋溶作用的加强，而钙化作用相对较弱。潮褐土受地下水和耕作影响较深。褐土性土受侵蚀的影响最重。

褐土在各县市区均有分布，主要分布在潍坊市的中部和西部。在西部的青州、临朐境内的山地丘陵及其山前倾斜平原，集中分布着钙质岩类及其风化物，主要形成了褐土亚类和褐土性土。在昌乐县、安丘市和诸城市北部的丘陵区，因酸性岩、钙质岩和基性岩三种母岩相间存在，因而褐土和棕壤交错分布。在潍中洪积扇缘的平原区，地下水埋藏较浅，参与成土过程，集中分布着潮褐土。在昌乐、潍城、寒亭、昌邑一带，有石灰性褐土（土埠土）分布。

褐土区的自然植被为落叶阔叶林，目前，原生自然植被已不存在。现见植被在山地丘陵多数为疏林、次生灌木丛和灌木草丛，由柏树、酸枣、胡枝子、紫穗槐等构成；草本植物有黄背草、狗尾草等；在沟谷道旁常见有次生阔叶树种，杨、榆、槐、柳、泡桐等；在水分条件较好土层较厚的地方，可见成片的刺槐林。

褐土的主要特征：一是发育于钙质岩、基性岩风化物及富钙洪冲积物、黄土母质上；二是土体富钙质，钙化现象明显，氧化钙的含量高，一般有假菌丝体，有石灰反应；三是酸碱度呈中性及微碱性；四是适宜喜钙嫌酸性植物，如柏等的生长。

褐土各亚类的生产性能差异也较大，褐土除土层薄的褐土性土外，大部分已经开垦为农田。山地丘陵上部，由于坡地垦植过度，自然植被受到破坏，加重了土壤侵蚀，土层变薄。由于长期耕种熟化，山麓扇形地和山前倾斜平原大部分为耕种褐土亚类和耕种淋溶褐土。分布面积较大的熟化程度较高的潮褐土，是本市主要的高产土壤之一。

依据母岩性质及母质类型不同，褐土分为 5 个亚类、10 个土属、35 个土种，见表 2-13 所示。

表 2-13　褐土各亚类及土属情况表

亚类	土属	面积（hm^2）	占亚类（%）	占全市土壤面积（%）	主要分布地	土种数量（个）
褐土	钙质岩类坡洪积褐土	72 052.50	68.68	5.83	青州、临朐、安丘、诸城	5
	坡洪积褐土	32 853.22	31.32	2.66	青州、临朐、昌乐、寿光、坊子等	3
石灰性褐土	黄土母质石灰性褐土	4 294.15	100	0.35	昌邑、寒亭、潍城、奎文、坊子、昌乐	1
淋溶褐土	钙质岩类坡洪积淋溶褐土	21 010.98	12.39	1.70	临朐、诸城、安丘	5
	基性岩坡洪积淋溶褐土	62 428.74	36.81	5.05	安丘、昌乐、青州、坊子、临朐	3
	坡洪积淋溶褐土	86 155.67	50.80	6.97	高密、诸城、坊子、峡山安丘、昌邑、临朐、潍城等	4
潮褐土	洪冲积潮褐土	81 521.90	58.31	6.60	寿光、青州、昌乐、潍城、寒亭等	4
	非石灰性洪冲积潮褐土	58 292.24	41.69	4.72	安丘、昌乐、峡山、昌邑、坊子、诸城等	5
褐土性土	钙质岩残坡积褐土性土	65 677.03	75.95	5.31	青州、临朐、安丘、昌乐	3
	基性岩残坡积褐土性土	20 799.91	24.05	1.68	安丘、昌乐、临朐	2

1. 褐土亚类（代号 4）

褐土亚类主要分布在青州、临朐、昌乐和安丘等地的山前平原及山间盆地，其他县市区也有小面积分布。面积为 104 905.72hm^2，占土壤总面积的 8.49%，占褐土土类面积的 20.77%。

褐土亚类成土母质以钙质岩类的坡积—洪积物为主，在潍中平原较高部位和山前平原下部，分布有岩性混杂的坡洪积物母质发育的褐土亚类。土壤中均含有游离碳酸钙，一般剖面上部少、下部较多，在剖面中下部有假菌丝体（钙新生体）。由于母质不同，碳酸钙的含量及淋溶淀积程度各不相同。

钙质岩类母质发育的褐土，碳酸钙含量较高，并有明显的钙积层。坡洪积母质发育的褐土，碳酸钙在剖面中的分布形式多为均匀轻微型，并没有明显的钙积层。有的剖面碳酸钙含量上部高于下部，即表层多、心底土层都少的碳酸钙分布形式，具有覆钙特点。褐土亚类均呈弱碱性反应。褐土亚类淋溶作用比棕壤弱。

褐土亚类的黏化作用普遍发生，但黏粒淀积不强烈，褐土亚类表层黏粒较少，黏化层稍高，黏粒在剖面中有分异而不显著，说明褐土亚类黏化作用存在而不强烈。

褐土亚类表层质地以中壤面积最大，其次为轻壤。

根据母质母岩性质及母质类型，把褐土亚类划分为两个土属，即钙质岩类坡洪积褐土、坡洪积褐土。

（1）钙质岩类坡洪积褐土土属（代号 4_1）：该土属有 5 个土种。分布面积 72 052.50hm²，占土壤总面积的 5.83%，占该亚类面积的 68.68%。分布于基岩为钙质岩的山前平原，主要分布在青州、临朐、安丘、诸城等县市山地丘陵区的钙质岩坡积—洪积物母质上。所处地形部位为缓坡或高台地，土层深厚，大部分土层厚在 1.5m 以上。有少部分面积为土层不到 60cm 的中层土，土层以下为基岩，土体下部含有石块。

钙质岩类坡洪积褐土按土体构型和表层质地划分为 5 个土种，其分布和面积见表 2-14 所示。其中，以中壤质钙质岩坡洪积褐土面积最大，为该土属的代表土种，其典型剖面特征如下。

表 2-14　钙质岩类坡洪积褐土土种、面积及分布表

土种	图上代号	面积（hm²）	占土属（%）	分布
轻壤质钙质岩类坡洪积褐土	4_{11}	345.72	0.48	安丘
中壤质钙质岩类坡洪积褐土	4_{12}	58 120.79	80.66	青州、临朐、诸城
中壤质浅位黏质钙质岩类坡洪积褐土	4_{13}	6 890.96	9.56	青州、安丘、诸城
中壤质深位黏质钙质岩类坡洪积褐土	4_{14}	1 379.88	1.92	青州、诸城
中层中壤质钙质岩类坡洪积褐土	4_{15}	5 315.15	7.38	安丘、临朐、青州

剖面形态特征：

0～21cm：A 层，褐色，中壤，粒状结构，松，多孔，多根系，石灰反应强。

21～46cm：B 层，褐色，中壤，块状结构，假菌丝体（较多），稍紧，根系较多，石灰反应强。

46～85cm：BC 层，褐色，轻壤，块状结构，假菌丝体（较多），紧，根系较少，石灰反应强。

85～150cm：C 层，黄褐色，轻壤，块状结构，紧实，根系少，有石灰岩石块，石灰反应强。

由剖面机械组成看，钙质岩（主要为石灰岩）发育的褐土质地较细，绝大多数为中壤—重壤，小面积为轻壤。黏化作用普遍存在，但黏化程度不强烈。

钙质岩坡洪积物发育的褐土理化性状较好，养分含量较高，碳酸钙含量较高，多在 3%以上，pH 值为 7.3～7.9，呈弱碱性反应。

该土属目前大部分为耕地，在缓坡和坡麓的耕地，存在不同程度的侵蚀，灌溉条件较差，生产中主要问题是搞好水土保持，防止土壤侵蚀。有条件的地方发展灌溉，增施有机肥，科学施用化肥，改善其生产条件，提高土壤生产力。

（2）坡洪积褐土土属（代号 4_2）：该土属有 3 个土种。总面积 32 853.22hm^2，占土壤总面积的 2.66%，占褐土亚类面积的的 31.32%。主要分布于青州、临朐、昌乐、寿光、坊子等县市区，分布于平原的高地，多分布于洪积扇。母质为各种岩性风化物的坡洪积物。土体深厚，质地为轻壤—中壤，目前多已垦植为耕地。

坡洪积褐土一般有良好的剖面发育，为 A-B-C 层，B 层发育多数较弱，土体以壤均质型为主。另一类型是 B 层发育较好，黏化作用比较明显，面积较小。

坡洪积褐土在本市分布较广，但分布面积零散，与淋溶褐土成复区分布。根据土体构型和表层质地，划分成 3 个土种，其分布和面积见表 2-15 所示，其中轻壤均质和中壤均质坡洪积褐土面积最大，分别占 33.54%和 50.51%，现以中壤均质坡洪积褐土为例说明其剖面形态特征。

表 2-15　坡洪积褐土土种、面积及分布表

土种	图上代号	面积（hm^2）	占土属（%）	分布
轻壤质坡洪积褐土	4_{21}	11 020.38	33.54	昌乐、寿光、坊子、临朐等
中壤质坡洪积褐土	4_{22}	16 594.64	50.51	青州、临朐、寿光、昌乐
中壤质浅位黏质坡洪积褐土	4_{23}	5 238.20	15.94	青州、临朐

剖面形态特征：

0～20cm：A 层，黄褐色，中壤质，粒状结构，松，多孔，多根系，动物穴多，石灰反应弱。

20～45cm：AB 层，淡褐色，中壤质，小块状结构，假菌丝体少，较松，多孔，根系较多，石灰反应弱。

45～70cm：B_1 层，棕褐色，中壤质，块状结构，假菌丝体，胶膜多，紧，少孔，少根系，石灰反应弱。

70～100cm：B_2 层，棕褐色，中壤质，块状结构，胶膜多，紧，少孔，根系很少，石灰反应强。

100～150cm：C 层，黄褐色，中壤质，石灰反应（++）。

由剖面看出，坡洪积褐土的质地多为轻壤—中壤，和钙质岩坡洪积褐土相比，轻壤面积较大，占 33.54%。黏粒含量表层较少，心土层和腰土层稍高，黏化程度不强。石灰反应程度由弱至中等，呈弱碱性反应，pH 值为 7.1～7.5。碳酸钙含量普遍较低，在 0.5%～2.0%之间，明显低于钙质岩坡洪积褐土。物理性状良好，质地适中，容重一般为 1.2～1.4g/cm^3，总孔隙度 47%～59%，田间持水量 25%左右，多在适宜范围内。

坡洪积褐土所处地形平坦，土层深厚，质地适中，所处地区水热条件较好，目前大多数垦为耕地。但该土属矿质养分含量不高，部分水源缺乏，干旱问题严重，有机质缺乏，在利用上应注重于培肥土壤，合理施用化肥。在有条件的地方，广辟水源，改善水分条件，发挥该土属的生产潜力。

2. 石灰性褐土亚类（代号 4′）

石灰性褐土主要分布在昌邑市、寒亭区、潍城区、奎文区、坊子区及昌乐县的土埠岭上，群众俗称“风旋土” “砂黄土”，面积为 4 294.15hm^2，占土壤总面积的 0.35%，占褐土土类面积的 0.85%。

石灰性褐土只有一个土属，为黄土母质石灰性褐土（土埠土，代号 $4'_3$），所处地多为高出地面数米至十几米的埠岭，母质为黄土母质，风积而成；据称，土埠是由于莱州湾海退后，在比较干旱的气候条件下，由风搬移而成。土层深厚，质地多为砂壤质，存在较重的侵蚀。通体碳酸钙含量甚高，石灰反应强，呈弱碱性反应。土壤发育微弱，层次分化不明显，土体构型均为砂壤均质。黏化程度较弱，黏化层发育极不明显，土色浅淡。

植被多为灌草丛，主要杂草为狗尾草、节骨草、蒺藜、猪毛菜等，说明了其旱薄程度很深。生物积累量较小，有机质含量在褐土各亚类中是最低的。

黄土母质石灰性褐土（土埠土）只有一个土种，为砂壤均质黄土母质石灰性褐土（砂壤均质土埠土，代号 $4'_{31}$）。

剖面形态特征：

0～20cm：淡黄色，砂壤，小粒状结构，疏松，较多孔隙，多量根系，土体较干，石灰反应强。

20～60cm：浅黄色，砂壤，结构不明显，较松，孔隙较少，根系稍少，较湿润，石灰反应强。

60～100cm：黄色，砂壤较重，较松，不稳固的块状结构，有较多假菌丝体，少孔隙，少根系，较湿润，石灰反应强。

100～150cm：黄色，砂壤，较松，有假菌丝体，石灰反应强。

黄土母质石灰性褐土（土埠土）质地偏砂，通体为砂壤土，黏化现象不明显，毛管孔隙发达。土体深厚，耕性和通透性良好，但由于质地多为砂壤土，蓄保性能弱，毛管蒸发作用强，渗透性强，易失肥水。地下水位较深，无灌溉条件，干旱威胁大；养分极贫乏，发小苗，无后劲，生产潜力很低。旱、薄、蚀是土埠土的主要问题，因而应搞好水土保持，增施有机肥料，培肥地力，发展旱作农业，发展林果生产，在土埠下部宜种植花生等经济作物。

3. 淋溶褐土亚类（代号 5）

淋溶褐土亚类在全市分布极广，除寿光市外，其他县市区均有分布，其分布面积较大的是安丘、诸城、高密、临朐、昌乐、坊子等县市区，该亚类土壤面积 169 595.39hm^2，占土壤总面积的 13.72%，占褐土土类面积的 33.58%。

淋溶褐土亚类主要发育在低缓丘陵及山前平坦扇形地、山前倾斜平原及河谷高阶地上，成土母质为钙质岩、基性岩的坡洪积物、厚层坡洪积物，在本市因母质类型复杂，淋溶褐土常与褐土亚类镶嵌分布。淋溶褐土在性状上是褐土与棕壤的过渡类型。

淋溶褐土与褐土亚类的主要区别在于淋溶作用强，碳酸钙含量微量，一般含碳酸钙量低于 0.25%，大部分在 0.05%以下，剖面中无钙积层，呈中性反应，pH 值多为 7.0，低于褐土亚类，但高于棕壤。

本市淋溶褐土普遍存在黏化现象，黏粒在土体中分布特点为表层低，心土层以下均高于表层，但多数黏化层黏粒含量比下层高。据统计有明显黏化层的面积仅占 12.32%，大多数黏化层位较浅，黏化层厚一般 30～90cm，厚者 1m 以上。

淋溶褐土绝大多数已垦为耕地，仅部分面积为林地和果园。

根据母质类型，淋溶褐土划分为 3 个土属，即为：钙质岩坡洪积淋溶褐土，基性岩坡洪积淋溶褐土和坡洪积淋溶褐土。

（1）钙质岩坡洪积淋溶褐土土属（代号 5_1）：该土属总面积为 21010.98hm^2，占土壤总面积的 1.70%，占淋溶褐土亚类面积的 12.39%。发育母质为以石灰岩为主的坡洪积物，土壤酸碱度在淋溶褐土中稍高于其他土属，一般 pH 值为 6.8～7.5。根据土体构型和表层质地该土属划分 5 个土种。见表 2-16 所示。

表 2-16　钙质岩坡洪积淋溶褐土土种、面积及分布表

土种名称	图上代号	面积（hm^2）	占土属（%）	主要分布地
轻壤质钙质岩坡洪积淋溶褐土	5_{11}	1 384.19	6.59	安丘
轻壤质浅位黏质钙质岩坡洪积淋溶褐土	5_{12}	2 592.79	12.34	诸城、临朐
中壤质钙质岩坡洪积淋溶褐土	5_{13}	8 935.98	42.53	临朐
中壤质浅位黏质钙质岩坡洪积淋溶褐土	5_{14}	1 872.97	8.91	临朐
中层轻壤质钙质岩坡洪积淋溶褐土	5_{15}	6 225.04	29.63	诸城

其中，以中壤质钙质岩坡洪积淋溶褐土土种面积最大，为该土属的代表土种，以其典型剖面为例，说明该土属的剖面形态特征。

剖面形态特征：

0～21cm：A 层，褐色，中壤质，粒状结构，松，孔隙多，多根，无石灰反应。

21～55cm：B 层，褐色，中壤质，块状结构，结构面上可见少量胶膜，湿为暗褐色，较紧，孔隙较多，根系较多，无石灰反应。

55～150cm：BC 层，黄褐色，中壤质，块状结构，有胶膜，紧实，少孔少根系，上部无石灰反应，下部石灰反应弱。

150cm 以下：C 层，浅黄色，石灰反应中等。

(2) 基性岩类坡洪积淋溶褐土土属（代号 5_2）：该土属总面积 62 428.74hm²，占土壤总面积的 5.05%，占亚类面积的 36.81%。主要分布在安丘市、昌乐县、青州市，坊子区、临朐县等也有一定面积分布。母岩以中性的安山岩、玄武岩为主，土壤多呈中性反应，pH 值为 6.5～7.0，底土层稍高，大多数不含碳酸钙或含微量碳酸钙，一般为 0.01%以下，无钙积化现象。根据土体构型和表层质地，该土属划分为 3 个土种，见表 2-17 所示。

表 2-17 基性岩坡洪积淋溶褐土土种、面积及分布表

土种名称	图上代号	面积 (hm²)	占土属 (%)	主要分布地
轻壤质基性岩坡洪积淋溶褐土	5_{21}	29 301.05	46.94	安丘、昌乐
轻壤质浅位黏质基性岩坡洪积淋溶褐土	5_{22}	6 968.61	11.16	青州、昌乐
中层轻壤质基性岩坡洪积淋溶褐土	5_{23}	26 159.08	41.90	安丘、昌乐、青州、坊子、临朐

以轻壤质基性岩坡洪积淋溶褐土为代表土种，以其典型剖面为例，说明该土属的剖面形态特征。

剖面形态特征：

0～20cm：A 层，棕黄色，轻壤，粒状结构，较松，多孔隙，根系多，动物穴多，无石灰反应。

20～50cm：B_1 层，灰褐色，中壤，块状结构，铁子较多，紧，少孔隙，根系较少，无石灰反应。

50～90cm：B_2 层，灰褐色，中壤，块状结构，铁子较多，紧，少孔隙，根系较少，无石灰反应。

90～150cm：BC 层，灰黄色，中壤，无石灰反应。

150cm 以下：C 层，浅黄色。

由剖面表明，基性岩以安山岩和玄武岩为主，质地适宜，表层多为轻壤，剖面心土层以下为中壤至重壤。多无明显黏化层，有黏化层的面积仅占 11.2%，且均为浅位黏质。土层薄，土层不到 60cm 的中层土面积占 41.9%，一般含有砾石，存在水土流失。所处部位较高，地下水位较深，基本无灌溉条件。

基性岩淋溶褐土大多数为农田，土壤肥力中等，代换量略高，有利于保肥。碳酸钙含量微量，多在 0.01%～0.1%，土壤呈中性反应，pH 值为 6.8～7.2。

(3) 坡洪积淋溶褐土土属（代号 5_3）：该土属总面积 86 155.67hm²，占土壤总面积的 6.97%，占淋溶褐土亚类的 50.80%。主要分布于高密、诸城、安丘、昌邑、坊子、峡山等县市区，除青州、寿光外其他县市区也有分布。

坡洪积淋溶褐土多分布于缓丘中下部，山前洪积扇，山前倾斜平原上。母质系为脱钙明显的坡洪积物，其母岩性质难以分清，系为多种岩石风化物的混合物。土体深厚，一般剖面层理清晰，多数剖面质地均一，只有 8.73%的具有明显的黏化层。

坡洪积淋溶褐土往往与坡洪积褐土交错分布，一般情况是坡洪积淋溶褐土分布地形部位较坡洪积褐土稍高，在性状上的主要区别是淋溶强度的差异，淋溶褐土碳酸钙含量甚低，无钙积层，pH 值比坡洪积褐土低，多呈中性反应，pH 值多为 6.7～7.2。

坡洪积淋溶褐土，几乎全部垦为耕地，为本市主要耕地土壤之一，由于分布地形部位较高，地下水位较深，多位于缓坡地，存在不同程度的侵蚀，一般无灌溉条件或灌溉条件较差。

根据土体构型和表层质地，坡洪积淋溶褐土土属划分为 4 个土种。见表 2-18 所示。

表 2-18 坡洪积淋溶褐土土种、面积及分布表

土种名称	图上代号	面积（hm^2）	占土属（%）	主要分布地
轻壤质坡洪积淋溶褐土	5_{31}	77 087.90	89.48	高密、坊子、峡山、安丘、昌邑等
轻壤质浅位黏质坡洪积淋溶褐土	5_{32}	2 941.09	3.41	临朐、诸城
中壤质坡洪积淋溶褐土	5_{33}	1 540.67	1.79	诸城
中壤质浅位黏质坡洪积淋溶褐土	5_{34}	4 586.01	5.32	诸城、峡山

该土属代表土种为轻壤质坡洪积淋溶褐土，其典型剖面形态特征：

0～21cm：A 层，褐色，轻壤，粒状，松，较多孔隙，根系少，无石灰反应。

21～77cm：AB 层，浅褐色，轻壤，小块状结构，较松，少孔少根系，无石灰反应。

77～105cm：B 层，浅褐色，中壤，块状结构，较紧，无石灰反应。

105～150cm：C 层，暗褐色，中壤，块状结构，铁锰结核少，紧，无石灰反应。

坡洪积淋溶褐土剖面特征是，土体深厚，耕层土壤疏松、多为轻壤—中壤土。大部分剖面 50cm 以下质地比较重，为中壤—重壤，有利于保水保肥，对作物生长有利。剖面底层有铁锰结核，无钙积层，发生层次较明显，层次过渡较坡洪积褐土明显，色泽较鲜艳。多数剖面无明显的黏化层。

4. 潮褐土亚类（代号 6）

潮褐土亚类在全市分布广泛，各县市区均有。其中，寿光、安丘、青州、昌乐、潍城分布面积较大。总面积 139 814.14hm^2，占全市土壤总面积的 11.31%，占褐土土类面积的 27.68%。

潮褐土即为过去的草甸褐土，开垦历史悠久，熟化程度高，为褐土中最重要的利用类型。是潍坊市的主要耕地土壤，群众称为“金黄土”。

潮褐土主要分布在潍坊市的洪积扇扇缘、微斜平地上，在冲积平原的残余二级阶地上也有分布。母质为洪冲积物，以黄土性物质居多，质地多为轻壤—中壤。地形平坦，微有倾斜，排水良好。地下水较浅，水源丰富，大部分井灌条件较好，垦殖较早，由于长期耕种，土壤熟化程度较高，耕层厚度约 20～25cm，质地为壤质，土壤疏松。土体构型一般为上轻下重的“蒙金型”，通体无障碍层次。耕性良好，养分丰富，保肥保水能力强，适种各种作物，产量稳定，为潍坊市的高产田。但仍有约 33.6%的潮褐土，心土层黏重，由于黏层部位高，隔水隔肥，根系下扎困难，为障碍层次，有待改良。

潮褐土属于褐土向潮土的过渡类型，在以褐土化过程为主的基础上，附加潮化过程。剖面上部不受地下水影响，进行褐土化过程，有碳酸钙的淋洗和黏化作用，但黏化作用程度比褐土亚类弱，土色鲜褐。地下水位较高，直接影响土壤形成过程，使剖面下部出现锈纹、锈斑，有的有铁锰结核，有的剖面在底层有小型砂姜，这是与脱潮土相区别的主要特征。但由于干旱的影响，现在大部分潮褐土地区摆脱了地下水的影响。

潮褐土剖面可以划出 3 个基本发育层段。表土层厚度 16～40cm，为棕色或褐色，轻壤—中壤，耕层疏松，熟化程度高，石灰反应由弱至强，20cm 以下为犁底层，较紧实。心土层以下多有黏化现象，一般厚度 10～115cm，大多数分布在 40～90cm，为暗棕色或棕褐色，质地多为中壤—重壤质；有的剖面有铁子，有假菌丝体，土层较干，多为块状结构，有石灰反应。底土层一般在 100cm 以下，多数剖面 120～150cm 土层有锈纹斑，为潮化层，有石灰反应。

潮褐土和脱潮土在形态上的主要区别是：①潮褐土分布地形部位比脱潮土稍高，潮褐土分布在褐土亚类的下缘，脱潮土分布在潮土区内较高部位或潮土的上缘。②潮褐土的黏化现象比脱潮土略强。其土体构型多为上轻下重的“蒙金型”，表土层和心土层以下黏粒含量差异颇大，而脱潮土心土层多无明显的黏化现象。③潮褐土土体内有较明显的钙化现象，土体内有假菌丝，有的剖面底层有小型砂姜，而脱潮土多数无假菌丝体，或仅有少量的假菌丝体。④二者底土层均有锈纹锈斑，但潮褐土出现部位更深一些。且潮化过程比脱潮土偏轻。⑤脱潮土的沉积层理比较清楚，这也是鉴别二者的主要依据。

潮褐土根据母质性质，可划分为 2 个土属，即洪冲积潮褐土和非石灰性洪冲积潮褐土。

（1）洪冲积潮褐土土属（代号 6_1）：面积 81 521.90hm^2，占土壤总面积的 6.60%，占潮褐土亚类的 58.31%。主要分布在寿光市、青州市、昌乐县和潍城区、寒亭区、安丘市、临朐县等地。

洪冲积潮褐土除具有亚类所述的基本特征外，主要的特征是由于母质富含钙质，因而土壤通体具有强石灰性，土体中碳酸钙含量较高，一般在 3%以上。洪冲积潮褐土根据土体构型和表层质地，划分为 4 个土种，见表 2-19 所示。

表 2-19　洪冲积潮褐土土种、面积及分布表

土种名称	图上代号	面积（hm^2）	占土属（%）	主要分布地
轻壤质洪冲积潮褐土	6_{11}	49 957.60	61.28	寿光、昌乐、寒亭、潍城、安丘等
中壤质洪冲积潮褐土	6_{13}	5 378.92	6.60	昌乐、潍城、青州、临朐
中壤质浅位黏质洪冲积潮褐土	6_{14}	24 579.63	30.15	青州、寿光、临朐、昌乐
中壤质深位黏质洪冲积潮褐土	6_{15}	1 605.75	1.97	青州、昌乐

各土种以轻壤质洪冲积潮褐土面积最大，为该土属的代表土种，现以典型剖面为例，说明该土属的剖面特征。

剖面形态特征：

0～27cm：A层，褐色，轻壤质，粒状结构，松，多孔隙，多根系，有石块，石灰反应强烈。

27～55cm：AB层，褐色，中壤质，粒状结构，假菌丝体较多，松，多孔多根系，石灰反应强烈。

55～103cm：B层，暗褐色，中壤，小块状结构，有小粒砂姜，下部锈斑纹较少，较紧，石灰反应强。

103～105cm：C层，灰黄色，轻壤，锈斑纹较多，少孔少根系，石灰反应强。

由剖面看出，耕层质地以轻壤—中壤为主，质地适中，比较疏松，经精耕细作，久经培肥，土壤肥力较高。土体中有较强的石灰反应，多数土壤呈弱碱性反应，pH值为7.0～7.5。

（2）非石灰性洪冲积潮褐土（代号6_2）：该土属面积58 292.24hm^2，占土壤总面积的4.72%，占潮褐土亚类面积的41.69%，主要分布在安丘、昌乐、峡山、昌邑，坊子、诸城、奎文、潍城等也有分布。

非石灰性洪冲积潮褐土和洪冲积潮褐土的主要区别是该土属母质来源于非钙质母岩风化物，母质不含钙质，土体中石灰性弱或无石灰性，碳酸钙含量很低，尤其是土体上部含量低，下部含量较高。

根据土体构型和表层质地，将该土属划分为5个土种，见表2-20所示。

表2-20 非石灰性洪冲积潮褐土土种、面积及分布表

土种名称	图上代号	面积（hm^2）	占土属（%）	主要分布地
轻壤质非石灰性洪冲积潮褐土	6_{21}	21 755.31	37.32	安丘、昌邑、峡山、坊子、潍城、奎文等
轻壤质浅位黏质非石灰性洪冲积潮褐土	6_{22}	9 791.00	16.80	安丘、峡山、坊子、诸城
中壤质非石灰性洪冲积潮褐土	6_{23}	10 800.11	18.53	昌乐、坊子、峡山等
中壤质浅位黏质非石灰性洪冲积潮褐土	6_{24}	12 595.86	21.61	安丘、诸城、昌邑、峡山等
中壤质深位黏质非石灰性洪冲积潮褐土	6_{25}	3 349.96	5.75	安丘

各土种以轻壤质非石灰性洪冲积潮褐土面积最大，以其为代表，说明其剖面形态特征。如下：

0～25cm：A层，浅褐色，轻壤，碎粒状结构，较松，根系和孔隙多，有蚯蚓穴，有砖块等侵入体，石灰反应较强。

25～50cm：AB层，浅褐色，轻壤，碎块状和棱块结构，较松，根系较多，孔隙较多，有砖块，无石灰反应。

50～135cm：B层，褐色，中壤，棱块状结构，有假菌丝体，略见胶膜，较紧，根系孔隙较少，石灰反应上部弱、下部较强。

135～150cm：BC层，褐黄色，轻壤，结构松散，可见粒状砂姜、铁子，锈斑较多，稍紧，孔隙少，无根系，石灰反应较强。

由剖面看出，耕层质地以轻壤—中壤为主，质地适中，耕层比较疏松，平均容重为 1.30g/cm^3，一般碳酸钙含量较低，石灰反应较弱，多数剖面是土体上部含量很低，底土层含量较高。多数具有良好的灌溉条件，为潍坊市主要高产土壤之一。

5. 褐土性土亚类（代号 7）

褐土性土群众习称石渣子土、粗砂土、石皮土及岭砂土等，在本市山地丘陵的褐土区的较高部位分布，全市总面积 86 476.95hm^2，占土壤总面积的 7.00%，占褐土土类面积的 17.12%。

褐土性土广泛分布在钙质岩类和基性岩类组成的低山丘陵的中上部，在山前洪积扇顶部也有分布，主要分布在青州、临朐、安丘、昌乐等县市。多为荒草坡或岭坡梯田，一般分布在褐土和淋溶褐土亚类的上部，是褐土类中受侵蚀影响最重的亚类。成土母质为钙质岩和基性岩类的残积坡积物。土层薄，一般<60cm，大多数为 10～30cm 左右，土层内含有较多的砾石、母岩碎片，土体呈明显的粗骨特征。自然植被多生长灌木草丛及疏林，覆盖度较小，表层有较弱的生物积累，当自然植被较好时，生物积累较强。剖面为 A-(B)-C 或 A-C 型，一般无剖面发育或发育极弱，薄土层以下即为基岩或母岩半风化物。发育于钙质岩残坡积物上的褐土性土有石灰反应，pH 值多呈弱碱性反应。发育于基性岩残坡积物上的褐土性土，一般无石灰反应，pH 值呈中性反应，多分布在淋溶褐土的上部。

根据母岩不同将褐土性土划分为钙质岩残坡积褐土性土和基性岩残坡积褐土性土两个土属。

（1）钙质岩残坡积褐土性土土属（代号 7_1）：面积 65 677.03hm^2，占土壤总面积的 5.31%，占该亚类面积的 75.95%。主要分布在青州、临朐等地的钙质岩类的山地丘陵中上部，在其他县市区也有小面积分布。母岩以石灰岩（俗称青石）为主，岩晶颗粒细密，较难风化，土层薄。根据土层厚度及表层质地该土属可划分为 3 个土种，见表 2-21 所示。

表 2-21　钙质岩残坡积褐土性土土种、面积及分布表

土种名称	图上代号	面积（hm^2）	占土属（%）	主要分布地
薄层砂质砾石土钙质岩残坡积褐土性土	7_{11}	26 012.57	39.61	青州、临朐、安丘
中层砂质砾石土钙质岩残坡积褐土性土	7_{12}	7 036.65	10.71	临朐、青州
薄层砾质壤土钙质岩残坡积褐土性土	7_{13}	32 627.81	49.68	青州、临朐、安丘、昌乐等

各土种以砾质壤土面积最大，为该土属的代表土种，其典型剖面如下：

0～20cm：灰褐色，重壤土，粒状结构，稍紧，多孔多根系，石灰反应强。

20～40cm：棕褐色，中壤土，夹大量母岩碎石，石灰反应强。

40cm 以下：石灰岩。

由剖面分析看，由于成土母质富含钙质，土壤中均含有大量的游离石灰，碳酸钙含量在3%以上，土壤呈微碱性反应。荒坡地植被较好，有一定的生物积累，有机质和全氮含量较高。而垦为耕地后，由于水土流失，有机质和全氮含量显著降低。大部分耕地土层浅薄，养分储量较低，开垦后肥力下降较快，尤其是缺速效磷，生产力低，应退耕还林。

（2）基性岩残坡积褐土性土土属（代号7_2）：面积20 799.91hm²，占土壤总面积的1.68%，占该亚类面积的24.05%。主要分布在安丘、昌乐、临朐等县市。成土母质主要为中性的安山岩和玄武岩的残坡积物。基性岩褐土性土性质与钙质岩褐土性土比较，主要差异是基性岩褐土性土，一般碳酸钙含量很低，无石灰反应，或者反应弱，pH值略低，为7左右，呈中性反应。因而本市基性岩残坡积褐土性土为淋溶型，多与淋溶褐土亚类相伴分布。其他性质基本相似。

基性岩以玄武岩和安山岩为主，细粒物质较多，岩性松软，易于风化，风化程度较强，残坡积物一般较厚，含有较多细粒，土壤中黏粒含量较多，质地偏重，多为砾质中壤土，因而砾质壤土面积较大。由于侵蚀，大部分土壤中含有较多的风化石片和石块，一般砾石含量10%～30%，部分砾石含量大于30%。根据土层厚度和质地划分为2个土种，见表2-22所示。

表2-22 基性岩残坡积褐土性土土种、面积及分布表

土种名称	图上代号	面积（hm²）	占土属（%）	主要分布地
薄层砂质砾石土基性岩残坡积褐土性土	7_{21}	6 192.04	29.77	安丘、昌乐
薄层砾质壤土基性岩残坡积褐土性土	7_{22}	14 607.87	70.23	安丘、昌乐、临朐

其中，薄层砾质壤土基性岩残坡积褐土性土为该土属的代表，其剖面形态如下。

0～25cm：黄褐色，中壤，粒状结构，松，多孔多根系，无石灰反应。

25cm以下：母岩。

褐土性土分布地形部位高、坡度大，土壤侵蚀较重，土层浅薄，土壤肥力较低，干旱威胁大。目前，除部分坡度较缓，土层较厚，含砾石少的已垦为岭坡梯田及人工林地外，大部分褐土性土仍为生长灌丛和杂草的荒山岭地。由于受条件限制，垦为农田的褐土性土只种植抗旱作物，如：地瓜、花生及小杂粮，产量水平低而不稳。今后应加强水土保持，对坡度大侵蚀重的农田要退耕还林，发展林果生产。荒山秃岭地要大力植树造林，封山育林，提高植被覆盖度，治理日益严重的水土流失。

（三）砂姜黑土土类

砂姜黑土又称黑土，黑黏土，干勾土等，是一种具有“黑土层”和“砂姜层”的暗色土壤，是由草甸潜育化过程，经脱潜育过程和旱耕熟化过程形成的土壤类型。主要分布在高密、寿光、昌邑、诸城、安丘等县市区。分布总面积为128 801.02hm²，占土壤总面积的10.42%，耕地77 539.28hm²，占该土类的60.20%。

砂姜黑土集中分布区，气候温暖湿润或半湿润，年平均降水量在700mm左右，年度降水分配不均，夏季7、8、9三个月降水占全年降水量的65%左右，全年水面蒸发量为 1 800～1 900mm，年均干燥系数为 1～1.1。

砂姜黑土分布的地形为平坦低洼。潍坊市内砂姜黑土多分布于浅平洼地，槽状或蝶形洼地，地下水出流缓慢不畅，地下水埋藏深度较浅，近年来，由于干旱及开发地下水灌溉，地下水位下降。

自然植被主要以水生和喜湿植物为主，生长繁茂，在湿润的气候条件下，有机质积累比较强烈，为黑土层的形成和腐殖质的积累提供了物质基础。

砂姜黑土的成土母质为近代（第四纪以来）的湖沼相沉积物，含有较多的游离石灰。砂姜黑土区地形低洼，多为蝶形洼地，既是冲刷物质的沉积区，又是地下水中 Ca^{2+} 和 HCO_3^- 的富集区。同时，由于湿润的气候条件，上部钙质淋溶到下层，这为砂姜层的形成提供了丰富的钙质基础。

在砂姜黑土分布区，由于地质作用，在黑土层上往往覆盖了 20～40cm 的黄土，形成了覆盖型砂姜黑土。

人类的长期耕种，对砂姜黑土的肥力演变产生了深刻的影响。潍坊市砂姜黑土区，耕种历史久远，经过几千年的耕作及开沟排水、施肥等措施，使砂姜黑土经旱耕熟化过程，逐渐向高产土壤的方向发展，同时经长期耕种，耕层土壤颜色由黑变浅，质地由粘变轻，耕性变好。

砂姜黑土根据土体石灰性划分为砂姜黑土和石灰性砂姜黑土 2 个亚类。共 4 个土属，7 个土种，见表 2-23 所示。

表 2-23　砂姜黑土各亚类及土属情况表

亚类	土属	面积（hm^2）	占亚类（%）	占全市土壤面积（%）	主要分布地	土种数量（个）
砂姜黑土	黑土裸露砂姜黑土	92 883.14	88.91	7.52	高密、昌邑、安丘、诸城、峡山、寒亭等	3
	黄土覆盖砂姜黑土	11 583.24	11.09	0.94	诸城、高密、昌邑、峡山	2
石灰性砂姜黑土	黑土裸露石灰性砂姜黑土	1 604.02	6.59	0.13	寿光、青州	1
	黄土覆盖石灰性砂姜黑土	22 730.62	93.41	1.84	寿光、青州	1

1. 砂姜黑土亚类（代号 8）

砂姜黑土即普通砂姜黑土，面积 104 466.38hm^2，占土壤总面积的 8.45%，占该土类面积的 81.11%。主要分布在高密、昌邑、诸城、安丘等县市的浅平洼地和蝶形洼地上，在峡山、寒亭、青州、潍城也有分布。所处地势低洼，排水不畅，雨季容易发生明涝暗渍。

将砂姜黑土亚类 1.5m 土体的剖面划分为耕作层、黑土层（脱潜育化层）和砂姜层。其中，黑土层（脱潜育化层）和砂姜层为砂姜黑土的诊断层。黑土层一般出现在耕层以下，少数出现在 30cm 以下；砂姜层一般出现在 70～80cm 以下，有覆盖层的，砂姜层出现部位较深。砂姜黑土母质为湖沼相沉积物，质地偏黏，多为中壤土—重壤土，质地上下均一。

砂姜黑土根据覆盖层有无，把该亚类划分为黑土裸露砂姜黑土和黄土覆盖砂姜黑土2个土属。

(1) 黑土裸露砂姜黑土土属（代号 8_1）：面积92 883.14hm^2，占土壤总面积的7.52%，占砂姜黑土亚类面积的88.91%。高密、昌邑、安丘、诸城、峡山区分布面积较大，在寒亭、青州、潍城区也有小面积分布。黑土层较厚，一般在砂姜层以上通体为黑土层，厚度多在50cm以上。由于长期的耕作熟化过程，大多数剖面存在耕作层，其特点是：厚度一般在15～20cm，土壤颜色较浅，多为灰黄色—黄褐色，质地多为轻壤—中壤质，部分为重壤质；其下部存在犁底层，较紧实；耕作层以下即为较厚黑土层，比较黏重，为中壤—轻黏土。耕作层和黑土层之间无明显的层理变化，颜色由浅逐渐向暗过渡。根据表层质地，黑土裸露砂姜黑土划分为3个土种，见表2-24所示。

表2-24 黑土裸露砂姜黑土土种、面积及分布表

土种名称	图上代号	面积（hm^2）	占土属（%）	主要分布地
轻壤质黑土裸露砂姜黑土	8_{11}	23 362.10	25.15	高密、昌邑、峡山
中壤质黑土裸露砂姜黑土	8_{12}	64 814.97	69.78	高密、昌邑、安丘、诸城、峡山、寒亭、潍城
重壤质黑土裸露砂姜黑土	8_{13}	4 706.07	5.07	安丘、诸城、青州

中壤质黑土裸露砂姜黑土土种面积最大，以其典型剖面为例，阐述如下。

剖面形态特征：

0～20cm：耕作层，灰褐色，中壤质，粒状结构，松，较多孔隙，根系多，无石灰反应。

20～65cm：黑土层，黑色，重壤质，块状结构，紧，少孔隙，根系较少，无石灰反应。

65～95cm：过渡层，中壤质，灰黄色，块状结构，铁子、锈斑较多，紧，少根少孔隙，有中度石灰反应，出潜水。

95～150cm：砂姜层，棕黄色，中壤质，块状结构，砂姜为面砂姜和核砂姜，核砂姜约占30%左右，锈斑多，有灰兰色条斑，石灰反应强，出水较多。

黑土裸露砂姜黑土质地偏黏，表层质地多为中壤—轻黏；黑土层黏重，质地多为中壤—重壤土，黏粒含量较高。土壤一般呈中性，pH值为6.6～7.5，砂姜层pH值较高。土壤物理性状较差，储水供水能力低，易涝、不抗旱，土壤水分状况不良，耕性差。土壤有机质含量较高，土体深厚，土壤潜在肥力较高，但供肥性能较差。

(2) 黄土覆盖砂姜黑土土属（代号 8_2）：在全市分布面积11 583.24hm^2，占土壤总面积的0.94%，占砂姜黑土亚类面积的11.09%，主要分布在诸城、高密和昌邑三市，峡山区有小面积分布。分布地形部位比黑土裸露砂姜黑土高，多位于近河流低平地或缓平坡地的坡脚。由于洪积冲积的影响，在黑土层之上，覆盖了一层黄土状物质，厚度多为20cm以上，厚者达50～60cm，质地多为轻壤，其次为中壤。黑土层层位较深，厚度不等，为棱块或棱柱状结构，耕性不良。黑土层结构体间空隙较大，漏水漏肥。

黄土和黑土之间层理明显。耕层多为黄土覆盖层，质地适宜，耕性好，其性状优于黑土裸露砂姜黑土。根据表层质地将该土属划分为 2 个土种，见表 2-25 所示。

表 2-25　黄土覆盖砂姜黑土土种、面积及分布表

土种名称	图上代号	面积（hm^2）	占土属（%）	主要分布地
轻壤质浅位黑土层黄土覆盖砂姜黑土	8_{21}	6 180.39	53.36	高密、昌邑、峡山、诸城
中壤质浅位黑土层黄土覆盖砂姜黑土	8_{22}	5 402.85	46.64	诸城、昌邑、高密

以轻壤质浅位黑土层黄土覆盖砂姜黑土为例，其剖面特征描述如下。

0～35cm：黄土覆盖层，褐色，轻壤，粒状结构，松，多孔多根系，无石灰反应。

35～73cm：黑土层，灰黑色，中壤，棱块状结构，紧，少孔少根系，无石灰反应。

73～95cm：过渡层，黄褐色，中壤，紧，少孔，无根，石灰反应弱。

95～150cm：砂姜层，黄色，中壤，核砂姜中量，有锈斑，紧，石灰反应强。

2. 石灰性砂姜黑土亚类（代号 9）

石灰性砂姜黑土面积 24 334.65hm^2，占土壤总面积 1.97%，占砂姜黑土土类面积的 18.89%。主要分布于本市青州北部、寿光西南部的交接洼地上，在寿光境内的个别蝶形洼地也有分布。

石灰性砂姜黑土和砂姜黑土的主要区别是石灰性砂姜黑土全剖面有较强的石灰反应，特别是表层和黑土层，均有较强的石灰性，碳酸钙含量较高，而砂姜黑土耕层和黑土层一般无石灰性或只有较弱的石灰性，碳酸钙含量较低。但二者剖面均有淋溶淀积现象。

石灰性砂姜黑土多分布在流经钙质岩区的河流下游的低平地或洼地上，成土母质多为富钙质的河湖相沉积物，土壤的强石灰性主要是由成土母质的强石灰性所致。

该亚类在本市有两个土属，即黑土裸露石灰性砂姜黑土和黄土覆盖石灰性砂姜黑土，分述如下。

（1）黑土裸露石灰性砂姜黑土土属（代号 9_1）：该土属面积仅 1 604.02hm^2，占土壤总面积的 0.13%，占该亚类面积的 6.59%。主要分布在青州市和寿光市境内的蝶形洼地。该土属在潍坊市只有一个土种，即中壤质黑土裸露石灰性砂姜黑土（代号 9_{11}）。

剖面形态特征：

0～20cm：耕层，浅褐色，中壤质，颗粒状结构，松，多孔多根系，蚯蚓穴，有砖石等侵入体，石灰反应强。

20～90cm：黑土层，黑褐色，重壤质，核块状结构，铁锰结核较多，紧，孔隙少，石灰反应强。

90～150cm：砂姜层，灰黄色夹灰白色，轻黏块状结构，核砂姜较多，锈斑较多，紧实，石灰反应强。

（2）黄土覆盖石灰性砂姜黑土土属（代号 9_2）：该土属面积 22 730.62hm^2，占土壤总面积的1.84%，占石灰性砂姜黑土亚类面积的93.41%，主要分布在青州市东北和寿光市西部交界处的低平洼地，母质为湖沼相静水沉积物，质地黏重，上部覆盖了富钙的黄土状河流沉积物、厚度在20～60cm不等。母质来源为弥河的钙质岩区冲积物，富含石灰，形成通体为强石灰性的石灰性砂姜黑土。

该土属只有1个土种，即中壤质浅位黑土层黄土覆盖石灰性砂姜黑土（代号9_{21}）。剖面形态特征：

0～23cm：黄土覆盖层，褐色，中壤质，粒状结构，较疏松，多孔多根，石灰反应强。

23～76cm：黑土层，黑色重壤土，棱块状结构，下部有少量砂姜，紧，较多孔隙和根系，石灰反应强。

76～120cm：砂姜层灰褐色，中壤土，块状结构，锈斑中量，砂姜较多，紧，少孔少根，石灰反应强。

120～150cm：母质层，黄色，轻壤土，锈斑较多，较紧，石灰反应强。

黄土覆盖石灰性砂姜黑土和黄土覆盖砂姜黑土相似，有机质和氮、磷养分含量均不高。质地黏重，土壤板结紧实，容重大，土壤水分状况不良，水、肥、气、热不协调，耕性差，肥力一般。

砂姜黑土由于土壤本身诸多的不良性状，致使大部分农业生产水平较低，产量低而不稳，经不断改善生产条件和长期耕种熟化，大部分已变成高产田。

（四）潮土土类

潮土（以前叫浅色草甸土）在全市分布广泛，各县市区均有分布，其中昌邑、寿光、寒亭、诸城、高密、安丘、青州等县市区分布面积较大。潮土总面积为288 424.30hm²，占土壤总面积的23.34%。耕地面积259 801.81hm²，占土类面积的90.08%。

潮土主要分布在弥河、白浪河、潍河和胶莱河及其下游水域沿岸，地形平坦、开阔，微有起伏，地面坡降很小，一般不超过1/1 000。低平地坡降更小，多在1/5 000～1/3 000。地貌的变化，对潮土影响较大。在相对较高处，多分布着脱潮土；在低平地和局部的蝶形洼地，多分布着湿潮土；在开阔的平地，则多分布着河潮土。

潮土的成土母质为河流沉积物，土层深厚，一般都具有鲜明的沉积层理，母质质地为砂质土—重壤土。沉积母质的性质直接影响到潮土的形成过程和特性。潮土成土母质主要有二个来源：一为弥河沉积物，其来源为上游的钙质岩（石灰岩为主）风化物，富含钙质，有强石灰性（白浪河沉积物也属这一类），形成了石灰性河潮土；二为潍河和胶莱河沉积物，其来源为上游的花岗岩、片麻岩等及其他非钙质岩类风化物，无石灰性反应，形成了非石灰性河潮土。沉积母质颗粒粗细不同，形成了砂质河潮土和壤质河潮土。

在历史上，弥河、白浪河、潍河和胶莱河等水系对潮土区地下水都有显著的补给作用，同时地下径流集中，由于地形平缓，地下水出流滞缓，潜水埋深较浅，地下水直接参入成土过程。地下水矿化度多在0.5～2g/L，水质多为钙镁质重碳酸盐型；但在盐化潮土区地下水的矿化度均超过 2g/L。

潮土的自然植被一般为杂草类草甸，现已全部耕垦，但自然植被仍以田间杂草出现，主要有苍耳、灰菜、水稗、芦苇、马塘、水蒿、三棱草、苔草、车前、茅草、曲曲菜、水蓼等。这些植物仍反应了潮土的土壤水分状况的潮化特点。

潮土在潮化过程的基础上，不同的亚类具有各自的附加成土过程，根据形成特点（附加成土过程）、性态特征、母质特性等，把潮土划分为潮土亚类、湿潮土亚类、脱潮土亚类和盐化潮土亚类 4 个亚类，共 11 个土属，32 个土种，见表 2-26 所示。

表 2-26　潮土各亚类及土属情况表

亚类	土属	面积（hm^2）	占亚类（%）	占全市土壤面积（%）	主要分布地	土种数量（个）
潮土	砂质河潮土	26 658.15	14.13	2.16	高密、诸城、昌邑、峡山、安丘、临朐、坊子等	3
	壤质河潮土	119 435.28	63.31	9.67	昌邑、诸城、安丘、高密、坊子、昌乐、峡山、寒亭	5
	砂质石灰性河潮土	4 799.81	2.54	0.39	寿光、青州、临朐	1
	壤质石灰性河潮土	37 761.35	20.02	3.06	寿光、寒亭、昌邑、高密、临朐、青州	6
湿潮土	壤质冲积湿潮土	21 234.48	63.16	1.72	青州、昌邑、寿光、寒亭等	1
	黏质冲积湿潮土	6 835.36	20.33	0.55	寒亭、昌邑、青州	1
	黏质湖积湿潮土	5 552.08	16.51	0.45	寿光、寒亭、潍城	1
脱潮土	砂质脱潮土	4 079.18	21.07	0.33	昌邑、寒亭、潍城	1
	壤质脱潮土	15 282.15	78.93	1.24	寒亭、寿光、青州、昌邑、潍城	2
盐化潮土	砂质氯化物滨海盐化潮土	1 360.79	2.91	0.11	昌邑	1
	壤质氯化物滨海盐化潮土	45 425.67	97.09	3.68	寿光、寒亭、昌邑	10

1. 潮土亚类（代号 10）

潮土亚类共有 188 654.59hm^2，占土壤总面积的 15.27%，占土类面积的 65.41%。该亚类在全市分布广泛，各县市区均有分布，其中以昌邑、诸城、高密、寿光、安丘、寒亭等市区分布面积较大。主要分布在河流的冲积平原，山丘之间的河流流经的盆状谷地也有分布，弥河、白浪河、潍河及胶莱河等主要河流及其支流的沿岸均有分布。由于母质多为河流冲积物，故为河潮土。潮土母质来源一为无石灰性河流沉积物，所形成的土壤无石灰反应，pH 值一般在 7 左右；二为石灰性河流沉积物，所形成的土壤通体有较强的石灰反应，pH 值一般在 7.5～7.9。潮土亚类分布区地下水矿化度较低，一般 0.5～1.0g/L。由于受地下水升降的影响，在土体的不同深度出现锈斑，锈纹及铁锰结核。

潮土亚类为潮土的典型亚类，形成特点和性态基本同土类。根据母质沉积类型和特性，将该亚类划分为砂质河潮土、壤质河潮土、砂质石灰性河潮土、壤质石灰性河潮土 4 个土属。

(1) 砂质河潮土土属（代号 10_1）：砂质河潮土，群众俗称河砂土、砂土，总面积 26 658.15hm²，占土壤总面积的 2.16%，占潮土亚类面积的 14.13%。主要分布于河流两岸，地形微高倾斜，为主流沉积母质发育而成。砂质河潮土分布地略有起伏，主要分布在潍河和胶莱河及其支流沿岸。其中以高密、诸城分布面积较大，其次是昌邑、峡山、安丘、临朐、坊子等县市区。

砂质河潮土只有小面积土体内夹有壤质土层，大部分全剖面为砂土或砂壤土，黏粒含量很低，颗粒粗，以砂粒为主，透水性强，毛管作用弱，土壤含水量少。同时由于砂质沉积物本身铁素含量少，故土体内铁锰的移动和聚集物均不显著，潮化发育较弱，因此，土体内锈纹锈斑较少，仅在底土层形成少量锈纹斑。根据质地和土体构型，将砂质河潮土划分为 3 个土种，见表 2-27 所示。

表 2-27　砂质河潮土土种、面积及分布表

土种名称	图上代号	面积（hm²）	占土属（%）	主要分布地
砂均质河潮土	10_{11}	8 195.03	30.74	诸城、昌邑、坊子、峡山
砂壤均质河潮土	10_{12}	17 496.79	65.63	高密、诸城、临朐、安丘
砂壤质蒙银型河潮土	10_{13}	966.34	3.62	高密

砂壤均质河潮土为该土属的代表土种，其剖面特征如下。

0～20cm：棕黄色，砂壤土，结构不明显，松，多孔隙，有较多的动物穴，无石灰反应。

20～55cm：黄棕色，砂壤土，结构不明显，锈斑（++），较紧，少根、孔隙少，无石灰反应。

55cm 以下：黄色，砂质土，无结构，锈斑（++），松，无石灰反应。

砂均质蒙银型河潮土，面积较小，但土体构型较好，群众称为蒙金黄砂土。其剖面形态特征如下：

0～20cm：浅黄色砂壤土，松，根系多，无石灰反应，pH 值为 7.0。

20～60cm：黄色，轻壤，较松，根系中量，有锈纹斑，无石灰反应，pH 值为 7.4。

60～150cm：灰色，中壤，棱块状结构，紧，无石灰反应，有锈斑，pH 值为 7.4。

砂质河潮土养分很贫乏，土壤物理性状不良，砂性大，毛管力弱，地下水补给能力低，有效水储量小。漏水漏肥，易受干旱威胁，风蚀严重。因此，砂、薄、旱、风蚀是砂质河潮土的主要问题。砂质河潮土适宜耐砂、耐旱、耐瘠薄作物，多种植花生、地瓜、果树等，现仍有较大面积的砂荒地有待开发利用。如在土体中夹有壤土层，即蒙银型土体构型可起到托肥托水作用，土壤肥力显著提高。但这类土壤面积较小。

(2) 壤质河潮土土属（代号 10_2）：总面积 119 435.28hm²，占土壤总面积的 9.67%，占亚类面积的 63.31%。主要分布在昌邑、诸城、安丘、高密，其次坊子、昌乐、峡山、寒亭等县区也有分布。由于所处位置离河道较远，地形平坦，开阔，起伏不大，坡降小，壤质河潮土的成土母质为河流缓流沉积物。质地多为轻壤至中壤，在部分小洼地为重壤土。是潮土中分布面积最广，最有代表性的土壤，群众统称为二合土，二性土等。由于质地适中，毛管力较强，所处的地下水含量丰富，地下水作用强烈，潮化作用明显，特别是心土层和底土层的水热状况和毛管状况良好，地下水升降活跃，土体中氧化还原过程亦较强，同时土壤中铁的活性大，铁和锰的移动淀积明显，所以在土体的中下部比砂质河潮土有较多的锈纹锈斑，并有铁锰结核等。根据质地和土体构型，将该土属划分为 5 个土种，见表 2-28 所示。

表 2-28 壤质河潮土土种、面积及分布表

土种名称	图上代号	面积（hm^2）	占土属（%）	主要分布地
轻壤均质河潮土	10_{21}	70 443.99	58.98	诸城、昌邑、安丘
轻壤质夹砂型河潮土	10_{22}	7 247.38	6.07	昌邑、高密
轻壤质蒙金型河潮土	10_{23}	7 132.83	5.97	高密、昌邑
中壤均质河潮土	10_{24}	16 915.02	14.16	昌邑、安丘、昌乐、诸城
中壤质蒙淤型河潮土	10_{25}	17 696.07	14.82	昌邑、安丘、高密、寒亭

各土种以轻壤均质河潮土面积最大，分布广泛，以蒙金型为最佳土体构型。轻壤均质河潮土典型剖面特征如下。

0～20cm：表层，黄褐色，轻壤，粒状，松，多孔隙，多根系，有较多的动物穴，少量砖块，无石灰反应。

20～41cm：心土层，褐色，轻壤，粒状夹小块状结构，较松，多孔隙，根系较多，砖块，无石灰反应。

41～90cm：腰土层，褐色，砂壤，结构不明显，有锈斑，较紧，少根，少孔隙，无石灰反应。

90～150cm：底土层，棕褐色，轻壤，结构不明显，有较多锈斑纹，紧，无石灰反应。

壤质河潮土多数通体无石灰性，土壤中性至微酸性，pH 值一般为 6.3～7.2。质地适中，为轻壤—中壤。土壤质地砂黏适中，土层疏松，孔隙较多，保水供水能力强，土体内水、肥、气、热等因素协调，肥力水平较高，为高产土壤之一。

（3）砂质石灰性河潮土土属（代号 10_3）：总面积 4 799.81hm^2，占土壤总面积的 0.39%，占潮土亚类面积的 2.54%。主要分布在寿光、青州及临朐县弥河两岸河滩，为河流主流沉积而成。母质来源为河流上游以石灰岩为主的钙质岩风化物，被河水携带沉积而成。

砂质石灰性河潮土和砂质河潮土（无石灰性）的主要区别是土体内石灰性有无或强弱，即碳酸钙含量不同。砂质石灰性河潮土碳酸钙含量通体均高，石灰反应强烈，土壤呈弱碱性反应，pH 值>7.5。

砂质石灰性河潮土一般距离河道较近，基本沿河流呈带状分布，相对地形较高，多为砂壤土或砂土。

砂质石灰性河潮土只有一个土种，即砂均质石灰性河潮土。除土体内石灰性强外，其剖面形态特征和理化性状基本同砂质河潮土，利用状况也相似，不再叙述。

（4）壤质石灰性河潮土土属（代号 10_4）：总面积 37 761.35hm²，占土壤总面积的 3.06%，占潮土亚类面积的 20.02%。主要分布在寿光的弥河沿岸及下游较低洼部位和寒亭区白浪河两侧开阔平地，另外在昌邑、高密的河流沿岸也有带状分布。胶莱河岸石灰性河潮土，多发育在钙质岩类的河流沉积物上，地处低平地，土壤中的石灰性是由水积聚而成。壤质石灰性河潮土，多位于砂质石灰性河潮土下部，和壤质河潮土相似，为漫游沉积，质地多为轻壤—中壤土，群众称为“两合土”。

壤质石灰性河潮土和壤质河潮土的主要区别是土壤内碳酸钙含量不同，石灰性河潮土通体含碳酸钙均高，石灰反应强烈，pH 值均高于壤质河潮土。

壤质石灰性河潮土母质沉积层理明显，土体有均质和砂、黏互层，相应发育成不同土体构型的石灰性河潮土，其性态特征及肥力水平亦有明显区别。根据质地和土体构型，将该土属划分为 6 个土种，见表 2-29 所示。

表 2-29　壤质石灰性河潮土土种、面积及分布表

土种名称	图上代号	面积（hm²）	占土属（%）	主要分布地
轻壤均质石灰性河潮土	10_{41}	10 983.64	29.09	寒亭、寿光、昌邑、高密
轻壤质夹砂型石灰性河潮土	10_{42}	519.91	1.38	寿光、寒亭
轻壤质蒙金型石灰性河潮土	10_{43}	2 039.67	5.40	寒亭、寿光
中壤均质石灰性河潮土	10_{44}	14 492.43	38.38	寿光、寒亭
中壤质蒙淤型石灰性河潮土	10_{45}	7 276.00	19.27	寿光、青州
中壤质蒙金型石灰性河潮土	10_{46}	2 449.70	6.49	寿光、寒亭

各土种以壤均质石灰性河潮土面积最大，占土属面积 67.47%；其中以蒙金型为理想土体构型，但面积小，仅占 11.89%；蒙淤型由于夹黏层位较浅，阻碍根系下扎，为障碍层次，面积占 19.27%；夹砂型漏水漏肥。

中壤均质石灰性河潮典型剖面特征如下。

0～20cm：表土层，深褐色，中壤质，粒状结构，松，多孔隙，多根系，有较多的动物穴，较多的瓦块等侵入体，石灰反应强。

20～50cm：心土层，褐色，中壤质，块状结构，稍紧，多孔多根系，石灰反应强。

50～110cm：黄褐色，轻壤，块状结构，较松，少孔少根系，强石灰反应。

110～150cm：浅褐色，轻壤，结构不明显，锈纹锈斑较多，较松，少孔，石灰反应强。

壤质石灰性河潮土表层为轻壤—中壤土，发生层次具有潮土的典型特征。母质多为石灰岩为主的钙质岩类风化物沉积而成，质地颗粒较细。通体石灰反应强烈，C_aCO_3 含量通体较高，明显高于壤质河潮土。土壤呈中性至弱碱性反应，pH 值多为 7.0～7.9。物理性状良好，土壤较疏松，储水能力强，水、肥、气、热较协调。

2. 湿潮土亚类（代号 11）

总面积 33 621.92hm²，占土壤总面积 2.72%，占潮土土类面积的 11.66%。主要分布在寿光市的台头、纪台、稻田和洛城等镇（街道）的蝶形洼地，青州市北部低洼地，昌邑市和寒亭区的沿河槽状和蝶形洼地等。

湿潮土所处地形多为封闭洼地，排水不良，常年有不同程度的季节性积水，在过湿条件下，植被多为湿生杂草，有芦苇、蒲草、三棱草等。湿潮土成土条件主要是低洼过湿，在成土过程中地下水和地上水兼有，在地下水的潮化过程基础上，附加潜育化（沼泽化）过程。其潮化过程和潜育化过程比潮土亚类强得多。锈纹锈斑出现层位较高，多在心土层，有的全剖面均有锈纹锈斑，越往下越多，约在 70～100cm 接近地下水处出现明显的潜育层。

湿潮土具有明显的发育层段，表土层为腐殖质层，腐殖化作用较强，有机质含量一般高于潮土亚类。耕垦后即为耕层，一般厚 15～20cm，由于耕作熟化，腐殖质矿化消耗，多为褐色或灰褐色，耕作历史越久，颜色越浅。质地多为中壤土—重壤土。心土层可见较多的锈纹锈斑，越往下越多，并有铁锰结核，质地多为重壤—轻黏土。底土层为灰白色或灰蓝色的潜育层，有的剖面心土层以下为埋藏腐泥层或夹有砂姜。质地多为黏质土。

湿潮土母质多为冲积沉积物，部分为湖相沉积物，主要是漫流沉积和静水沉积，剖面质地较均一，上下基本一致，夹层较少，质地剖面分异不显著，质地为中壤—黏质土。

湿潮土根据母质类型划分为 3 个土属，即为壤质冲积湿潮土，黏质冲积湿潮土，黏质湖积湿潮土。分述如下：

（1）壤质冲积湿潮土土属（代号 11_1）：面积 21 234.48hm²，占土壤总面积的 1.72%，占湿潮土亚类的 63.16%。主要分布在青州、昌邑市，在寿光、寒亭等市区也有分布。多分布在沿河洼地和平原区的蝶形洼地，母质为河流冲积物，以河流静水沉积为主，质地较黏重，剖面沉积层次明显，表层多为中壤质，心土层以下为重壤—黏质土。

该土属只有一个土种，为中壤质蒙金型冲积湿潮土，代号为 11_{11}。其剖面特征如下。

0～20cm：黄棕色，中壤质，小块状结构，较松，多孔多根系，动物穴较多，石灰反应弱。

20～55cm：黑棕色，中壤质，块状结构，可见锈纹锈斑，紧，较多孔隙和根系，无石灰反应。

55～125cm：黑色，重壤质，块状结构，较多锈纹锈斑，紧，石灰反应弱。

125～150cm：灰蓝色，中壤质，灰蓝色中有锈纹锈斑，石灰反应弱。

壤质冲积湿潮土表层质地多为中壤质，心土层以下黏重，多为重壤土—黏质土。由于沉积母质性质差异，所形成的土壤具有不同的石灰性。非石灰性岩石风化物沉积母质形成的壤质冲积湿潮土石灰反应很弱；相反，石灰岩风化物沉积母质形成的湿潮土，土壤呈强石灰性，pH 值略高。

（2）黏质冲积湿潮土土属（代号 11_2）：总面积 6 835.36hm²，占土壤总面积

0.55%，占湿潮土亚类面积的20.33%，主要分布于寒亭、昌邑、青州等地蝶形和槽状洼地，分布地形部位比壤质冲积湿潮土更低，排水条件更差。母质为河流静水沉积物，剖面沉积质地层次不如壤质冲积湿潮土明显。由于积水时间更长，地下水位更浅，局部洼地底部地下水常年出露地表，所以其潜育化过程更加强烈，潜育层部位更高，土体内氧化过程更弱，锈斑锈纹层位更高。

黏质冲积湿潮土土属只有黏均质冲积湿潮土一个土种，代号为 11_{21}，其剖面形态特征如下。

0～19cm：褐色，中黏质土，似粒状结构，较松，多孔隙和根系，石灰反应强。

19～29cm：灰褐色，重黏土，粒状＋小块状结构，稍松，多根系，多孔隙，可见锈纹，石灰反应强。

29～96cm：棕褐色，下部夹有灰白条纹重黏土，块状结构，锈斑锈纹稍多，多分布50cm上下，下部明显减少，紧实，少根少孔隙，石灰反应强。

96～114cm：灰黑色灰色，黏质土，块状结构，可见贝壳，石灰反应强。

114～150cm：青灰色，黏质土，块状结构，夹有面砂姜，石灰反应强。

该土属质地通体均为黏质土，上下比较均一，黏粒含量均高。土壤呈微碱性至碱性反应，pH值为7.5～7.8。因母质不同，石灰性不同，有的剖面具有强石灰反应，有的剖面通体无石灰性反应。通透性极差，渍水过湿，物理性状不良，耕性很差，干时板结，湿时黏重；土壤水分性状较差，不抗旱不抗涝，今后应排水改良，发挥其增产潜力。

（3）黏质湖积湿潮土土属（代号 11_3）：面积 5 552.08hm^2，占土壤总面积的0.45%，占湿潮土亚类的16.51%，该土属集中分布在寿光市羊口、台头、稻田等镇街，在寒亭区高里街道、潍城区于河街道也有小面积分布。该土壤多分布在封闭洼地，排水很困难，多为汇集水处，季节性积水，母质为湖湘沉积物。该土属的剖面特征基本同黏质冲积湿潮土相似。

黏质湖积湿潮土只有一个土种，即为黏均质湖积湿潮土，代号 11_{31}。其剖面形态特征如下。

0～8cm：腐殖质层，暗灰色，重壤土，粒状结构，根系极多，石灰反应强。

8～30cm：灰棕色，重壤土，粒状结构，有锈斑纹，根系多，石灰反应强。

30～150cm：灰白色/灰蓝色，重壤土，结构不明显，苇根较多，石灰反应强。于95cm处出潜水。

该土壤质地颇黏重，剖面质地较均一，多为重壤土，黏粒含量较高。土壤湿时黏泞，干时板结坚硬，耕性极差。该土壤除在洼地边缘较高部位，通过挖沟排水，大部分垦为耕地。

湿潮土面积不大，主要分布在平原区内浅平洼地和蝶形封闭洼地，目前大部分湿潮土垦为农田，这种土壤潜在肥力较高，但明显存在湿、凉、黏、紧等不利因素，由于地形低洼，排水不畅，加上地下水较浅，丰水年长时间积水，常年季节性积水和渍水过湿，同时土壤质地黏重，土壤发凉。表土层以下都很紧密。通透性极其不良。因此，土壤内部有水、肥、气、热不协调的问题，限制了潜在肥力的发挥。今后应防止涝害，改良黏性，改善物理性状，发挥潜在肥力。这种土壤适宜性比较广，宜种植小麦、玉米、棉花等粮食作物和经济作物。

3. 脱潮土亚类（代号 12）

脱潮土即为以前的褐土化潮土，总面积 19 361.33hm^2，占土壤总面积的 1.57%，占潮土土类面积的 6.71%。主要分布在寒亭、昌邑、寿光和青州等市区的冲积平原地形部位较高的地段，母质为河流沉积物。近几年由于干旱和地下水过度开发利用，地下水位明显下降，土体中呈明显脱潮化趋势。

脱潮土区植被多为旱湿混生草甸，土体较潮土亚类偏干旱。脱潮土的成土过程仍以潮化为主，附加有褐土化过程，是半水成土壤。土体内锈纹锈斑层位比潮土亚类低。一般在 1m 以下层位有锈纹锈斑和铁子，但数量较少。黏化过程较弱，一般在心土层以下有轻微的黏化。呈浅棕色，碳酸钙有轻度淋洗。有的剖面在心土层可见少量假菌丝体，质地以砂壤—中壤土为主，土体构型多为均质。

根据母质沉积类型，将脱潮土划分为 2 个土属，即砂质脱潮土和壤质脱潮土。

（1）砂质脱潮土土属（代号 12_1）：面积共 4 079.18hm^2，占土壤总面积的 0.33%，占脱潮土亚类面积的 21.07%。主要分布在昌邑市潍河和寒亭区白浪河沿岸的高滩地，地形为倾斜地，一般离河道较近，冲积母质较粗，以砂—砂壤土为主，由于干旱，河中无水，地下水补给断源，水位下降明显。土体中水分含量比潮土少，呈明显的脱潮化趋势。

该土属只有一个土种，即为砂均质脱潮土，代号为 12_{11}。其剖面形态特征如下。

0～20cm：黄褐色，砂壤土，结构不明显，松，较多孔隙多根系，蚯蚓穴，无石灰反应，pH 值为 6.5。

20～120cm：黄褐色，紧砂，无结构，较松，孔隙和根系均少，无石灰反应，pH 值为 6.5。

120～150cm：棕黄色，轻壤偏砂，块状结构，可见少量锈纹锈斑，孔隙多，根少，石灰反应较强，pH 值为 6.5。

土壤质地以砂质—砂壤土为主，剖面质地构型均质。颗粒以中、粗砂含量高，黏粒含量极低；土壤结构性差，但耕性好，易耕作，通透性强，保水保肥性差。但土壤热，发小苗，由于后劲差不发老苗，在利用上应改良砂性，增施有机肥，配方施肥。宜种植花生、地瓜等作物。

（2）壤质脱潮土土属（代号 12_2）：面积 15 282.15hm^2，占土壤总面积的 1.24%，占脱潮土亚类面积的 78.93%。主要分布于寒亭区的白浪河、昌邑市的潍河沿岸冲积扇的倾斜平地，及寿光市、青州市的潮土区的平原较高部位，地下水埋藏较深，排水较好。

壤质脱潮土有其地域性差别，主要表现在质地上，分布在昌邑、寒亭河流两岸的脱潮土以轻壤为主，一般无石灰性或弱石灰性，而寿光、青州两市的脱潮土则以中壤土为主，石灰性较强。这是两地的冲积母质性质差异所致。壤质脱潮土依质地划分为二个土种，见表 2-30 所示。

表 2-30 壤质脱潮土土种、面积及分布表

土种名称	图上代号	面积（hm^2）	占土属（%）	主要分布地
轻壤均质脱潮土	12_{21}	7 575.12	49.57	寒亭、昌邑、青州
中壤均质脱潮土	12_{22}	7 707.03	50.43	寿光、青州

轻壤均质脱潮土土种的剖面特征如下。

0～20cm：褐棕色，轻壤，粒状，松，多孔多根系，无石灰反应。

20～50cm：黄棕色，轻壤，块状，稍紧，多孔多根系，无石灰反应。

50～115cm：棕黄色，轻壤，块状，稍紧，少根少孔隙，石灰反应较强。

115～150cm：褐色，中壤，块状结构，锈纹锈斑较多，在结构上有不明显胶膜，紧，无石灰反应。

该土属质地为轻壤—中壤土，剖面质地为均壤质。土壤呈中性反应，pH 值为 6.9～7.4。

脱潮土多已垦为耕地，由于地形平坦，井灌条件较好，地下水水质好，基本上没有洪、涝、盐等威胁，多数质地适宜，均质，无不良层次，土壤生产性状良好。是高产稳产的土壤之一。与潮土相比肥力不足，生产水平稍低，今后应增施有机肥，科学施肥。

4. 盐化潮土亚类（代号 13）

面积 46 786.46hm^2，占土壤总面积的 3.79%，占潮土土类面积的 16.22%。主要分布于潍坊市北部的寿光、昌邑、寒亭北部近海平原，多分布在低平地、浅平洼地边缘或缓平坡地的下部和洼地地带。盐化潮土亚类是潮化附加盐化过程的土壤，它是潮土和盐土的过渡地带，由于离海岸较近，地势低洼，历史上曾受海水浸渍，目前不再受海水侵袭，但土壤中仍有盐渍母质的残留盐分。地下水埋藏浅，一般在 1.5～2.0m（近几年由于干旱，有所降低），矿化度较高，多在 2～5g/L，高者达 10g/L 以上，在干旱季节对土壤积盐也有影响。母质多为冲积和海相沉积物，一般上部为冲积物覆盖，下部为海相沉积物。表层质地为轻壤—中壤土，部分为砂壤土。土壤含盐量较高，一般高于 0.1%，地面常见盐霜或盐斑，春季干旱时盐斑更严重。普遍特点是表层含盐量高于亚表层，盐分组成以 Cl^- 和 Na^+（K^+）为主，Cl^-/SO_4^{2-} 比值＞1。多数剖面无 CO_3^{2-}。

盐化潮土是滨海潮盐土和潮土亚类的过渡地带，土壤 0～20cm 含盐量为 0.1%～0.5%，盐化潮土大体平行于滨海潮盐土分布，由盐土向潮土方向过渡，其土壤含盐量和地下水矿化度递减。盐化潮土的形成特征，基本同潮土亚类，剖面中部或低部土层有锈纹锈斑形成，剖面沉积层理明显，砂黏夹层和均质均有分布。根据母质沉积类型，将盐化潮土亚类划分砂质盐化潮土和壤质盐化潮土两个土属。

（1）砂质氯化物滨海盐化潮土土属（代号 13_1）：面积 1 360.79hm^2，占土壤总面积的 0.11%，占盐化潮土亚类面积的 2.91%。只分布在昌邑市卜庄镇北部，表层质地为砂壤土，该土属只有一个土种，即为砂均质中度氯化物滨海盐化潮土，代号为 13_{11}，其剖面特征如下。

0～5cm：灰褐色，砂壤土，无结构，松，多孔隙，多根系，石灰反应中度。

5～40cm：黄褐色，砂壤土，结构不明显。松，较多根系和孔隙，少量虫孔，石灰反应中度。

40～150cm：浅黄色，紧砂，无结构，较紧，有少量根系，40～80cm 层段有零星砂姜粒，100cm 以下有锈斑，有 2～3cm 的贝壳层。

质地砂壤—砂质，土壤砂性大，通透性强，易耕作，由于通体砂质，土壤保肥保水性能差，无后劲。

土壤盐分含量表层高，向下逐渐减少，一般属中度盐化。可溶盐分以氯化物为主，主要是氯化钠和氯化钾。

该土壤部分已垦为农田，主要不利因素是土壤砂性大，肥力低，特别是有机质和氮、磷养分供给量低，潜在肥力不足，无后劲，并有较重的盐害。今后利用应着重改良盐害，改良砂性。增施有机肥，提高有机质含量，合理增施氮、磷化肥，防止养分流失。合理种植，提高生产水平。

(2) 壤质氯化物滨海盐化潮土土属（代号 13_2）：面积为 45 425.67hm^2，占土壤总面积的 3.68%，占盐化潮土亚类面积的 97.09%。在潍北三市区（寿光、寒亭、昌邑）均有分布，分布面积大、广泛，多分布在滨海潮盐土以南，潮土亚类以北。母质类型多为在海相沉积物上覆盖河流冲积物。地下水位较浅，常年多在 1.5m 左右，矿化度明显比潮土亚类高，由于海相沉积物的残留盐分较高，同时又因地下水的毛管蒸腾，使土体上部含盐量较高，一般在 0.1%以上，邻近盐土的盐化潮土土壤含盐量更高，多在 0.3%～0.5%。壤质盐化潮土分布在河流下游开阔的低平地，由于不同时期的冲积物的分选结果，母质沉积层次非常明显，使土体构型较复杂，夹砂夹黏和均质土体均广泛存在。根据土体构型，表层质地和盐化程度，将壤质盐化潮土划分出 10 个土种，见表 2-31 所示。

表 2-31　壤质氯化物滨海盐化潮土土种、面积及分布

土种名称	图上代号	面积 (hm²)	占土属 (%)	主要分布地
轻壤均质轻盐化氯化物滨海盐化潮土	13_{21}	2 712.51	5.97	寿光、寒亭
轻壤均质中盐化氯化物滨海盐化潮土	13_{22}	2 884.99	6.35	昌邑、寿光、寒亭
轻壤质夹砂型轻盐化氯化物滨海盐化潮土	13_{23}	1 918.34	4.22	寿光、寒亭
轻壤质夹砂型中盐化氯化物滨海盐化潮土	13_{24}	5 228.77	11.51	昌邑、寒亭
轻壤质夹黏型轻盐化氯化物滨海盐化潮土	13_{25}	588.34	1.30	寿光
轻壤质夹黏型中盐化氯化物滨海盐化潮土	13_{26}	1 126.69	2.48	昌邑
中壤均质轻盐化氯化物滨海盐化潮土	13_{27}	6 603.62	14.54	寿光、昌邑、寒亭
中壤均质中盐化氯化物滨海盐化潮土	13_{28}	2 066.31	4.55	寿光、昌邑
中壤质夹黏型轻盐化氯化物滨海盐化潮土	13_{210}	12 321.29	27.12	寿光、昌邑、寒亭
中壤质夹黏型中盐化氯化物滨海盐化潮土	13_{211}	9 974.80	21.96	寿光、寒亭

其中，中壤质夹黏型盐化潮土面积最大、分布广泛，占该土属面积的49.08%，为代表土种。其剖面特征如下。

0～20cm：灰褐色，中壤土，小块状结构，湿润，疏松，多孔隙和根系，石灰反应弱。

20～60cm：灰黑色，重壤土，块状，紧实，少根少孔，石灰反应弱。

60～100cm：浅灰白色，砂壤质，粉块状，湿，较松，锈纹锈斑较多，有少量潜育斑纹，石灰反应强。

100～150cm：黄白夹灰蓝，砂质，单粒状结构，较松散，少孔隙多锈纹锈斑，潜育斑纹，石灰反应强。

壤质盐化潮土表层质地为轻壤和中壤土，质地适宜，毛管孔隙发达，毛管作用强烈，利于土壤盐分上移，积聚。壤质盐化潮土有机质和全氮含量均不高，全钾含量较丰富，速效养分以速效钾含量丰富。土壤呈中性和微碱性反应，pH 值为7.1～7.9。通体含盐量较高，多在0.1%以上，且从剖面分布看，表层较高，心土层较低，而底土层多数高于心土层，多数剖面在0～70cm 层位以下盐分含量明显增高，这说明在冲积物覆盖下是海相沉积物。从盐分组成看，以氯化物为主。地下水矿化度较高，一般在2～10g/L。

春秋干旱季节，表土积盐，保苗性差，常出现缺苗断垄现象，应采取工程、农艺、生物等措施进行改良。

盐化潮土是历史上海水浸渍积盐过程形成的盐土经较长期的生草脱盐和旱耕脱盐等脱盐过程形成的。在良好的耕作条件下，现仍在继续脱盐，因此，盐化潮土的界限不断北移，部分盐化潮土脱盐以后，演变成潮土。

不同土体构型对水盐运行的影响具有明显差异，壤均质型（轻壤、中壤）土体毛管作用强，底土的海相沉积母质，盐分由毛管水上移，在土体积聚盐分较多。壤质夹黏型，黏层有隔水盐作用，底土盐分不易上移到地表，表土层含盐量较低，多为轻盐化，但当表土层含盐量较多时，也不利于土壤脱盐。壤质夹砂型，土壤毛管水上移活

动弱，但渗透性强，利于土壤脱盐。

盐化潮土亚类多已垦为耕地，人为因素加快了土壤淋盐过程，耕种后，增施有机肥及合理灌溉等良好的耕种措施进一步加快了土壤的脱盐过程，盐化潮土逐年减少，并逐渐北移。今后应进一步搞好农田水利基本建设，完善灌排设施，加速排盐洗盐，并通过种植绿肥、秸秆还田及增施有机肥等措施综合改良。

（五）盐土土类

潍坊市盐土均为滨海盐土，面积为 43 532.33hm^2，占土壤总面积的 3.52%；耕地面积 17 803.64hm^2，占该土类面积的 40.90%。主要分布在寿光、昌邑、寒亭的北部沿海一带。面积分布见表 2-32 所示。

表 2-32　盐土土类的分布及面积表　（单位：hm^2）

分布地	寿光市	昌邑市	寒亭区
面积	29 174.00	9 238.10	5 120.23

盐土主要分布在西起淄脉河，东至胶莱河以西莱州湾的沿海一带，大致平行于海岸呈带状分布。分布地形为滨海低平地、沿海洼地及滩涂地带。目前仍受海潮直接或间接影响。由于所处地带海拔高度低，一般<5m，地形平坦，积盐过程的盐分补给是海水侵渍和逆河倒灌，或者海水渗漏补给地下水。区内地下水埋深一般<1.5m，近海滩涂<0.5m，地下水矿化度较高，大部分为 10～30g/L，部分达 50g/L，离海越近地下水矿化度越高，高者可达 150g/L 以上。地下水盐分组成以氯化物为主，主要是氯化钠。

成土母质多为海渍河流沉积物，部分为海渍母质（海相沉积物）。质地多为砂质—壤质，部分为重壤—黏质，海水侵渍是土壤积盐的主要来源。流经市域入海的河流主要有小清河、弥河、白浪河、潍河和胶莱河等，河流携带大量泥沙进入莱州湾，不断在近海沉积，当处在水下堆积阶段就为高矿化度的海水所侵渍，成为盐渍淤泥；当海水后退，出水成陆后多为滩涂。地面植被很稀疏，大部分光秃。在蒸发作用下，盐分向地表累积。同时地下水也不断蒸发浓缩，矿化度增高。海水随海潮入侵和海水逆河倒灌，向滨海及河流近岸地下水连续补给盐分，参与土壤积盐过程。土壤富含可溶性盐分，一米土层内全盐含量 0.8%以上。

盐土的植被类型与土壤盐渍程度密切相关。植物群落具有指示特性，植物群落在一定程度上可以反应出土壤含盐量的变化。依土壤盐渍程度不同，自然植被按层位演变为光板地—黄须菜群丛—碱蓬、盐嵩群丛—茅草。盐生和耐盐植被可以促进滨海盐土脱盐和提高土壤肥力，植物根系可疏松土壤，加强自然淋盐作用，为植被群落的演替创造有利条件。在植被更替过程中覆盖度递增，可以减少地面蒸发抑制土壤返盐。

盐土经脱盐过程可以演变成盐化潮土，如能采取合理的措施可以促进和加速这种演变过程，可以把盐土变成良好的耕种土壤，但如果措施不当，可以促使土壤返盐，将已演变成的良好土壤重新演变成盐土。

盐土不仅表层积盐，含盐量高，而心土层和底土层含盐量也较高，这是不同于内陆盐土的主要特征之一，因而潍坊市盐土属于滨海盐土，只划分 1 个亚类，即滨海潮盐土亚类（代号 14）。划分为 2 个土属，为氯化物滨海潮盐土和滨海滩地盐土，共 8 个土种，见表 2-33 所示。

表 2-33　盐土亚类及土属情况表

亚类	土属	面积（hm^2）	占亚类（%）	占全市土壤面积（%）	主要分布地	土种数量（个）
滨海潮盐土	氯化物滨海潮盐土	33 669.22	77.34	2.72	寿光、寒亭、昌邑	7
	滨海滩地盐土	9 863.11	22.66	0.80	昌邑、寿光、寒亭	1

1. 氯化物滨海潮盐土土属（代号 14_1）

该土属面积 33 669.22hm^2，占土壤总面积的 2.72%，占盐土土类面积的 77.34%。主要分布于沿海滩涂以上，海拔 2.5～5m 的低平地，部分盐土分布在海拔 7m 以下的平地上，地下水位多在 1～2.5m，母质为海相沉积物，质地由砂—轻壤。出水成陆后，经自然淋盐，盐生植物逐渐生长，主要有黄须菜、马绊草、碱蓬、芦苇、海蔓、三棱草、柽柳等。

根据土体构型和表层质地，该土属划分为 7 个土种，其中，以轻壤质夹砂型氯化物滨海潮盐土和中壤质夹黏型氯化物滨海潮盐土面积较大，为本土属的代表土种，分别占该土属的 35.22%和 25.25%，见表 2—34 所示。

表 2-34　氯化物滨海潮盐土土种、面积及分布表

土种	图上代号	面积（$667m^2$）	占土属（%）	分布
砂均质氯化物滨海潮盐土	14_{11}	3 340.80	9.92	昌邑、寒亭、寿光
砂质夹黏型氯化物滨海潮盐土	14_{12}	3 375.68	10.03	寿光
轻壤质夹砂型氯化物滨海潮盐土	14_{13}	11 856.78	35.22	寿光、寒亭
中壤均质氯化物滨海潮盐土	14_{14}	3 535.47	10.50	寿光、昌邑
中壤质夹砂型氯化物滨海潮盐土	14_{15}	1 505.64	4.47	寿光
中壤质夹黏型氯化物滨海潮盐土	14_{16}	8 501.40	25.25	寿光、寒亭
黏均质氯化物滨海潮盐土	14_{17}	1 553.44	4.61	寿光、寒亭

中壤均质氯化物滨海潮盐土土种的剖面特征如下。

0～5cm：浅灰色，中壤质，结构差，多为单粒，土干、松，孔隙多，根系多，石灰反应强。

5～20cm：浅灰色，中壤质土，结构差，土干，较松，孔隙较多，根系多，石灰反应强。

20～40cm：灰色，轻壤土，单粒结构，湿润，少孔较多根系，石灰反应强。

40～60cm：灰黄色，砂壤，无结构，较紧，锈斑纹较多，少孔少根系，石灰反应强。

60～100cm：灰黄色，砂壤，较紧，结构不明显，锈斑纹较多，石灰反应强，下部可见灰条纹。

100～150cm：灰白夹灰蓝色，轻壤，结构不明显，湿，紧，有潜育斑纹，石灰反应强。

滨海潮盐土土壤通体石灰反应强，pH 值为 7.0～8.3，养分含量低，而全钾和速效钾含量丰富，盐分含量高，盐分组成以氯化物为主，阴离子以 Cl^- 含量最高，其次为 SO_4^{2-} 和 HCO_3^-，Cl^-/SO_4^{2-} 值在剖面上层高，往下递减，随着离海愈远，其比值呈递减的趋势。阳离子以 Na^+ 和 K^+ 为主，其次为 Ca^{2+}、Mg^{2+}。地下水矿化度极高，开垦为农田的地下水矿化度较低，多在 10～30g/L。

2. 滨海滩地盐土土属（代号 14_2）

滨海滩地盐土面积 9 863.11hm²，占土壤总面积的 0.80%，占盐土土类面积的 22.66%，主要分布在潍北莱州湾沿岸海拔 0～2.5m 的低平洼地和滩涂地，在昌邑、寿光和寒亭均有分布，且平行于海岸线呈带状分布。滩地盐土母质为海相沉积物，海拔 1.2m 以下常年为高潮汐侵没，土壤盐分直接来源于海水，多为广滩地。在离海较远接近滨海潮盐土区的较高处，地表盐生植物稀疏，单株散生黄须菜，碱蓬等盐生植物，黄须菜多呈紫红色，除此之外，还零星散生少量的芦丛。地下水位很浅，多在 0.5～1.0m，因常受海潮侵渍，地形平坦，潜流带缓，地下水矿化度极高。

该土属只划分 1 个土种，即为砂均质滨海滩地盐土（代号 14_{21}）。其剖面形态特征如下。

0～5cm：灰色，砂壤，无结构，斑状盐结皮，结皮下可见蜂窝状孔隙，石灰反应强。

5～20cm：黄褐色，粉砂壤，无结构，有少量锈斑，石灰反应强。

20～40cm：黄褐色，砂壤，少量锈斑，可见贝壳皮，石灰反应强。

40～60cm：黄褐色，砂壤，较多锈斑，石灰反应强。

60～100cm：黄褐色，砂壤，多量锈纹斑，石灰反应强，见潜水。

100～150cm：灰间黄褐色，轻壤，有较多锈斑纹，间有青灰色潜育斑纹，底部可见灰黑色，质地稍重，较多贝壳皮。

滨海滩地盐土质地通体均为砂壤质，全钾含量较高，速效钾含量极高，其他养分不足，表土含盐量极高，0～20cm 多在 4%以上，盐分组成以氯化物为主，地下水矿化度极高，并以氯化钠为主，土壤通体石灰性强，pH 值为 7.3～8.3。

从上述情况看，滩地盐土土壤含盐量和地下水矿化度均很高，植被很稀疏，多数为广滩地，垦殖价值不高，但可以开发利用发展水产养殖业。

第二节　土地利用状况

根据全国土地利用现状调查技术规程统一制定的土地利用现状分类系统，潍坊市 2012 年土地总面积 1 614 314.03hm²（2013 年统计年鉴），其中，农用地总面积 1 163 478.66hm²，占土地总面积的72.07%；建设用地总面积298 630.41hm²，占土地总面积的18.50%；其他土地总面积152 204.96hm²，占土地总面积的9.43%，见表2-35所示。

表2-35 土地利用类型及面积 （2012年底资料）

一级类型	耕地	园地	林地	其他农用地	城镇村及工矿用地	交通用地	水利设施用地	其他土地
面积 （hm²）	783 381	91 040	103 900	185 157.66	257 302.77	19 201.41	3 190.93	152 204.96
占土地总面积（%）	48.53	5.64	6.44	11.47	15.94	1.19	0.20	9.43

一、农用地

按利用方式分为耕地、园地、林地和其他农用地。其中，耕地面积为783 381hm²，占土地总面积的48.53%，占农用地的67.33%；园地（包括果园、桑园和其他园地）面积91 040hm²，占土地总面积的5.64%，占农用地的7.82%；林地面积103 900hm²，占土地总面积的6.44%，占农用地的8.93%；其他农用地185 157.66hm²，占土地总面积的11.47%，占农用地的15.91%。

二、建设用地

建设用地中，城镇村及工矿用地共257 302.77hm²，占土地总面积的15.94 %。主要为城区、建制镇、村庄、采矿用地、风景名胜及特殊用地。交通运输用地为19 201.41hm²，占土地总面积的1.19%，主要为铁路用地、公路用地、农村道路用地。水利设施用地共3 190.93hm²，占土地总面积的0.20%。

三、其他用地

其他用地面积152 204.96hm²，占土地总面积的9.43% 。主要分布在南部丘陵地区和北部沿海。其中，丘陵地区主要是荒草地，沿海地区主要是滩涂。

第三节 耕地利用与管理

一、耕地利用现状

截止到2012年12月，潍坊市耕地面积783 381hm²，其中，水浇地面积546 570hm²，占耕地面积的69.77%，旱地面积236 811hm²，占耕地面积的30.23%。农作物总播种面积1 140 125hm²，其中：小麦390 188hm²，平均单产为6 515kg/hm²；玉米395 104hm²，平均单产为7 295kg/hm²；花生48 769hm²，平均单产为4 995kg/hm²；棉花39 668hm²，平均单产为1 242kg/hm²；烤烟面积14 619hm²，平均单产为2 610kg/hm²；大豆5 881hm²，平均单产为3 120kg/hm²；薯类面积8 684hm²，平均单产为7 622kg/hm²；蔬菜、瓜类面积227 984hm²，平均单产为

59 350kg/hm²。实有果园面积 37 775hm²，果品总产量为 894 946t。

二、耕地中存在的主要障碍因素

耕地中的主要障碍因素，可分为土壤理化性状、环境条件、农田基础设施条件等方面，除地形地貌、坡度、水浇条件，以及土壤理化性状等因素外，还有许多，但影响潍坊市耕地生产力水平的主要障碍因素是：旱、薄、漏、盐。

（一）旱

干旱主要是水源不足，降水分布不均，常年出现季节性干旱。它一直是农业生产的重大障碍因素之一，2012 年全市旱地面积 236 811hm²，占耕地面积的 30.23%。无灌溉条件，限制了农业的发展。干旱的成因主要是以下 4 个方面。

一是降雨少而年际变化大。据气象资料表明：潍坊市年均降水量只有 615.3mm，年际分配不均，丰枯悬殊，丰少枯多。

二是降雨年内变化大，过半的降雨密集于盛夏季和秋季，而春季、初夏和冬季则雨雪少而干旱，不利于春播和小麦、秋季作物的生长发育。

三是灌溉水源不足，水利设施建设薄弱，限制了灌溉抗旱的发展。

四是耕作不合理，培肥不得力，土壤理化性状欠佳，削弱了抗逆能力，加重了干旱程度。

（二）薄

薄是由于土层中含有数量不一的粗砂和砾石，致使耕地自身的蓄水保肥容量小、能力低，供给作物养分、水分的能力差，是影响农业生产的主要障碍因素之一。全市薄地面积 132 920hm²，占耕地面积的 16.97%。主要分布在潍坊南部低山丘陵中上部，表现为土层薄、耕层薄和地力薄。

1. 土层薄

土层厚度多在 30～60cm，其下即为母岩，而且部位高，植被稀疏，地面不平，水土极易流失，灌溉条件差，少雨则旱。耕作经营比较粗放，耕层肥力低，当前多种农作物和经济作物，效益低而不稳，为保持水土和增加经济效益，宜发展林果生产。

2. 耕层薄

作物 70%～80%的根系集中在耕层土，所以该土层的厚度和熟化程度是诊断耕地肥力高低的两项重要指标，作物对耕作层的要求是厚而肥。据调查，很多耕地的耕层厚度在 15～18cm 间。生产上应增施有机肥、培肥地力，深耕深松，增加耕层厚度。

3. 地力薄

表现为：一是耕层养分含量较低；二是养分比例失调。在二者的共同作用下，耕层地力较低。生产上应增施有机肥，培肥地力；科学施肥，调整养分结构。

（三）漏

漏是指土体的漏肥漏水，尤其是耕作层。砂质土的通透性强，而蓄保能力弱，有沙漏之弊，土壤易涝易旱。其特点是漏肥漏水且各种养分含量偏低，产量水平和肥力水平都低。全市共有漏肥漏水面积 43 646.19hm²，占全市耕地总面积的 5.57%。增施有机肥，发展林果生产是该类土的改良利用的最佳途径。

（四）盐

潍坊市北部沿海受盐碱威胁的滨海潮盐土，面积 17 803.64hm²，占全市耕地总面积的 2.27%。潜水矿化度 5～20g/L，局部大于 20g/L，严重影响作物生长。应修筑台条田，上粮下渔或以水压盐降低耕层土壤含盐量，改良土壤，提高耕地生产能力。

三、耕地施肥状况与分析

本次评价对 4 761 个农户施肥情情况进行了调查，主要调查了农户不同用地类型有机肥及化肥的施用量、施肥结构和施肥方式，同时对有机肥的资源类型、数量、利用方式进行了调查，并对调查结果进行了分类分析。

（一）有机肥利用现状

20 世纪 60～70 年代以前，农业生产主要靠施用有机肥，而有机肥的主要来源是人畜粪尿，其次是秸秆、饼肥、绿肥和污水污泥等。但随着化学肥料的生产和使用面积的逐年扩大，有机肥在肥料施用结构中的比例迅速降低。现在农民重化肥、轻有机肥的现象比较突出，有机肥积造施用费工费时，增产效果较化肥慢，因此，有机肥施用量总体偏少。

据统计，1953 年，有机肥料应用量占全部肥料的 98%，到 1965 年降至 70%，到 1980 年降至 30%，到 1990 年后降至不足 20%。有机肥施用比例下降导致了农业废弃物大量堆积浪费，化肥用量增加，利用率下降，农产品成本提高，农民收入降低，面临污染加重，并影响到农业的可持续发展。因此，潍坊市非常重视有机肥资源积造方式的利用，通过多种渠道引导农民合理利用有机肥资源。

1. 有机肥料资源及利用

据调查，潍坊市目前有机肥的主要资源有：鸡粪、厩肥、人畜粪便、商品有机肥料、作物秸秆。

人畜禽粪肥资源及利用：据调查，2012 年人粪尿资源总量 498.26 万 t，施用面积 103 710hm²，施用量 124.39 万 t。畜禽存栏量合计 13 278.07万头（只），畜禽粪尿：资源总量 1 130.55万 t，施用面积 356 830hm²，总用量 717.51 万 t，其中，猪存栏 465.72 万头，牛存栏 39.51 万头，羊存栏 94.67 万头，家禽存栏 12 597.01万只。这些人畜禽粪肥主要有两种积造方式：一是农民自有或购买鲜粪肥自行堆积；二是工厂化生产有机肥，再销售给农民。第二种利用方式逐年增加。

商品有机肥：商品有机肥主要应用于蔬菜等高效经济作物，年使用量在 148.51 万吨左右，使用面积为 118 530hm²左右。

农作物秸秆利用现状：据调查，2012 年全市小麦、玉米、薯类、棉花、花生等农作物秸秆资源总量为 863.38 万 t。其中，小麦秸秆 286.70 万 t，占秸秆资源总量的 33.21%；玉米秸秆 425.44 万 t，占秸秆资源总量的 49.28%；薯类秸秆 36.86 万 t，占秸秆资源总量的 4.27%；棉花秸秆 27.52 万 t，占秸秆资源总量的 3.19%；花生秸秆 19.25 万 t，占秸秆资源总量的 2.23%；其他杂粮等秸秆 67.61 万 t，占秸秆资源总量的 7.83%。主要有直接还田、过腹还田和用作燃料焚烧还田等利用方式。秸秆还田用量在 409.56 万 t，主要以小麦、玉米为主，小麦秸秆还田用量在 217.97 万 t，还田面积 350 260hm^2；玉米秸秆还田用量 191.31 万 t，还田面积 272 210hm^2。据统计小麦秸秆还田面积占小麦面积的 90%以上，玉米秸秆还田面积占玉米面积的 68%以上。主要以翻压、覆盖和高留茬 3 种方式还田。

2. 不同用地类型有机肥料利用分析

不同用地类型有机肥年施用量见表 2-36 所示。

表 2-36　潍坊市不同用地类型有机肥年施用量　（单位：kg/667m^2）

用地类型	鸡粪	人畜粪	厩肥	大豆及豆饼	商品有机肥	其他	合计
粮田	94.5	407.0	116.8	—	—	—	618.3
棉田	22.1	133.3	477.8	—	1.9	12.3	647.4
露天菜地	1 642.5	1 133.5	67.7	14.2	107.4	32.9	2 998.3
设施菜地	3 338.6	847.7	55.8	37.7	244.2	2.7	4 526.7
园地	659.1	1 701.0	219.9	5.7	357.2	—	2 942.9

从表 2-36 看出：在有机肥的施用量上，蔬菜地明显高于粮田和棉田，露天菜地与园地的施用量相近，在粮田和棉田上有机肥用量普遍偏少。

露天菜地有机肥料年施用量为 2 998.3 kg/667m^2。有机肥施用品种主要以鸡粪和人畜粪为主，其次是商品有机肥和厩肥。

设施菜地有机肥料年施用量为 4 526.7 kg/667m^2。有机肥施用品种主要以鸡粪和人畜粪为主，其次是商品有机肥和厩肥。

园地有机肥料年施用量为 2 942.9 kg/667m^2。有机肥施用品种主要以人畜粪和鸡粪为主，其次是商品有机肥和厩肥。

粮田有机肥用量 618.3kg/667m^2，粮田有机肥用量仅为蔬菜地平均用量的 16.2%；棉田有机肥用量 647.4kg/667m^2，棉田为蔬菜地用量的 17.0%。粮田与棉田所用有机肥以人畜粪和厩肥为主，施用方式多为基施。

（二）化肥施用现状

据调查，目前，全市化肥施用以复合肥为主，农民在粮食作物上有追施氮肥、在蔬菜等作物上有冲施水溶肥料的习惯。但不同用地类型间施肥量、施肥结构和施肥方式有较大差异。

化肥使用总量：2012 年全市化肥用量 564 170t（折纯）：氮肥 117 142t，磷肥 33 270t，钾肥 47 632t，复混肥（复合肥）366 127t。全市耕地平均使用化肥（折纯）48.01kg/667m^2。

不同用地类型化肥施用状况：由表 2-37 得知，不同用地类型化肥施用量差异较大，蔬菜地明显高于粮田和棉田，园地稍高于粮田，棉田最低。

粮田施用化肥实物量 115.7kg/667m^2，折纯 N24.8kg，$P_2O_5$13.0kg，K_2O9.5kg，N：P_2O_5：K_2O 为 1：0.52：0.38，化肥品种以复合（混）肥和尿素为主。

棉田施用化肥实物量 59.1kg/667m²，折纯 N13.6kg，P_2O_5 7.6kg，K_2O 4.5kg，N：P_2O_5：K_2O 为 1：0.56：0.33，化肥品种以复合（混）肥和尿素为主。

露天菜地施用化肥实物量为 219.9kg/667m²，折纯 N37.0kg，P_2O_5 23.1kg，K_2O 29.5kg，N：P_2O_5：K_2O 为 1：0.62：0.80，化肥品种以复合（混）肥为主。

设施菜地施用化肥实物量为 266.8kg/667m²，折纯 N46.3kg，P_2O_5 32.2kg，K_2O 42.3kg，N：P_2O_5：K_2O 为 1：0.70：0.91，化肥品种以复合（混）肥为主。

园地施用化肥实物量为 126.6kg/667m²，折纯 N23.7kg，P_2O_5 14.0kg，K_2O 14.3kg，N：P_2O_5：K_2O 为 1：0.59：0.60，化肥品种以复合（混）肥、尿素和碳酸氢铵为主。

表 2-37　潍坊市不同用地类型化肥年施用量　（单位：kg/667m²）

农田类型		粮田	棉田	露天菜地	设施菜地	园地
化肥	合计	115.7	59.1	219.9	266.8	126.6
	尿素	21.4	13.8	22.7	17.5	18.3
	碳酸氢铵	13.3	—	7.1	8.7	16.9
	硫酸钾	2.2	1.7	5.1	12.3	7.4
	过磷酸钙	2.7	—	0.4	0.6	7.5
	磷酸二铵	6.2	4.8	4.7	1.7	6.4
	复合（混）肥	68.5	32.5	168.7	190.5	66.5
	有机　无机复混肥料	0.7	3.1	8.1	8.6	1.5
	其他	0.8	3.3	3.1	27.0	2.1
化肥折纯量	合计	47.3	25.8	89.7	120.8	52.0
	纯氮	24.8	13.6	37.0	46.3	23.7
	五氧化二磷	13.0	7.6	23.1	32.2	14.0
	氧化钾	9.5	4.5	29.5	42.3	14.3

（三）肥料施用变化分析

历年来肥料使用回顾：第一阶段，20 世纪 60～70 年代以前，有机肥是主要肥源。第二阶段，1980—1995 年，有机肥所占比例逐步下降。化肥投入比例开始超过有机肥。钾素仍要依靠有机肥提供。主要化肥有：尿素、磷酸二铵、作物专用肥，用作基肥和追肥。第三阶段，1996—2003 年，主要依靠化肥，以氮、磷、钾均衡补充为主题。复合肥投入比例增大。叶面肥种类增多。尿素、三元复合肥用作基肥、追肥、叶面肥和种肥。第四阶段，2004 年至今，主要依靠化肥，利用秸秆还田补充有机质。诉求平衡施肥、全面营养，实现有机＋无机、大中微量元素的均衡补充。肥料类型主要有配方肥（N、P 、K 、中微量元素）、有机肥、生物有机肥、有机—无机复合肥。近几年还增加了缓控释肥和冲施肥等新型肥料。主要有基施和追施两种施肥方式。

2002 年以来，化肥使用量逐年增加，从 2008 年大部分县市区实施测土配方施肥以来，随着稳氮、减磷、增钾的施肥理念的推广，化肥总用量基本稳定并呈减少趋势。见图 2-1 所示。

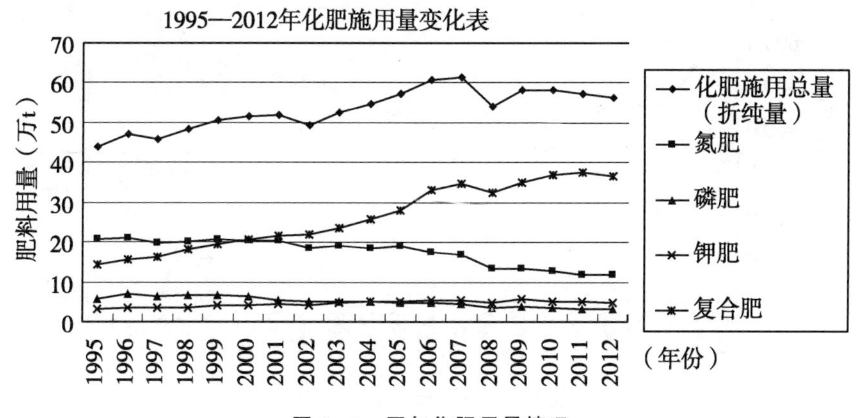

图 2-1　历年化肥用量情况

（四）农作物产量变化分析

1. 粮食单产

潍坊市小麦、玉米单产在正常年份呈逐年增加趋势，遇到干旱或冷冻灾害产量有较大变化。小麦单产从 2002 年以来逐年增加，于 2008 年小麦平均单产突破 400kg；玉米单产除 2006 年受干旱影响不足 400kg 外，从 2003 年以来每年都保持在 400kg 以上，且从 2006 年以来单产呈上升趋势，见图 2-2 所示。

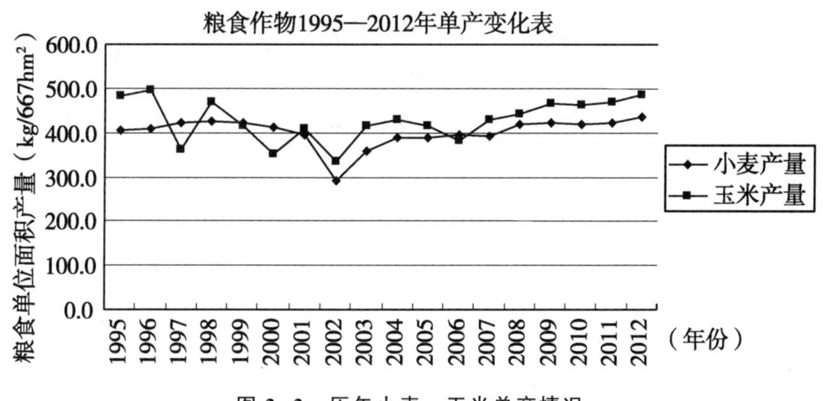

图 2-2　历年小麦、玉米单产情况

2. 粮食总产

2002 年受气候影响，粮食单产降为最低，2002 年前后因结构调整，粮田面积变化较大，因此，粮食总产也有较大起伏。2005 年以后随着粮田面积的逐步恢复、稳定，粮食总产量呈现递增的趋势，已经实现了连续十年增产，见图 2-3 所示。

3. 蔬菜总产

潍坊市是农业大市，也是蔬菜生产大市，从 1995 年以来蔬菜产量就迅猛增长，除 2005 年、2006 年和 2007 年三年产量有所下降外，基本上是呈增长趋势（图 2-4）。

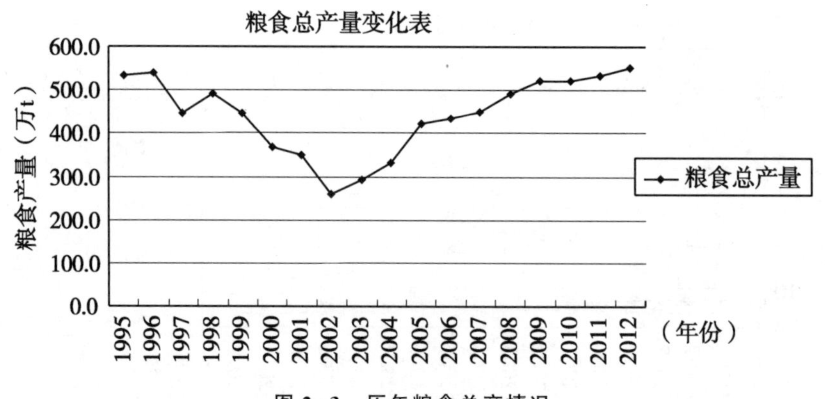

图 2-3　历年粮食总产情况

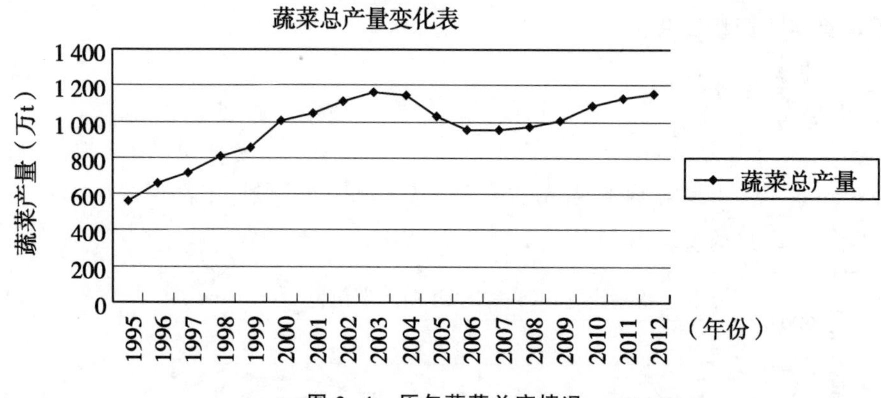

图 2-4　历年蔬菜总产情况

（五）施肥中存在的问题

1. 重经济田，轻粮田

因种植经济作物的效益远远高于种植粮食作物，所以，在肥料施用上出现了重经济田、轻粮田的不合理施肥现象。据调查结果统计，粮田有机肥施用量为 618.3kg/667m^2，仅为菜田施用量的 16.2%；化肥施用量为 47.3kg/667m^2（折纯），为菜地施用量的 44.5%。

2. 蔬菜地盲目和过量施肥

受利益驱动，蔬菜地普遍存在盲目和过量施肥现象。蔬菜地肥料施用量偏大，且结构不合理。如设施菜地化肥施用量（折纯）达到了 120.8kg/667m^2，N∶P_2O_5∶K_2O 为 1∶0.70∶0.91，尤其是磷酸二铵、复合肥料的大量施用，不仅造成了蔬菜地土壤速效磷含量偏高，速效性氮磷钾比例失调，肥料利用率下降，而且还降低了菜地的经济效益，破坏了土壤理化性状，导致土壤退化。加重了作物的生理性病害，降低了农产品的产量和品质，影响了农业持续发展。

3. 重化肥，轻有机肥

随着测土配方施肥技术的推广应用，农户逐渐重视了有机肥的施用，但“重化肥、轻有机肥”的现象依然存在。在小麦、玉米等大田作物上，由于种植效益低，有机肥的施用面积小、用量少，许多地块多年不施有机肥，导致土壤板结，物理性状变差，再生产能力下降，直接影响作物的产量。部分菜地、果园有机肥投入不足，土壤有机质含量较低，产品质量降低。

4. 施肥结构不合理

施肥结构上，部分农户还存在“重氮肥、轻磷钾肥”“重大量元素肥、轻中微量元素肥”“重土壤施肥、轻叶面喷肥”等施肥观念。施肥结构不合理，致使土壤养分比例严重失衡，不仅肥料利用率低、浪费资源、增加生产成本，而且造成了土壤板结、酸化，降低了作物产量、影响了品质、减少了收益。

5. 施肥方法不当

在施用方法上，存在着重基肥、轻追肥，在追肥上存在着地表撒施或浅施等不合理的施肥现象。结果不仅造成了肥料利用率低，而且容易烧种烧苗，还加重了环境污染。

四、耕地保养与保护措施

潍坊市农用地资源十分紧张，要因地制宜发展园地，严格保护林地，合理安排畜禽养殖用地，从源头上严格控制非农建设对耕地的占用等措施来保护农业用地资源。同时，要通过加强耕地质量建设，提高基本农田的管理水平，提高综合生产能力，保养耕地。重点采取以下措施保护和保养耕地。

（一）严格执行基本农田保护制度

基本农田一经划定，任何单位和个人不得擅自占用或改变用途。通过积极探索基本农田保护经济激励机制，调动保护的积极性。对基本农田规划调整及补划方案等进行充分论证和听证，严格禁止对基本农田耕作层造成永久性破坏的各种活动。

（二）强化耕地后备资源开发，确保耕地数量，加强耕地管护

加强土地整理复垦与开发，增加有效耕地面积，在改善农村生产生活条件和生态环境的同时，增加有效耕地面积、提高耕地质量。按照“统筹规划、突出重点、经济可行、优先农业利用”的原则编制土地整理复垦专项规划，积极组织实施土地整理复垦工程，以补充耕地。在保护和改善生态环境的前提下，对其他用地集中分布的区域，有计划有步骤地推进后备土地资源开发利用，组织实施土地开发重大工程。

（三）加强基本农田质量建设

建立基本农田建设集中投入制度，加大公共财政基本农田保护区建设的扶持力度，大力开展基本农田整理，改善基本农田生产条件，提高基本农田质量。进一步增强中低产田改造力度。使基本农田基本生产条件和生态环境明显改善，抵御自然灾害能力显著增强，农业综合生产能力和可持续发展能力有较大提高，成为高产稳产、旱涝保收、节水高效的高标准基本农田。

（四）提高基本农田管理技术水平

国土部门和农业部门建立基本农田保护数据库及基本农田保护管理信息系统，实现基本农田保护基础信息与日常更新管理的计算机化、网络化，快速准确掌握基本农

田现状与利用变化情况，加强对基本农田保护的监督与管理。

（五）增加基本农田保护的资金投入

将政府部门收取的耕地开垦费、闲置费、耕地占用税等设立基本农田保护专项资金，用于基本农田的补充、规划、建设和管理。同时，结合基本农田整理，建设高标准、有特色基本农田，达到基本农田标准化；结合基础性工作完善基本农田调查登记、图件数据、标志资料等管理，达到基础性工作规范化；结合完善责任制，健全并严格执行基本农田保护各项规章制度，达到保护责任社会化；结合信息化建设，建立基本农田信息管理系统，开展动态监察，达到管理信息化。

第三章　样品采集与分析

样品的采集与分析是耕地地力评价的基础，在充分考虑土壤类型、用地现状、作物品种等因素的基础上，按照典型性、代表性、广泛性的布点原则统一布点，用 GPS 定点取样，根据《测土配方施肥技术规范》（2011 年修订版）要求进行化验分析，为耕地地力评价提供最基础的资料。

第一节　土壤样品的布点与采集

一、土壤样品的布点

（一）布点原则

1. 土种优先原则

土种是确定评价单元的依据，每个土种都选择代表性样点参与评价。潍坊市共 106 个土种。选点时，耕地面积较大的土种，根据耕地面积合理布点；耕地面积较小的土种，控制样点数量不低于 3 个。

2. 用地类型兼顾原则

潍坊市耕地类型分为粮田、菜地、棉田、园地 4 个用地类型。土样布点按照各种用地类型面积确定样点数量。

3. 种植作物兼顾原则

对全市小麦、玉米、生姜、马铃薯、大葱、棉花、花生、果树等作物进行均匀布点，保证常见作物有样点、有调查。种植面积较大的作物要适当考虑种植年限、种植方式、土壤肥力水平等因素。

4. 代表性、均匀性原则

样点在土壤类型、用地类型、种植作物等方面具有广泛的代表性；各样点在土地利用现状图上均匀分布，便于评价过程的差值处理。

5. 布点与修正兼顾原则

土样采集原则上以布点为主，对布点要求与实际不符时，采样过程中要进行适当的调整，调整内容要求图上有标注，表中有记录。

（二）布点方法

参考第二次土壤普查图，综合土壤图、土地利用现状图和行政区划图，根据本市的地形地貌、土壤类型、土地利用、耕作制度、产量水平等因素，将采样区域划分为若干个采样单元，每个采样单元的土壤性状要尽可能均匀一致，形成评价单元工作草图，然后根据规程要求的采样点密度，结合实际情况，确定采样点数量和点位，并在图上标注采样编号。用于本次耕地地力评价的土壤样本数 4 671个，其中，粮田 3 741个，露天菜地 132 个，设施菜地 451 个，棉田 76 个，园地 148 个，花生地 123 个。各用地类型的具体布点方法如下。

1. 大田土样布点方法

将本域的土壤图与土地利用现状图叠加，在土地利用现状图上形成有评价单元的工作草图——根据总采样点数量，平均每个点代表面积初步确定每个评价单元采样点数——在各评价单元中，根据图斑大小、种植制度、种植作物种类、产量水平、梯田化水平等因素，确定布点数量和点位——再根据评价单元布点原则选定耕地分级评价布点数量和点位，并在图上标注采样编号，耕地分级评价点位加注 Y 以示区别，形成点位图。

2. 蔬菜地土样布点方法

在土地利用现状图上，勾绘蔬菜地类型（日光温室、塑料大棚、露天菜地）分布图，再与土壤图叠加，形成评价单元——根据总采样点数量，平均每个点代表面积，初步确定各评价单元的采样点数——在各评价单元中，根据图斑大小、蔬菜地类型、棚龄或种植年限等因素，确定布点数量和点位——再根据耕地分级评价布点原则选定耕地分级评价布点数量和点位，并在图上标注采样编号，耕地分级评价点位加注 P 以示区别，形成点位图。

3. 果园地土样布点方法

在土地利用现状图上，野外补充调查完善果园分布，依据果园分布图，并与土壤图叠加，形成评价单元——根据总采样点数量，平均每个点代表面积，初步确定各评价单元的采样点数，并在图上标注采样编号，形成点位图。

4. 水样布点方法

以县为单位，根据水系、水源类型以及灌溉面积和作物种类确定采样点数。

5. 植株样布点方法

以县为单位，选择主要种植农作物种类，按高、中、低肥力水平各取不少于 1 组“3414”试验中 1、2、4、6、8 处理的植株样品，有条件的采集“3414”试验中所有处理的植株样品用于分析化验。

二、土壤样品的采集

（一）土样样品的采集

地力评价的土壤样品必须具有较强的代表性和可比性，地力评价土样为一定面积范围内多点位混合样。不同用地类型、不同作物土样的采集时间、方式不同，均按照“随机”“等量”“多点混合”的原则进行采样。每个采样点的取土深度及采样量均匀一致，所有样品都采用不锈钢取土钻（或竹铲）采样。

1. 采样方法

(1) 粮田土样采样方法

在秋季作物收获后，根据点位图，到点位所在的村庄，了解当地农业生产情况后确定具有代表性的田块采样，采样深度 0～20cm，长方形地块采用“S”法，方形地块和不规则地块采用“棋盘”法布点，均匀随机采集 16～20 个点，充分混合后，四分法留取 1kg，填写两张标签，内外各具。田块面积要求在 1 亩（667m^2）以上，用 GPS 定位仪进行准确定位，修正原点位，并在图上准确标注（图 3-1 和图 3-2）。

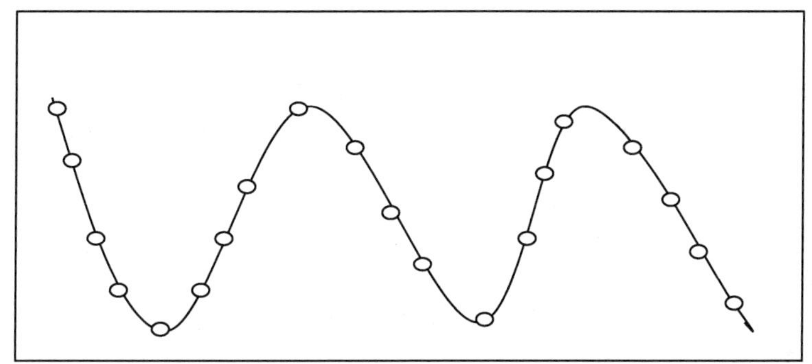

图 3-1　土壤样品采集“S”法示意图

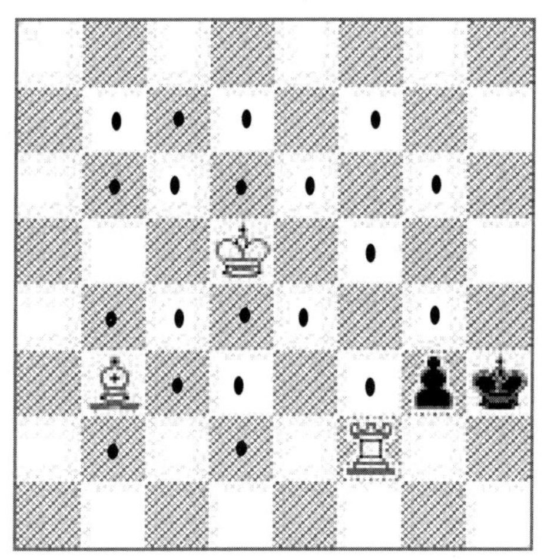

图 3-2　土壤样品采集“棋盘”法示意图

(2) 蔬菜地土样采样方法

保护地在主导蔬菜收获后的晾棚期间采样。露天菜地在主导蔬菜收获后，下茬蔬菜施肥前采样。根据点位图，到点位所在的村庄，确定具有代表性的蔬菜地采样，耕层样采样深度 0～25cm，典型地块亚耕层进行采样，深度 26～50cm，采用“S”法，均匀随机采集 15～20 个点，按照沟、垄面积比例确定沟、垄取土点位的比例和数量，土样充分混合后，四分法留取 1kg，填写两张标签，内外各具。用 GPS 定位仪进行准确定位，修正原点位，并在图上准确标注（图 3-3）。

图 3-3　沟、垄面积比例法示意图

(3) 果园土样采样方法

在果实收获后，未施用底肥前采样。根据点位图，到点位所在的果园，根据树龄、树式确定具有代表性的果树采样，果园采样要均匀随机选取 10 颗果树，以树干为圆点向外延伸到树冠边缘的 2/3 处采集，每株对角采 2 点。样品分层采集，采样深度 0～20cm，20～40cm。其他同粮田土样的采集。

2. 样品的标记

采集的样品放入统一的样品袋，用铅笔写好标签，内外各放一张，标签内容见表 3-1所示。

表 3-1　土壤采样标签

统一编号：	邮编：
采样时间：　　年　　月　　日　　时　　土壤类型：	
采样地点：　县、市、区　　镇（街道）　　村　　地块　农户名：	
地块在村的（中部、东部、南部、西部、北部、东南、西南、东北、西北） 采样深度：① 0～20cm　②0～25cm ③0～40cm ④　　cm（不是①②③的，在④上填写）该土样由　　点混合（规范要求 15～20 点） 经度：　　度　　分　　秒　　纬度：　　度　　分　　秒	
采样人：　　　　　　　　联系电话：	

（二）植株样采样方法

在蔬菜、果品的收获盛期采集。采用棋盘法，采样点 10～15 个。蔬菜采集可食部分，个体大的样品，可先纵向对称切成四份或八份后，四分法留取 2kg。果品在上、中、下、内、外均匀采摘，四分法留取 2～3kg。

全市共采集土壤样品 8.5 万个，植株样品 360 个。平均每个县市区采集土壤样品 7 000个左右，植株样品 30 个。

（三）采样关键技术的确定

1. 布点和采样方法的确定

在第二次土壤普查时由于常年集体生产经营制，农业生产管理，主要包括种植制度、施肥、浇水等技术十分相似，采样主要按行政区域均匀布点。第二次土壤普查后农村实行土地生产承包制，耕地的管理方式、种植制度、施肥、浇水等都是由个人决定的，长期以来耕地肥力水平出现了较大的差异。如果仍均匀布点，土样就是一个各种肥力水平的混合样，只能反应出来一个平均水平，无法准确指导科学施肥，所以布点时以评价单元为基础布点，同样道理确定在一块典型地块上采样。

2. 采样点数的确定

本次调查一个土样样品要求取 15～20 个点。经多处试验结果表明，采集 15 个点以内时，其分析数据跳跃很大，如全氮采样点数与室内试验结果的关系（图 3-4）；当取样点在 15～20 个时，分析结果基本稳定。只有保证采样准确，才能保证分析数据真实地反应地力水平，从而正确地指导农业生产。所以取样点确定为 15～20 个。

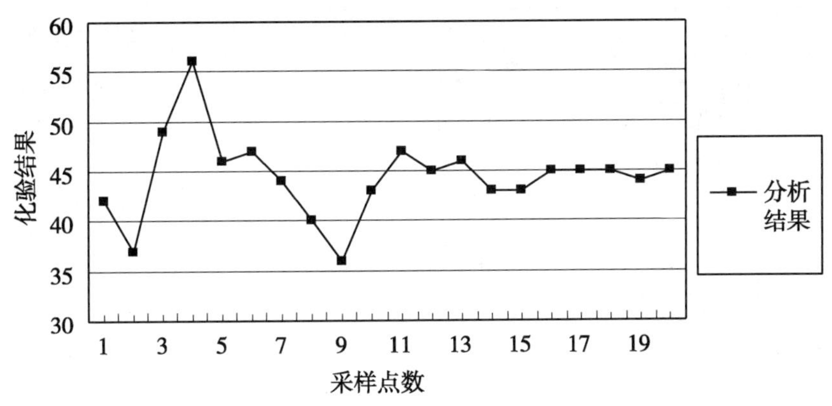

图 3-4　采样点数与分析结果关系图

3. 采样时间的确定

一般来讲，通过采样所获取的数据应该是一个生育周期结束后，第二个生育周期开始前的数据，此时的数据与以往调查、试验的数据相比具有继承性，也有可遵循的施肥指标体系。据此，本市小麦—玉米、小麦—花生等一年两作，在秋季作物收获后，约 9 月采样。棉花、花生、甘薯及小杂粮一年一作在收获后或早春采样。保护地在主导蔬菜收获后的晾棚期间采样。露天菜地在主导蔬菜收获后，下茬蔬菜施肥前采样。果园在果实收获后，未施用底肥前采样。

4. 蔬菜地沟、垄采样点比例的确定

蔬菜地在施肥与浇水管理环节上与大田作物明显不同，一般在垄上种植，沟里施肥，一个周期下来造成垄、沟土壤养分含量差异很大。如果只采垄上土壤，则养分含量低；如果只采沟里土壤，则养分含量就高。二者都不能真实反映土壤养分状况，为此，我们确定按照沟、垄面积比例确定沟、垄取土点位的比例。

5. 对采样点进行 GPS 定位

利用 GPS 对采样点定位，提高了采样点位的准确性，也为采样点的录入、成果图编制的自动化和准确性奠定了基础。

三、调查内容及调查表的填写

调查表格涉及采样地块的立地条件、农户施肥管理、产量水平等众多内容，是耕地地力评价的基础材料之一，许多因素是耕地评价的指标，因此，调查表格都按要求认真填写。在调查前组织野外调查人员认真阅读填表说明，统一培训并模拟填写，达到理解正确、掌握标准一致时进行野外调查工作。表格中部分内容如土壤类型、土壤质地等先在室内填写，再到野外校验。调查该田块的前茬作物种类、产量、施肥和灌溉情况等内容向田块户主询问，按表格内容逐项进行填写。野外调查内容在野外完成，如有漏填即于当天补填。

附调查表格：

附表 1　测土配方施肥采样地块基本情况调查表

	统一编号：		调查组号：		采样序号：	
	采样目的：		采样日期：		上次采样日期：	
地理位置	省（市）名称		地（市）名称		县（旗）名称	
	乡（镇）名称		村组名称		邮政编码	
	农户名称		地块名称		电话号码	
	地块位置		距村距离（m）		/	/
	纬度（°;′;″）		经度（°;′;″）		海拔高度（m）	
自然条件	地貌类型		地形部位		/	/
	地面坡度（°）		田面坡度（°）		坡向	
	通常地下水位（m）		最高地下水位（m）		最深地下水位（m）	
	常年降水量（mm）		常年有效积温（℃）		常年无霜期（d）	
生产条件	农田基础设施		排水能力		灌溉能力	
	水源条件		输水方式		灌溉方式	
	熟制		典型种植制度		常年产量水平（kg/667m²）	
土壤情况	土类		亚类		土属	
	土种		俗名		/	/
	成土母质		剖面构型		土壤质地（手测）	
	土壤结构		障碍因素		侵蚀程度	
	耕层厚度（cm）		采样深度（cm）		/	/
	田块面积（667m²）		代表面积（667m²）		/	/
来年种植意向	茬口	第一季	第二季	第三季	第四季	第五季
	作物名称					
	品种名称					
	目标产量					
采样调查单位	单位名称		联系人			
	地址		邮政编码			
	电话		传真		采样调查人	
	E-mail					

说明：每一取样地块一张表。与附表 2 联合使用，编号一致

附表 2　农户施肥情况调查表

统一编号：

施肥相关情况	生长季节		作物名称		品种名称	
	播种季节		收获日期		产量水平	
	生长期内降水次数		生长期内降水总量		/	/
	生长期内灌水次数		生长期内灌水总量		灾害情况	

推荐施肥情况	是否推荐施肥指导		推荐单位性质		推荐单位名称					
	配方内容	目标产量（kg/667m²）	推荐肥料成本（元/667m²）	化肥（kg/667m²）					有机肥（kg/667m²）	
				大量元素			其他元素		肥料名称	实物量
				N	P_2O_5	K_2O	养分名称	养分用量		

实际施肥总体情况	实际产量（kg/667m²）	实际肥料成本（元/667m²）	化肥（kg/667m²）					有机肥（kg/667m²）	
			大量元素			其他元素		肥料名称	实物量
			N	P_2O_5	K_2O	养分名称	养分用量		

实际施肥明细		施肥序次	施肥时期	项目			施肥情况					
	汇总											
	施肥明细	第一次		肥料种类			第一种	第二种	第三种	第四种	第五种	第六种
				肥料名称								
				养分含量情况（%）	大量元素	N						
						P_2O_5						
						K_2O						
					其他元素	养分名称						
						养分含量						
				实物量（kg/667m²）								
		第二次		肥料种类								
				肥料名称								
				养分含量情况（%）	大量元素	N						
						P_2O_5						
						K_2O						
					其他元素	养分名称						
						养分含量						
				实物量（kg/667m²）								
		第..次		肥料种类								
				肥料名称								
				养分含量情况（%）	大量元素	N						
						P_2O_5						
						K_2O						
					其他元素	养分名称						
						养分含量						
				实物量（kg/667m²）								
		第六次		肥料种类								
				肥料名称								
				养分含量情况（%）	大量元素	N						
						P_2O_5						
						K_2O						
					其他元素	养分名称						
						养分含量						
				实物量（kg/667m²）								

说明：每一季作物一张表，请填写齐全采样前一个年度的每季作物。农户调查点必须填写完“实际施肥明细”，其他点必须填写完“实际施肥总体情况”及以上部分。与附表 1 联合使用，编号一致。

四、采样人员的组织管理

各项目区农业局每年抽调 10 名技术骨干，与街道农技人员结合成立 10 个采样小组。每组实行组长负责制，保证采样的质量。对于采样调查表的填报固定专人进行审核把关。全市共采集用于耕地地力评价的样品数 4 671个。采样的同时完整填写采样地块基本情况表与施肥情况调查表。

五、样品采集的质量控制

(1) 重新划分用地类型：按粮田、菜地、棉田、园地等用地类型进行划分。

(2) 考虑地形地貌、土壤类型、肥力高低、作物种类等布点，保证采样点具有典型性和代表性、空间分布的均匀性。

(3) 考虑设施类型、作物种类、种植年限、不同时期布点，保证化验数据的可用性。

(4) 由有经验，经培训的人员进行土样采集。

(5) 采样工具统一为不锈钢取土钻、竹铲，避免铁器对土样的污染；取土深度按方案要求；采用 GPS 定位，记录经纬度，保证点位记录的精度。

(6) 采样点距离铁路、公路 100m 以上，不在住宅、路旁、沟渠、粪堆、废物堆附近设采样点。

第二节 土壤样品的制备

一、新鲜样品

某些土壤成分如二价铁、硝态氮、铵态氮等在风干过程中会发生显著变化，必须用新鲜样品进行分析。为了能真实反映土壤在田间自然状态下的某些理化性状，新鲜样品要及时送回室内进行处理分析，用粗玻璃棒或塑料棒将样品混匀后迅速称样测定。

新鲜样品一般不易贮存，如需要暂时贮存，可将新鲜样品装入塑料袋，扎紧袋口，放在冰箱冷藏室或进行速冻保存。

二、风干样品

从野外采回的土壤样品要及时放在晾土盘上，摊成薄薄的一层，置于干净整洁的室内通风处自然风干，严禁暴晒。并注意防止酸、碱等气体及灰尘的污染。风干过程中要经常翻动土样并将大块的捏碎以加速干燥，同时剔除土壤以外的侵入体。

风干后的土壤充分混匀后，要按照不同的分析要求研磨过筛，然后装入样品瓶中备用。瓶内外各放标签一张，写明编号、采样地点、土壤名称、采样深度、样品粒径、采样日期、采样人姓名及制样时间、制样人姓名等项目。制备好的样品要妥善贮存，避免日晒、高温、潮湿和酸碱等气体的污染。全部分析工作结束后，分析数据核实无误，试样一般还要保存

1年以上，以备查询。需要长期保存的样品，应保存在广口瓶中，用蜡封好瓶口。

三、试样分析

（一）一般化学分析试样

将风干后的样品平铺在制样板上，并将植物残体、石块等侵入体和铁锰结核、石灰结核等新生体剔除干净，以除去非土样的组成部分。细小已断的植物根须，可采用静电吸附的方法清除。侵入体和新生体剔除后，使用不锈钢土壤粉碎机研磨粉粹至全部样品通过2mm孔径尼龙筛。通过2mm孔径筛的土样，可提供pH值，速效性氮、磷、钾，有效硫，交换性钙、镁等项目的测定。将通过2mm孔径筛的土样用四分法取出一部分继续研磨，使之全部通过0.25mm孔径筛，供有机质、全氮等项目的测定。

（二）微量元素分析试样

用于微量元素分析的土样，其处理方法同一般化学分析样品，但在采样、风干、研磨、过筛、贮存等环节，不要接触容易造成样品污染的铁、铜等金属器具。采样、制样使用不锈钢、木、竹或塑料工具，过筛使用尼龙网筛等。通过2mm孔径尼龙筛的样品可用于测定土壤中有效态微量元素。

第三节　植株样品的采集与制备

一、植株样品的采集

试验用植株样品，按“梅花”形采样。小麦每小区取2个0.5m^2，玉米取6株，分地上部秸秆、籽粒全部采集，及时送交化验室登记、晾晒。

二、植株样品制备与保存

小麦、玉米样品及时晒干，秸秆、籽粒单独粉碎，充分混匀后用四分法缩分至0.5kg。装入样品瓶，内外放好标签，移交检测室检测。检测剩留样品移交样品管理室保存6个月，待数据核实无误时进行销毁处理，不予保存。

第四节　样品分析与质量控制

一、分析项目与方法

样品的室内分析是了解土壤理化性状的重要手段，根据农业部《测土配方施肥技术规范》测试分析项目的要求，确定本次耕地地力调查与质量评价必须的化验分析项目为16项，各项目分析方法以国家标准或部颁布标准为首选分析方法（表3-2）。

二、化验分析质量控制

为了确保化验室检测质量，从检测环境条件、人力资源、计量器具、设备设施等方面进行控制。

表 3-2 土壤测定方法

分析项目	样品水分要求	样品称样量(g)	样品细度	测定方法名称	方法适应范围	备注
pH 值	风干土	10	2mm 孔径筛	玻璃电极法	各类土壤	水土比 2.5∶1
有机质	风干土	0.05～0.5	0.25mm 孔径筛	重铬酸钾—浓硫酸容量法—外加热法	各类土壤	
有效磷	风干土	2.5	2mm 孔径筛	碳酸氢钠浸提—钼锑抗比色法	各类土壤	液土比 10∶1
速效钾	风干土	5	2mm 孔径筛	乙酸铵浸提—火焰广度法	各类土壤	液土比 10∶1
全氮	风干土	0.5～1	0.25mm 孔径筛	H_2SO_4-K_2SO_4-$CuSO_4$-Se 半微量开氏法	硝态氮含量低土壤	测定结果不包括硝态氮
				H_2SO_4-K_2SO_4-$CuSO_4$-Se $KMnO_4$-Fe 半微量开氏法	硝态氮含量高土壤	测定结果含硝态氮、亚硝态氮
碱解氮	风干土	2	2mm 孔径筛	碱解扩散法	各类土壤	
缓效钾	风干土	2.5	2mm 孔径筛	硝酸浸提—火焰光度法	各类土壤	液土比 10∶1
有效铁	风干土	10	2mm 孔径尼龙筛	DTPA 浸提—原子吸收分光光度法	各类土壤	液土比 2∶1
有效锰	风干土	10	2mm 孔径尼龙筛	DTPA 浸提—原子吸收分光光度法	各类土壤	液土比 2∶1
有效铜	风干土	10	2mm 孔径尼龙筛	DTPA 浸提—原子吸收分光光度法	各类土壤	液土比 2∶1
有效锌	风干土	10	2mm 孔径尼龙筛	DTPA 浸提—原子吸收分光光度法	各类土壤	液土比 2∶1
有效硼	风干土	10	2mm 孔径尼龙筛	姜黄素比色法	各类土壤	液土比 2∶1
有效钼	风干土	5	2mm 孔径筛	草酸—草酸铵提取—极谱法	各类土壤	液土比 10∶1
有效硫	风干土	10	2mm 孔径筛	磷酸二氢钙或氯化钙浸提—硫酸钡比浊法	各类土壤	液土比 5∶1
交换性钙	风干土	10	2mm 孔径尼龙筛	EDTA—络合滴定法	各类土壤	液土比 5∶1
交换性镁	风干土	10	2mm 孔径尼龙筛	EDTA—络合滴定法	各类土壤	液土比 5∶1

1. 化验室环境条件的控制

化验室环境条件要求达到：环境温度 16～35℃，相对湿度 20%～75%，电源电压 (220±11) V，注意接地良好。仪器室噪声＜55dB，工作间噪声＜70dB。含尘量＜0.28mg/m^3，天平室、仪器室振动应在 4 级以下，振动速度＜0.20mm/s。如果有特殊仪器设备、特殊样品试剂的应满足其各自额定的操作条件的要求。

2. 对人力资源的控制

按照土壤检测工作量的要求，配备相应的专业技术人员，通常各县市区化验室要求配备3～5人，其中1人必须具有相应专业的本科学历或达到中级以上专业技术水平。为了提高检测人员素质，潍坊市土壤肥料工作站每年对各项目县市区的化验员进行1次集中培训。此外，针对各县市区化验室所购原子吸收、极谱仪、紫外分光光度计等仪器设备使用中存在的问题，分别举办培训班，全市累计培训达80多人次。

3. 化验室仪器设备及计量器具的控制

化验室计量器具主要有仪器设备和玻璃量器，其控制方法如下。

(1) 仪器设备统一采购。各县市区所用检测仪器设备统一招标采购，统一采购的仪器设备型号一致，质量可靠，价格合理，便于售后服务，各个化验室的检测数据也便于比较。

(2) 仪器设备的计量检定。影响检测质量较大的电子天平、小容量玻璃量器（容量瓶、滴定管、移液管）等都应按鉴定周期要求定期进行鉴定。

4. 化验室内的质量控制

(1) 检测方法的选择。土壤统一采用全国农业技术推广服务中心推荐的《土壤分析技术规范》(第二版)；植株采用山东省土壤肥料总站统一制定的氮、磷、钾检测方法；肥料检测采用相应的现行国标或行标检测方法。

(2) 工作标准溶液的校准。标准滴定溶液制备要求按照GB/T601—2002《化学试剂　标准滴定溶液的制备》方法进行标准配制、标定、使用和保存。

(3) 空白试验。空白试验一般平行测定的相对差值不应大于50%，同时要求各化验室应通过大量的试验，逐步总结出各种空白值的合理范围。

(4) 精密度控制。通常情况下，肥料、植株样品采用全样平行，土壤样品需作10%～30%的平行，5个样品以下的，应增加为100%的平行。

平行测试结果符合规定的允许差，最终结果以其平均值报出，如果平行测试结果超过规定的允许差，需再加测一次，取符合规定允许差的测定值报出。如果多组平行测试结果超过规定的允许差，应考虑整批重作。

(5) 采用参比样控制准确度。山东省土壤肥料总站于2006年制备了3个土壤参比样品（土壤养分含量高、中、低），该样品已经8个有资质能力的化验室进行定值，要求每批样品或每10～15个样品加测参比样品一个，该样品下发至每个县，每个样品量在30～50kg，其测试结果与参比样品标准值的差值，应控制在标准偏差（S）范围内。如果参比样品测试结果超差，则应对整个测试过程进行检查，找出超差原因再重新工作。

(6) 化验室间的质量控制。化验室采用参比样作为密码样进行检测，按时参加上级部门组织的化验室能力验证和考核，随机抽取已检样，编成密码跨批抽查。同一化验室安排不同人员进行双人比对，双边或多边分化验室间进行比对，对留样进行复检等进行质量控制。

质量管理中还要求各化验人员对检测结果的合理性进行预判，主要是结合土壤元素（养分含量）的空间分布规律、土壤元素（养分含量）的垂直分布规律、土壤元素（养分含量）与成土母质的关系、土壤元素（养分含量）与地形地貌的关系、土壤元素（养分含量）与利用状况的关系、各检测项目之间的相互关系等进行预判。

第四章　土壤理化性状及评价

耕层土壤理化性状分析，是耕地地力评价的基础。潍坊市本次耕地地力评价，结合本区种植业结构特点，选取4 671个土壤样品用于耕地地力评价和分级，采集于2008—2012年，各县市区的样品数量分别是：潍城区171个，奎文区96个，坊子区145个，寒亭区197个，青州市546个，诸城市667个，寿光市466个，安丘市631个，昌邑市394个，高密市446个，临朐县455个，昌乐县339个，峡山区118个。4 671个样品按土壤类型分棕壤868个，褐土2 186个，潮土1 225个，砂姜黑土326个，盐土66个。按耕地利用类型分粮田3 741个，露地蔬菜132个，果园148个，设施蔬菜地451个，棉田76个，花生田123个。对有机质、大量元素、pH值、中微量元素等进行了系统检测，充分掌握了全市耕地土壤的养分状况、分布范围、面积，对全市不同区域、不同耕地利用类型、不同土壤类型、不同质地的土壤理化性状进行全面系统的分析，为今后有效的指导农业生产打下了基础。

第一节　土壤pH值和有机质

一、土壤pH值

土壤pH值，又称土壤酸碱度，是土壤重要的化学指标，也是影响土壤肥力和作物生长的重要因素之一。土壤pH值的高低，是成土母质、成土条件、理化性状、肥力特征的综合反应，也是划分土壤类型、评价土壤肥力的重要指标。土壤酸碱度对土壤中养分的形态和有效性，对土壤的理化性质、微生物活动以及植物生长发育都有很大影响。在酸性土壤或石灰性土壤中，磷常被铁、铝和钙固定而无效。土壤过酸和过碱均不利于有益微生物的活动，从而影响到土壤中氮素和部分磷素养分的释放。

（一）全市pH值总体状况及分级

经对4 671个土壤样品化验分析，全市耕层土壤pH值绝大多数为中性，pH值多数集中在5.5～8.0间，其众数为7.1，最大值8.3，最小值5.3，变异系数7.4%。其中，3级水平的比例最大，占67.12%；2级和4级水平相差不大，分别占16.10%、16.25%。分级及面积见表4-1所示。

（二）不同土壤类型pH值

各类土壤pH值差异主要决定于成土母质类型、土壤中盐基离子淋溶作用和复盐基作用的相对强度。棕壤盐基淋溶作用强，母岩风化过程中产生的钙、镁、钾、钠等盐基离子已被淋失，在棕壤分布区土壤无石灰反应，土壤一般呈微酸性至中性，pH 值众数为 6.4；褐土土类淋溶作用弱，盐基饱合度高，土壤呈中性至微碱性，pH 值众数为 7.3；潮土土类直接发育在河流沉积物上，成土母质主要为河流冲积物，土壤呈中性至微碱性，pH 值众数为 7.1；砂姜黑土土类成土母质主要为冲积物和浅湖沼相沉积物，土壤呈中性至微碱性，pH 值众数为 7.3；盐土土类分布于滨海滩地上，盐碱威胁大，土壤普遍呈弱碱性至碱性，pH 值众数为 7.7。各类土壤 pH 值变异系数在 3.80%～6.47%，pH 值由高到低依次为：盐土＞砂姜黑土、褐土＞潮土＞棕壤。具体见表 4-2 所示。

表 4-1　耕层土壤 pH 值分级及面积

级别	1	2	3	4	5	6
标准	＞8.5	7.5～8.5	6.5～7.5	5.5～6.5	4.5～5.5	＜4.5
等级面积（hm^2）	0.0	126 119.1	525 775.9	127 293.1	4 192.8	0.0
占耕地总面积比例（%）	0.00	16.10	67.12	16.25	0.54	0.00

潮土中各亚类 pH 值差异较大，盐化潮土 pH 值众数为 7.5，最高；其次是脱潮土，pH 值众数 7.4。各亚类由高到低依次为：盐化潮土＞脱潮土＞湿潮土＞潮土。

褐土中各亚类 pH 值差异大，石灰性褐土 pH 值众数为 7.8，最高；淋溶褐土和褐土性土 pH 值众数相同，为 7.2，最低；褐土和潮褐土 pH 值众数也相同，为 7.3；由高到低依次为：石灰性褐土＞褐土、潮褐土＞淋溶褐土、褐土性土。

棕壤和砂姜黑土中各亚类 pH 值众数相同。

表 4-2　不同土壤类型及亚类 pH 值

土类	亚类	众数	变幅	变异系数	标准差
棕壤	棕壤	6.4	5.3～7.5	6.53%	0.42
	潮棕壤	6.4	5.6～7.1	5.33%	0.34
	棕壤性土	6.4	5.4～7.3	6.77%	0.43
褐土	褐土	7.3	6.5～8.3	4.76%	0.35
	石灰性褐土	7.8	6.7～8.3	4.79%	0.37
	淋溶褐土	7.2	6.5～8.2	4.53%	0.32
	潮褐土	7.3	6.5～8.3	4.75%	0.35
	褐土性土	7.2	6.5～8.2	4.63%	0.34
砂姜黑土	砂姜黑土	7.3	6.0～8.0	5.87%	0.43
	石灰性砂姜黑土	7.3	6.8～7.6	3.00%	0.22
潮土	潮土	7.0	5.8～7.9	6.75%	0.47
	湿潮土	7.1	6.3～7.8	5.05%	0.36
	脱潮土	7.4	6.2～7.9	3.90%	0.29
	盐化潮土	7.5	6.7～7.9	2.46%	0.18
盐土	滨海潮盐土	7.7	7.0～8.3	3.80%	0.29

（三）不同用地类型 pH 值

潍坊市的耕地利用类型主要分：粮田（小麦、玉米等粮食作物）、设施蔬菜、露地蔬菜、园地、棉花和花生。土壤测试结果显示，棉田耕层土壤 pH 值较高，众数为 7.6，变幅 6.9～8.3；pH 值最低是花生田，其次是设施蔬菜，众数分别是 6.7 和 7.0。耕地 pH 值的差异主要是由土壤和施肥两种原因造成。因棉花基本种植在北部盐碱地，因此，pH 值较高；花生主要种植在南部棕壤，因此，pH 值较低；由于近年来生理酸性肥的大量施用，设施蔬菜 pH 值呈下降趋势，pH 值相对较低。不同用地类型 pH 值由高到低依次为：棉田＞园地＞粮田、露地蔬菜＞设施蔬菜＞花生。详见表 4-3 所示。

表 4-3　不同用地类型 pH 值

用地类型	众数	变幅	变异系数	标准差
粮田	7.1	5.3～8.3	7.46%	0.53
设施蔬菜	7.0	5.5～8.0	5.81%	0.41
露天蔬菜	7.1	5.5～7.8	6.17%	0.44
园地	7.3	5.8～8.2	5.67%	0.41
棉田	7.6	6.9～8.3	3.54%	0.27
花生	6.7	5.4～8.1	10.29%	0.69

（四）不同土壤质地 pH 值

本次调查的 4 671个土样中，壤质土样 4 458个，黏质土样 13 个，砂质土样 133 个，砾质土样 67 个。

不同的土壤质地，耕层土壤的 pH 值各不相同，差异较明显。黏质的众数最高，pH 值 7.3，黏质的最高值为 7.5，最低值为 6.3，因代表样仅 13 个，代表性较差，平均值较高；砾质的众数为 6.4，最低，变幅为 5.4～7.9。不同质地 pH 值由高到低依次为：黏质＞壤质＞砂质＞砾质。

各壤质土的 pH 值也有差异，轻壤土 pH 值众数最低，为 6.9；砂壤土略高，众数为 7.0；中壤土和重壤土的 pH 值众数相同，均为 7.3。各壤质土 pH 值由高到低依次为：中壤、重壤＞砂壤＞轻壤。详见表 4-4 所示。

表 4-4　不同质地类型 pH 值

质地类型		众数	变幅	变异系数	标准差
砂质		6.7	6.0～8.2	7.89%	0.53
壤质	轻壤	6.9	5.5～8.3	7.11%	0.49
	中壤	7.3	5.4～8.3	6.56%	0.48
	重壤	7.3	6.0～8.1	5.03%	0.37
	砂壤	7.0	5.3～8.3	7.67%	0.54
黏质		7.3	6.8～7.5	3.28%	0.24
砾质		6.4	5.4～7.9	9.76%	0.62

（五）不同区域 pH 值

根据潍坊市地域及作物种植特点，将全市划分为潍东、潍西、潍南、潍北及潍中五个区域，对耕层土壤养分进行统计、分析、评价。

不同区域 pH 值差异不明显，潍北 pH 值众数为 7.5，变幅为 6.6～8.3，呈弱碱性；潍南最低为 6.9，变幅为 5.4～8.3；其他区域差异不大，pH 值众数基本在 7.0 左右，呈中性。分析结果见表 4-5 所示。

表 4-5 不同区域 pH 值

不同区域	众数	变幅	变异系数	标准差
潍东	7.0	5.3～8.2	7.52%	0.53
潍西	7.2	6.0～8.3	5.11%	0.37
潍南	6.9	5.4～8.3	8.92%	0.62
潍北	7.5	6.6～8.3	2.84%	0.21
潍中	7.1	5.5～8.3	6.12%	0.43

二、土壤有机质

土壤有机质是土壤中除土壤矿物质以外的固相物质，是土壤的重要组成部分，也是土壤肥力的基础。土壤有机质不仅含有作物生长所需的各种养分，而且能促进团粒结构的形成，提高土壤的代换和缓冲能力，协调水、肥、气、热等肥力因素之间的矛盾，促进植物生长和微生物活动。此外，有机质中的腐殖质还具有生理活性，能促进作物生长发育，消除土壤污染。因此，它是土壤肥力高低的重要指标，是影响耕地地力水平的重要因素。

（一）耕层土壤有机质含量及分级

潍坊市土壤有机质平均含量为 13.4g/kg，变属幅 5.4～29.3g/kg，变幅较大，变异系数为 25.9%，标准差为 3.47。全市有机质含量属中等偏上水平，61.8%的耕地面积有机质含量 3 级以上。其中，3 级水平的比例最大，占 33.23%，其次是 2 级水平，占 24.30%，1 级水平占 4.26%，4 级水平占 22.12%，5 级水平占 11.92%，6 级水平及以下占 4.17%。含量分级及面积见表 4-6 所示。

1982 年，全市第二次土壤普查时有机质的平均值为 9.5g/kg，属较低水平，本次参与评价的 4671 个样品平均值为 13.4g/kg，与 1982 年相比有机质含量提高了 3.9g/kg，主要是因蔬菜田增施了有机肥、粮田大力推广了秸秆还田技术。

表 4-6 耕层土壤有机质分级及面积

级别	1	2	3	4	5	6	7
分级标准（g/kg）	>20	15～20	12～15	10～12	8～10	6～8	<6
等级面积（hm^2）	33 374.6	190 352.7	260 288.4	173 246.1	93 415.4	32 368.3	335.4
占耕地总面积比例（%）	4.26	24.30	33.23	22.12	11.92	4.13	0.04

（二）不同土壤类型耕层土壤有机质含量

受成土母质、发育过程、耕层质地、人为耕作的影响，不同土壤类型间有机质含量有较大差异，砂姜黑土地处低洼，土质黏重，土壤有机质含量较高，平均含量为14.4g/kg；褐土、潮土有机质平均含量分别为13.6g/kg、13.7g/kg；盐土有机质平均含量最低，为11.5g/kg，因盐土在潍坊北部，耕地利用和管理粗放，基本不施有机肥、秸秆还田量少，有机质含量较低。不同土壤类型有机质含量由高到低依次为：砂姜黑土＞潮土＞褐土＞棕壤＞盐土。见表4-7所示。

棕壤中各亚类有机质含量略有差异，潮棕壤含量最高，平均为12.9g/kg，棕壤性土最低，平均含量为11.8g/kg。棕壤中各亚类有机质含量由高到低依次为：潮棕壤＞棕壤＞棕壤性土。

潮土中各亚类有机质含量差异大，湿潮土含量最高，平均为15.3g/kg，盐化潮土最低，平均含量为12.6g/kg。潮土中各亚类有机质由高到低依次为：湿潮土＞脱潮土＞潮土＞盐化潮土。

褐土中各亚类有机质含量差异较大，褐土含量最高，平均为14.0g/kg；褐土性土含量最低，平均为12.8g/kg。各亚类有机质由高到低依次为：褐土、潮褐土＞石灰性褐土＞淋溶褐土＞褐土性土。

砂姜黑土中各亚类差异较大。砂姜黑土平均含量为14.5g/kg，变幅7.4～25.8g/kg，变幅较大，含量很不均衡；石灰性砂姜黑土平均含量为12.4g/kg，变幅9.2～18.1g/kg，变幅较小，有机质含量较均匀。

表4-7　不同土壤类型及亚类有机质含量

土类	亚类	平均值（g/kg）	变幅（g/kg）	变异系数	标准差
棕壤	棕壤	12.6	6.3～26.9	24.78%	3.12
	潮棕壤	12.9	6.8～21.5	24.17%	3.12
	棕壤性土	11.8	5.4～22.2	26.21%	3.08
褐土	褐土	14.0	7.0～27.8	25.22%	3.53
	石灰性褐土	13.9	7.6～21.2	21.61%	3.01
	淋溶褐土	13.3	7.0～24.4	23.05%	3.07
	潮褐土	13.9	6.6～26.9	24.52%	3.42
	褐土性土	12.8	7.3～24.2	24.11%	3.09
砂姜黑土	砂姜黑土	14.5	7.4～25.8	22.40%	3.25
	石灰性砂姜黑土	12.4	9.2～18.1	21.27%	2.64
潮土	潮土	13.4	7.3～29.3	28.22%	3.79
	湿潮土	15.3	7.3～26.1	26.63%	4.06
	脱潮土	13.7	7.4～22.5	26.58%	3.65
	盐化潮土	12.6	7.3～23.4	26.80%	3.37
盐土	滨海潮盐土	11.5	6.4～22.9	30.32%	3.47

（三）不同用地类型耕层土壤有机质含量

土壤测试结果显示（表4-8），不同用地类型耕层有机质含量差异较大。设施蔬菜的有机质含量最高，平均为15.7g/kg，变幅7.1～29.3g/kg，变幅大；其次为园地，有机质平均含量为14.9g/kg；花生田最低，有机质平均含量为11.1g/kg。说明我市农民加强了对设施蔬菜及果园等高效经济作物的管理，重视了有机肥料的施用，因而有机质含量比较丰富。粮田由于大力推广了秸秆还田，有机质含量也较高。不同用地类型有机质含量由高到低依次为：设施蔬菜＞园地＞露天蔬菜＞粮田＞棉田＞花生田。

表4-8　不同用地类型有机质含量

用地类型	平均值（g/kg）	变幅（g/kg）	变异系数	标准差
粮田	13.2	6.3～26.9	24.12%	3.18
设施蔬菜	15.7	7.1～29.3	28.22%	4.44
露天蔬菜	13.8	7.4～22.8	23.48%	3.25
园地	14.9	7.4～27.8	27.58%	4.12
棉田	12.0	6.9～20.0	29.06%	3.49
花生	11.1	5.4～18.0	27.89%	3.08

（四）不同土壤质地耕层土壤有机质含量

不同土壤质地耕层土壤的有机质含量差异较大（表4-9）。黏质土有机质含量最高，平均为13.8g/kg；砾质土有机质含量最低，平均为10.0g/kg。有机质最大值为29.3g/kg，出现在壤质土中；最小值5.4g/kg，出现在砾质土中。不同土壤质地有机质含量由高到低依次为：黏质＞壤质＞砂质＞砾质。

不同壤质土有机质含量也有差异，重壤土有机质含量最高，平均为15.3g/kg；其次为中壤土，平均为14.1g/kg；轻壤土含量最低，平均为12.9g/kg。不同壤质土有机质由高到低依次为：重壤＞中壤＞砂壤＞轻壤。

表4-9　不同质地类型有机质含量

质地类型		平均值（g/kg）	变幅（g/kg）	变异系数	标准差
砂质		12.1	7.0～22.9	28.72%	3.48
壤质	轻壤	12.9	6.3～29.3	25.92%	3.34
	中壤	14.1	6.4～26.8	23.45%	3.31
	重壤	15.3	7.5～26.2	23.77%	3.64
	砂壤	13.0	6.8～28.6	29.16%	3.79
黏质		13.8	7.5～19.1	22.64%	3.12
砾质		10.0	5.4～19.1	28.07%	2.80

（五）不同区域耕层土壤有机质含量

不同区域耕层土壤有机质含量差别不大，潍西区的有机质含量最高，平均含量为15.4g/kg，变幅7.1～29.3g/kg；潍南和潍北两区有机质含量相同，平均为12.8g/kg，是潍坊市有机质含量最低的区域。潍西区因设施蔬菜面积较大，菜农认识到了施用有机肥料的重要性，施用的有机肥量大、质优，因此，土壤有机质含量最高；潍东区是粮食高产区，主要作物是小麦、玉米，秸杆还田率达86%，该区域的有机质含量较高；潍中是潍坊市露地蔬菜的主要种植区，农民重视有机肥料的使用；而潍南的山岭梯田及山丘坡地较多，土壤相对贫瘠；潍北人均地多，耕地利用及管理粗放，基本不施用有机肥料，因此有机质含量较低。由高到低依次为：潍西＞潍东＞潍中＞潍南、潍北。见表4-10所示。

表4-10 不同区域有机质含量

不同区域	平均值（g/kg）	变幅（g/kg）	变异系数	标准差
潍东	13.6	6.7～26.9	24.96%	3.38
潍西	15.4	7.1～29.3	26.04%	4.01
潍南	12.8	5.4～27.8	24.46%	3.12
潍北	12.8	6.4～25.7	26.12%	3.34
潍中	13.2	7～25.8	24.57%	3.23

第二节　土壤大量营养元素状况

一、土壤氮素

土壤中氮素包括有机态氮和无机态氮，其总和为全氮。土壤中全氮含量代表氮素的总贮量和供氮潜力，因此，全氮含量与有机质一样是土壤肥力状况的重要指标之一。本次耕地地力评价分析土壤全氮样品4 618个，潍坊市耕层土壤的氮素含量属于中等水平。

（一）土壤全氮

1. 耕层土壤全氮

全市平均含量0.99g/kg，变幅0.18～6.79g/kg，变幅较大，标准差为0.39。其中，处于1级水平的占总耕地面积的5.85%，2级水平占11.88%，3级水平占21.64%，4级水平占38.05%，5级水平占18.89%，6级以下水平仅占3.70%。土壤全氮含量总体属中等水平，1982年土壤普查时全氮的平均值为0.64g/kg，目前土壤全氮含量平均较第二次土壤普查提高了54.68%，这与农户增施有机肥及增加了尿素、碳酸氢铵及三元复合肥等氮素肥料的投入显著提高有关。含量分级及面积见表4-11所示。

2. 不同土壤类型耕层土壤全氮

不同土壤类型全氮含量差异不大，以潮土含量最高，平均为1.04g/kg，变幅0.19～6.79g/kg，变幅大；其次是褐土，平均含量为1.00g/kg，变幅0.25～4.10g/kg；砂姜黑土平均为 0.97g/kg，变幅为 0.18～1.85g/kg；棕壤平均为 0.90g/kg，变幅为 0.22～1.85g/kg；盐土最低，平均含量为 0.81g/kg，变幅 0.46～1.85g/kg。不同土壤类型全氮含量由高到低依次为：潮土＞褐土＞砂姜黑土＞棕壤＞盐土。见表 4-12 所示。

表 4-11　耕层土壤全氮含量分级及面积

级别	1	2	3	4	5	6	7
标准（g/kg）	＞1.5	1.2～1.5	1～1.2	0.75～1	0.5～0.75	0.3～0.5	＜0.3
等级面积（hm^2）	45 827.9	93 034.0	169 528.7	298 053.5	147 993.0	25 842.8	3 101.1
占耕地总面积比例（%）	5.85	11.88	21.64	38.05	18.89	3.30	0.40

棕壤中各亚类全氮含量略有差异，潮棕壤含量最高，平均为 0.92g/kg；棕壤性土含量最低，平均为 0.87g/kg。各亚类全氮含量由高到低依次为：潮棕壤＞棕壤＞棕壤性土。

潮土中各亚类全氮含量差异较大，湿潮土全氮最高，平均含量为 1.28g/kg；盐化潮土含量最低，平均为 0.90g/kg。全氮最大值出现在潮土亚类，平均含量为 1.01g/kg，变幅 0.19～6.79g/kg，含量差异极大。潮土各亚类全氮含量由高到低依次为：湿潮土＞潮土＞脱潮土＞盐化潮土。

褐土中各亚类全氮含量差异较大。褐土含量最高，平均为 1.11g/kg；石灰性褐土和淋溶褐土含量相同，平均为 0.93g/kg，最低。褐土各亚类全氮含量由高到低依次为：褐土＞潮褐土＞褐土性土＞淋溶褐土、石灰性褐土。

砂姜黑土中各亚类差异较小。砂姜黑土略高于石灰性砂姜黑土，平均含量分别为：0.98g/kg 和 0.84g/kg。

表 4-12　不同土壤类型及亚类全氮含量

土类	亚类	平均值	变幅	变异系数	标准差
棕壤	棕壤	0.91	0.3～1.85	29.85%	0.27
	潮棕壤	0.92	0.32～1.62	29.11%	0.27
	棕壤性土	0.87	0.22～1.61	29.64%	0.26
褐土	褐土	1.11	0.34～3.40	42.21%	0.47
	石灰性褐土	0.93	0.32～1.63	25.51%	0.24
	淋溶褐土	0.93	0.29～1.70	26.47%	0.25
	潮褐土	1.04	0.29～4.10	35.01%	0.36
	褐土性土	0.94	0.25～1.79	26.52%	0.25
砂姜黑土	砂姜黑土	0.98	0.18～1.85	26.16%	0.26
	石灰性砂姜黑土	0.84	0.51～1.28	27.69%	0.23
潮土	潮土	1.01	0.19～6.79	55.44%	0.56
	湿潮土	1.28	0.43～4.00	52.34%	0.67
	脱潮土	0.98	0.23～1.77	30.30%	0.30
	盐化潮土	0.90	0.25～2.01	38.06%	0.34
盐土	滨海潮盐土	0.81	0.46～1.85	27.87%	0.23

3. 不同用地类型耕层土壤全氮

不同用地类型间土壤全氮平均含量差异较大，其中，设施蔬菜含量最高，平均为1.57g/kg，变幅为0.34～6.79g/kg，全氮含量极不均匀；其次是园地，平均含量为0.97g/kg，变幅为0.25～1.75g/kg；花生田最低，平均为0.82g/kg，变幅0.22～1.61g/kg。不同用地类型全氮含量由高到低依次为：设施蔬菜＞园地＞粮田＞露天蔬菜、棉田＞花生田。见表4-13所示。

由此可见，土壤全氮与不同用地类型密切相关。设施菜田化肥用量较大，存在过量和盲目施肥的现象，全氮过量；而花生地施肥量较小，个别地块全氮含量小于0.3g/kg，严重缺乏。

表4-13　不同用地类型全氮含量

用地类型	平均值（g/kg）	变幅（g/kg）	变异系数	标准差
粮田	0.94	0.18～2.01	28.05%	0.26
设施蔬菜	1.57	0.34～6.79	51.83%	0.81
露天蔬菜	0.85	0.19～1.73	27.66%	0.24
园地	0.97	0.25～1.75	28.39%	0.28
棉田	0.85	0.30～1.32	27.38%	0.23
花生	0.82	0.22～1.61	30.45%	0.25

4. 不同区域耕层土壤全氮

除潍西区域外，其他区域土壤全氮差异很小，潍南区平均含量为0.93g/kg，潍东区平均含量为0.92g/kg，潍中区平均含量为0.92g/kg，潍北区含量为0.90g/kg，说明以上区域氮素施用水平差异不大。而潍西区全氮平均含量为1.40g/kg，因该区设施栽培面积较大，肥料施用量较大所致。见表4-14所示。

表4-14　不同区域全氮含量

不同区域	平均值（g/kg）	变幅（g/kg）	变异系数	标准差
潍东	0.92	0.18～1.87	27.49%	0.25
潍西	1.40	0.34～6.79	51.62%	0.72
潍南	0.93	0.22～1.88	28.69%	0.27
潍北	0.90	0.21～2.01	29.45%	0.27
潍中	0.92	0.29～1.71	25.77%	0.24

5. 不同土壤质地耕层土壤全氮

不同土壤质地耕层土壤全氮含量，以黏质土最高，平均含量为1.21g/kg；砾质土含量最低，平均为0.74g/kg。不同质地全氮含量由高到低依次为：黏质＞壤质＞砂质＞砾质。见表4-15所示。

不同壤质土全氮含量差异较大，重壤土含量最高，平均为 1.19g/kg；砂壤土含量最低，平均为 0.90g/kg；最大值出现在轻壤，含量为 6.79mg/kg。各壤质土全氮含量由高到低为：重壤＞中壤＞轻壤＞砂壤。

表 4-15　不同质地类型全氮含量

质地类型		平均值（g/kg）	变幅（g/kg）	变异系数	标准差
砂质		0.86	0.34～1.89	33.41%	0.29
壤质	轻壤	0.96	0.29～6.79	43.86%	0.42
	中壤	1.04	0.18～4.55	32.70%	0.34
	重壤	1.19	0.25～4.01	48.22%	0.57
	砂壤	0.90	0.19～3.54	41.45%	0.37
黏质		1.21	0.68～2.01	40.41%	0.49
砾质		0.74	0.22～1.35	34.32%	0.26

（二）碱解氮

碱解氮亦称作水解氮，它包括无机的矿物态氮和结构简单较易分解的有机态氮，有铵态氮、硝态氮等，可供作物近期吸收利用，其含量水平决定供氮强度，是耕地地力的重要影响因素之一。

1. 耕层土壤碱解氮

据 4 588 个土壤样品化验分析，全市耕层土壤碱解氮含量属中等偏上水平，平均含量为 93mg/kg，变幅 28～325mg/kg，变幅较大，标准差为 33.68。其中，3 级以上水平的占耕地总面积的 43.28%，4 级水平占耕地面积的 24.93%，5 级水平占耕地面积的 21.80%，6 级水平占耕地面积的 8.52%，7 级以下水平的仅占耕地面积的 1.47%。潍坊市第二次土壤普查时碱解氮平均含量 57.1mg/kg，目前碱解氮平均含量比第二次土壤普查提高了 63.2%，说明化肥的施用量较以前大幅度提高了。含量分级及面积见表 4-16所示。

表 4-16　耕层土壤碱解氮含量分级及面积

级别	1	2	3	4	5	6	7	8
标准（mg/kg）	＞150	120～150	90～120	75～90	60～75	45～60	30～45	＜30
等级面积（hm^2）	53 101.9	64 029.6	221 969.3	195 333.0	170 745.6	66 761.5	11 269.2	170.7
占耕地总面积比例（%）	6.78%	8.17%	28.33%	24.93%	21.80%	8.52%	1.44%	0.02%

2. 不同土壤类型耕层土壤碱解氮

不同土壤类型碱解氮平均含量略有差异，潮土最高，平均含量为 99mg/kg，变幅为 31～325mg/kg；其次是褐土，平均含量为 93mg/kg；盐土的平均含量最低，为

81mg/kg，差异不明显。不同土壤类型碱解氮含量由高到低依次为：潮土＞褐土＞棕壤＞砂姜黑土＞盐土。见表 4-17 所示。

棕壤中各亚类碱解氮含量趋势与全氮相同：潮棕壤＞棕壤＞棕壤性土。其中，潮棕壤平均含量是 97mg/kg，棕壤 91mg/kg，棕壤性土为 85mg/kg。

潮土中各亚类碱解氮含量差异显著，湿潮土含量最高，平均为 116mg/kg，变幅 46～325mg/kg，最大值出现在此亚类，因该亚类设施菜田样品较多，占 38.05%，碱解氮含量极不均匀。盐化潮土最低，平均为 82mg/kg。各亚类由高到低依次为：湿潮土＞脱潮土＞潮土＞盐化潮土。

褐土中各亚类碱解氮含量差异较大。褐土含量最高，平均为 100mg/kg，其次是潮褐土，平均含量为 97mg/kg，两者均高于全市平均水平；淋溶褐土碱解氮含量最低，平均为 86mg/kg。各亚类由高到低依次为：褐土＞潮褐土＞石灰性褐土＞褐土性土＞淋溶褐土。

砂姜黑土各亚类碱解氮含量趋势与全氮相同，砂姜黑土高于石灰性砂姜黑土，平均含量分别为：87mg/kg、69mg/kg。

表 4-17　不同土壤类型及亚类碱解氮含量

土类	亚类	平均值（mg/kg）	变幅（mg/kg）	变异系数	标准差
棕壤	棕壤	91	34～227	27.74%	25.2
	潮棕壤	97	41～166	26.54%	25.87
	棕壤性土	85	40～211	30.32%	25.63
褐土	褐土	100	28～230	38.07%	38.2
	石灰性褐土	92	35～144	22.10%	20.39
	淋溶褐土	86	32～215	30.28%	25.99
	潮褐土	97	32～302	38.84%	37.65
	褐土性土	89	37～190	26.85%	23.84
砂姜黑土	砂姜黑土	87	40～196	28.95%	25.17
	石灰性砂姜黑土	69	48～183	44.31%	30.42
潮土	潮土	96	39～301	38.69%	37.19
	湿潮土	116	46～325	48.22%	55.74
	脱潮土	109	56～195	26.04%	28.33
	盐化潮土	82	31～222	40.00%	32.61
盐土	滨海潮盐土	81	37～236	46.59%	37.97

3. 不同用地类型耕层土壤碱解氮

不同用地类型间耕层土壤碱解氮平均含量差异显著，设施菜田土壤碱解氮最高，平均含量为 147mg/kg，变幅为 42～325mg/kg，变幅大；其次是园地，平均含量为

98mg/kg，变幅为55～185mg/kg；花生田土壤碱解氮最低，平均含量为73mg/kg，变幅37～125mg/kg。不同用地类型碱解氮含量由高到低依次为：设施蔬菜>园地>露天蔬菜>粮田>棉田>花生田。由土壤碱解氮化验结果统计分析可见，设施菜田氮肥施用量高，少数地块有过量施肥的现象。见表4-18所示。

表4-18 不同用地类型碱解氮含量

用地类型	平均值（mg/kg）	变幅（mg/kg）	变异系数	标准差
粮田	87	28～215	29.23%	25.55
设施蔬菜	147	42～325	32.89%	48.52
露天蔬菜	92	43～261	36.21%	33.45
园地	98	55～185	25.04%	24.46
棉田	82	31～155	30.28%	24.73
花生	73	37～125	23.33%	16.94

4. 不同土壤质地耕层土壤碱解氮

不同土壤质地碱解氮含量差异较大，壤质平均含量最高，为94mg/kg，略高于全市平均水平；黏质土和砂质土平均含量较低，分别为80mg/kg、82mg/kg；砾质土平均含量最低，为73mg/kg。不同土壤质地碱解氮含量由高到低依次为：壤质>砂质>黏质>砾质。见表4-19所示。

不同壤质土碱解氮含量差异显著，重壤土含量最高，平均为111mg/kg，显著高于其他壤质土，重壤土共174个样品，其中设施菜田样品37个，占21.26%，占的比例较大；砂壤土含量最低，平均为86mg/kg；最大值出现在中壤，中壤含量变幅为28～325mg/kg，变幅较大，含量不均。各壤质土碱解氮含量趋势与全氮相同，由高到低依次是：重壤>中壤>轻壤>砂壤。

表4-19 不同质地类型碱解氮含量

质地类型		平均值（mg/kg）	变幅（mg/kg）	变异系数	标准差
砂质		82	42～230	33.06%	27.22
壤质	轻壤	92	32～301	35.51%	32.5
	中壤	96	28～325	36.01%	34.65
	重壤	111	40～301	42.48%	46.95
	砂壤	86	37～240	30.91%	26.7
黏质		80	50～112	24.73%	19.81
砾质		73	40～133	25.27%	18.38

5. 不同区域耕层土壤碱解氮

不同区域耕层土壤碱解氮含量有一定的差异，趋势与全氮基本类似。潍西区土壤碱解氮最高，平均含量为 126mg/kg，变幅为 36～325mg/kg；其他区域差异较小，潍东区、潍北区、潍南区和潍中区的平均含量分别为 90mg/kg、89mg/kg、87mg/kg、86mg/kg，潍中区含量最低，因为潍中区 986 个土样中，粮田占 93.92%，园地和露天蔬菜仅占 6.07%，粮田取土一般在玉米收获后，而潍坊市各城区农民粮田管理粗放，与其他县市相比管理水平普遍低，习惯"一炮轰"的施肥方法，玉米生长期不追肥，造成后期脱肥。碱解氮含量由高到低依次是：潍西＞潍东＞潍北＞潍南＞潍中，见表 4-20 所示。

表 4-20　不同区域碱解氮含量

不同区域	平均值（mg/kg）	变幅（mg/kg）	变异系数	标准差
潍东	90	31～211	29.73%	26.63
潍西	126	36～325	40.58%	51.08
潍南	87	28～211	24.79%	21.62
潍北	89	37～236	38.08%	33.71
潍中	86	32～261	32.68%	28.11

（三）氮素含量提高的原因

与第二次土壤普查相比，耕层土壤中全氮、碱解氮含量都有较大提高，一是因为化肥施用量有较大幅度的提高，增加了土壤中氮素的供给，提高了土壤中全氮及碱解氮的含量；二是由于增施有机肥和秸秆还田技术的应用，增加了土壤有机质，改善了土壤结构，提高了土壤的保水保肥能力。

二、土壤磷素

磷是作物必需的三大营养元素之一，土壤磷素与作物产量密切相关，常用来衡量土壤磷素含量状况的指标是土壤有效磷含量，其含量高低是衡量土壤肥力水平的重要指标。

（一）耕层土壤有效磷

潍坊市土壤有效磷含量总体属中等偏上水平，平均含量 36.6mg/kg，变幅 4.7～339.5mg/kg，标准差为 33.39。处于 1 级水平的占总耕地面积的 3.04%，2 级水平的占 4.09%，3 级水平的占 14.17%，4 级水平的占 22.63%，5 级水平的占 20.92%，6 级水平的占 13.36%，7 级水平的占 13.94%，8 级以下水平的占 7.85%。含量分级及面积见表 4-21 所示。

与 1982 年第二次土壤普查相比，土壤中的有效磷含量显著提高了，是第二次土壤普查平均含量的 7.5 倍。经过几十年的土壤管理，特别是磷酸二铵、钙镁磷肥以及高含磷复合肥的大量施用，导致磷素大量积累，显著地提升了土壤有效磷的含量。

（二）不同土壤类型有效磷

不同土壤类型有效磷含量差异较大。潮土的有效磷含量最高，平均为 44.4mg/kg，变幅 5.7～339.5mg/kg，变幅大，变异系数为 102.17，含量极不均匀；盐土有效磷含量最低，平均为 15.2mg/kg，变幅 6.2～46.2mg/kg，变幅小，较均匀；棕壤、褐土、砂姜黑土平均含量差异较小，分别为 33.7mg/kg、34.7mg/kg 和 32.5mg/kg。不同土壤类型有效磷含量由高到低依次为：潮土＞褐土＞棕壤＞砂姜黑土＞盐土。见表 4-22 所示。

表 4-21 耕层土壤有效磷含量分级及面积

级别	1	2	3	4	5	6	7	8	9
标准（mg/kg）	＞120	80～120	50～80	30～50	20～30	15～20	10～15	5～10	＜5
等级面积（hm^2）	23 815.1	32 032.9	111 025.1	177 271.2	163 854.3	104 652.1	109 180.3	61 214.7	335.4
占耕地总面积比例（%）	3.04%	4.09%	14.17%	22.63%	20.92%	13.36%	13.94%	7.81%	0.04%

棕壤中各亚类有效磷含量略有不同，均低于全市平均水平，潮棕壤含量最高，平均为 35.3mg/kg，棕壤和棕壤性土有效磷平均含量分别为 34.4mg/kg、31.9mg/kg，其排列顺序为：潮棕壤＞棕壤＞棕壤性土。

潮土中各亚类有效磷含量差异较大，除盐化潮土外，其他亚类平均含量都显著高于全市平均水平。湿潮土含量最高，平均为 57.3mg/kg，盐化潮土含量最低，平均为 20.4mg/kg。各亚类有效磷含量由高到低依次为：湿潮土＞脱潮土＞潮土＞盐化潮土。

褐土中各亚类有效磷含量差异大，石灰性褐土含量最低，平均为 18.2mg/kg，显著低于全市平均水平；其他各亚类与全市水平持平，潮褐土含量最高，平均为 38.9mg/kg。各亚类有效磷含量排列顺序为：潮褐土＞褐土＞淋溶褐土＞褐土性土＞石灰性褐土。

砂姜黑土中两亚类有效磷含量差异显著。砂姜黑土平均含量为 33.6mg/kg；石灰性砂姜黑土平均含量为 14.2mg/kg，磷素缺乏。两亚类均低于全市平均水平。

表 4-22 不同土壤类型及亚类有效磷含量

土类	亚类	平均值（mg/kg）	变幅（mg/kg）	变异系数	标准差
棕壤	棕壤	34.4	6.5～91.2	48.86%	16.80
	潮棕壤	35.3	5.2～147	64.29%	22.72
	棕壤性土	31.9	6.4～122.5	60.94%	19.45
褐土	褐土	36.5	5.3～256.8	101.12%	36.88
	石灰性褐土	18.2	6.5～54.5	57.61%	10.49
	淋溶褐土	34.5	4.7～223.5	72.88%	25.12
	潮褐土	38.9	5.1～277.4	93.82%	36.52
	褐土性土	31.8	5～181.3	79.80%	25.37
砂姜黑土	砂姜黑土	33.6	6.4～230.3	61.75%	20.74
	石灰性砂姜黑土	14.2	8.5～22.6	26.20%	3.73

（续表）

土类	亚类	平均值（mg/kg）	变幅（mg/kg）	变异系数	标准差
潮土	潮土	44.6	5.7～339.5	86.26%	38.47
	湿潮土	57.3	7.1～318.5	112.67%	64.54
	脱潮土	53.7	8.3～277.5	106.74%	57.34
	盐化潮土	20.4	6.1～100	77.13%	15.76
盐土	滨海潮盐土	15.2	6.2～46.2	55.49%	8.42

（三）不同用地类型有效磷含量

土壤有效磷是养分变化较大的指标之一，特别是不同的利用类型含量差异显著，其中设施菜地含量最高，平均为85.8mg/kg，较丰富，变幅为5.7～339.5mg/kg，含量极不均衡；其次为露天菜田，平均为61.3mg/kg，变幅8.0～163.5mg/kg；棉田含量最低，平均含量为21.5mg/kg，变幅5.8～72.5mg/kg。农民受利益驱动，在高效经济作物上磷肥的施用量较大，个别地块存在过量施用磷肥的趋势。不同用地类型有效磷含量由高到低依次为：设施菜田＞露天菜田＞园地＞粮田＞花生田＞棉田，见表4-23所示。

表4-23　不同用地类型有效磷含量

用地类型	平均值（mg/kg）	变幅（mg/kg）	变异系数	标准差
粮田	30.4	4.7～187.3	69.74%	21.19
设施菜田	85.8	5.7～339.5	75.40%	64.71
露天菜田	61.3	8～163.5	57.80%	35.44
园地	39.7	6.2～165.3	56.54%	22.46
棉田	21.5	5.8～72.5	72.47%	15.59
花生田	25.0	6.4～83.8	67.19%	16.77

（四）不同质地土壤有效磷含量

不同土壤质地有效磷含量差异较大，黏质土的有效磷含量最低，平均为14.2mg/kg，变幅为9.6～20.5，变幅较小，因黏质土的样本只有13个，土样全部取自于粮田，代表性稍差，且该样本主要取自寿光北部，该区域农民人均耕地较多，管理粗放，肥料的投入相对少，故含量较低；其次为砾质土，平均含量为24.1mg/kg；壤质和砂质有效磷含量差异小，平均含量分别为36.9mg/kg、35.4mg/kg；不同土壤质地有效磷含量由高到低依次为：壤质＞砂质＞砾质＞黏质。见表4-24所示。

各壤质土有效磷含量略有不同，轻壤土含量最高，平均为40.0mg/kg，中壤土含量最低，平均为33.7mg/kg。各壤质土有效磷含量顺序为：轻壤＞重壤＞砂壤＞中壤。

表 4-24　不同质地类型有效磷含量

质地类型		平均值（mg/kg）	变幅（mg/kg）	变异系数	标准差
砂质		35.4	5.8～126.8	61.42%	21.74
壤质	轻壤	40.0	4.7～290.6	78.16%	31.27
	中壤	33.7	5～339.5	109.09%	36.81
	重壤	37.2	6～254.5	104.86%	39.05
	砂壤	35.4	6.2～262.5	79.43%	28.08
黏质		14.2	9.6～20.5	19.10%	2.72
砾质		24.1	6.2～83.8	61.26%	14.78

（五）不同区域土壤有效磷含量

不同区域土壤有效磷含量差异较小，潍西区有效磷含量最高，平均为 61.5mg/kg，变幅较大，为 5.0～339.5mg/kg，主要原因是该区域设施菜田样本较多，设施蔬菜施肥量高，故土壤有效磷含量较高；其他区域差异较小，潍中区、潍东区、潍南区和潍北区的有效磷含量分别为 39.6mg/kg、32.2mg/kg、31.0mg/kg、22.3mg/kg。由高到低依次是：潍西＞潍中＞潍东＞潍南＞潍北，见表 4-25 所示。

表 4-25　不同区域有效磷含量

不同区域	平均值（mg/kg）	变幅（mg/kg）	变异系数	标准差
潍东	32.2	6.2～158.8	60.25%	19.39
潍西	61.5	5.0～339.5	100.91%	62.04
潍南	31.0	4.7～159.7	63.85%	19.77
潍北	22.3	5.8～165.4	82.70%	18.47
潍中	39.6	5.1～187.3	76.73%	30.41

三、土壤钾素

钾能够显著提高光合作用的强度，促进作物体内淀粉和糖的积累，增强作物的抗逆性。土壤中的钾一般分为矿物态钾、缓效性钾和速效性钾三部分。矿物态钾约占土壤全钾的 96%，在短期内不能被植物吸收利用，只能经过物理、化学过程，被缓慢释放，补充缓效性钾和速效性钾。缓效性钾（缓效钾）通常占全钾量的 2%以下，与植物吸收的钾有密切关系。速效性钾（速效钾）包括被土壤胶体吸附的钾和土壤溶液中的钾，一般占全钾的 1%～2%，能在短期内被作物吸收。本次耕地地力评价对耕层土壤缓效钾、速效钾进行了化验分析，用于本次评价的土壤缓效钾样品 4 622个、速效钾样品 4 671个，其结果如下。

（一）缓效钾

1. 耕层土壤缓效钾

土壤缓效钾的高低，标志着土壤供钾的潜力及能力。潍坊市耕层土壤缓效钾平均含量为649mg/kg，含量中等偏下，变幅272～1 797mg/kg，标准差为190.10。处于1级水平的只占总耕地面积的1.56%，2级水平的占7.70%，3级水平的占14.28%，4级水平的占57.72%，5级水平的占18.26%，6级水平的占0.48%。含量分级及面积见表4-26所示。

表4-26 耕层土壤缓效钾含量分级及面积

级别	1	2	3	4	5	6
标准（mg/kg）	＞1 200	900～1 200	750～900	500～750	300～500	＜300
等级面积（hm^2）	12 203.3	60 338.3	111 863.1	452 198.3	143 049.2	3 728.8
占耕地总面积比例（%）	1.56%	7.70%	14.28%	57.72%	18.26%	0.48%

2. 不同土壤类型耕层土壤缓效钾

不同土壤类型耕层土壤缓效钾差异较大，盐土最高，平均含量为743mg/kg，变幅为316～1279mg/kg。棕壤平均含量最低，为615mg/kg，变幅为292～1218mg/kg。潍坊市耕层土壤缓效钾的最大值是1797mg/kg，出现在潮土中，最小值是272mg/kg，出现在褐土中。不同土壤类型缓效钾含量由高到低依次为：盐土＞潮土＞褐土＞砂姜黑土＞棕壤。见表4-27所示。

棕壤中各亚类缓效钾含量差异小，且均低于全市平均含量。棕壤性土含量最高，平均为622mg/kg；潮棕壤最低，平均含量为609mg/kg。各亚类缓效钾含量由高到低依次为：棕壤性土＞棕壤＞潮棕壤。

潮土中各亚类缓效钾含量差异较大，脱潮土含量最高，平均为716mg/kg；潮土含量最低，平均为642mg/kg，略低于全市平均水平。各亚类缓效钾含量由高到低顺序为：脱潮土＞湿潮土＞盐化潮土＞潮土。

褐土中各亚类缓效钾含量差异大，石灰性褐土含量最低，平均含量为601mg/kg；褐土含量最高，平均为698mg/kg。各亚类缓效钾含量由高到低依次为：褐土＞潮褐土＞褐土性土＞淋溶褐土＞石灰性褐土。

砂姜黑土中的两个亚类缓效钾含量略有不同，砂姜黑土平均含量为633mg/kg，石灰性砂姜黑土平均含量为620mg/kg，均低于全市平均含量。

3. 不同用地类型耕层土壤缓效钾

不同用地类型耕层土壤缓效钾含量差异较大，设施菜田含量最高，平均为780mg/kg，变幅为289～1 797mg/kg；其次为棉田，平均含量为778mg/kg，变幅为390～1419mg/kg；花生田含量最低，平均为565mg/kg，变幅为315～948mg/kg。设施菜田和棉田含量明显高于其他用地类型，主要原因是设施菜田用肥量较大，棉花主要种植在潍北区盐土，另外，棉花是喜钾作物，钾肥在棉花上施用量较大有关。不同用地类型缓效钾由高到低依次为：设施菜田＞棉田＞园地＞露天菜田＞粮田＞花生田。见表 4-28 所示。

表 4-27　不同土壤类型及亚类缓效钾含量

土类	亚类	平均值（mg/kg）	变幅（mg/kg）	变异系数	标准差
棕壤	棕壤	612	292～1218	26.35%	161.37
	潮棕壤	609	337～1 120	22.73%	138.48
	棕壤性土	622	305～1 193	25.15%	156.36
褐土	褐土	698	280～1 789	31.91%	222.8
	石灰性褐土	601	279～1 517	43.41%	260.69
	淋溶褐土	630	272～1 348	26.31%	165.74
	潮褐土	667	290～1 605	35.51%	236.76
	褐土性土	632	291～1 348	27.84%	175.98
砂姜黑土	砂姜黑土	633	301～1 263	24.53%	155.35
	石灰性砂姜黑土	620	502～820	17.61%	109.15
潮土	潮土	642	301～1 509	24.62%	158.16
	湿潮土	706	420～1 673	30.63%	216.13
	脱潮土	716	333～1 797	33.93%	243.02
	盐化潮土	680	326～1 419	22.37%	152.14
盐土	滨海潮盐土	743	316～1 279	24.20%	179.72

表 4-28　不同用地类型缓效钾含量

用地类型	平均值（mg/kg）	变幅（mg/kg）	变异系数	标准差
粮田	631	272～1 673	27.95%	176.5
设施菜田	780	289～1 797	32.40%	252.75
露天菜田	648	323～1 509	24.67%	159.9
园地	679	280～1 200	26.76%	181.71
棉田	778	390～1 419	23.89%	185.87
花生田	565	315～948	18.46%	104.28

4. 不同区域耕层土壤缓效钾

不同区域土壤缓效钾含量有差异，潍西区平均含量最高，为 762mg/kg，变幅为 280～1 797mg/kg，变幅较大；其次是潍北区，平均含量为 696mg/kg，变幅为 316～1 673mg/kg；最低是潍中，平均含量是 606mg/kg，变幅为 278～1 348mg/kg。潍西区明显高于其他区域，因为潍西区主要是设施蔬菜种植区，统计结果说明设施蔬菜施肥量大，有过量施肥的现象；潍北区偏高是由于北部沿海区，与成土母质有关；另外，潍中区含量偏低是由于管理相对粗放、施肥量相对偏低而致。不同区域缓效钾由高到低依次为：潍西＞潍北＞潍南＞潍东＞潍中。见表 4-29 所示。

表 4-29 不同区域缓效钾含量

不同区域	平均值（mg/kg）	变幅（mg/kg）	变异系数	标准差
潍东	609	272～1 509	25.19％	153.31
潍西	762	280～1 797	35.17％	268.03
潍南	639	279～1 517	28.14％	179.85
潍北	696	316～1 673	24.73％	172.23
潍中	606	278～1 348	23.58％	142.82

5. 不同土壤质地土壤缓效钾

不同土壤质地土壤缓效钾差异显著，黏质土含量最高，平均含量为 701mg/kg，变幅为 526～839mg/kg，变幅较小；砾质土含量最低，平均含量为 580mg/kg，变幅为 351～1 298mg/kg；壤质和砂质土差异不明显，平均含量分别为 650mg/kg、628mg/kg。总趋势由高到低依次为：黏质＞壤质＞砂质＞砾质。见表 4-30 所示。

各壤质土的缓效钾含量差异较小，重壤土含量最高，平均为 710mg/kg；轻壤土和砂壤土含量略有差异，平均含量分别为 624mg/kg、634mg/kg。不同壤质土缓效钾含量由高到低依次为：重壤＞中壤＞砂壤＞轻壤。

表 4-30 不同质地类型缓效钾含量

质地类型		平均值（mg/kg）	变幅（mg/kg）	变异系数	标准差
砂质		628	305～1 122	24.07％	151.12
壤质	轻壤	624	272～1 789	25.37％	158.36
	中壤	677	279～1 797	32.86％	222.36
	重壤	710	390～1 673	29.47％	209.34
	砂壤	634	297～1 248	25.75％	163.24
黏质		701	526～839	17.13％	120.13
砾质		580	351～1 298	24.84％	144.14

（二）速效钾

1. 耕层土壤速效钾

土壤速效钾含量水平的高低，直接关系到土壤对作物供钾能力，是确定土壤肥力的重要因素之一。潍坊市耕层土壤速效钾平均含量为 153mg/kg，属中等含量，变幅 35～1 011mg/kg，变幅较大。其中 1 级水平的占总耕地面积的 5.31％，2 级水平的占 12.12％，3 级水平的占 20.57％，4 级水平的占 21.47％，5 级水平的占 16.70％，6 级水平的占 16.66％，7 级水平的占 6.57％，8 级水平的占 0.60％。含量分级及面积见表 4-31 所示。

1982 年第二次土壤普查时，速效钾平均含量为 102mg/kg，现在与第二次土壤普查时相比含量提高了 51mg/kg，提高的原因有四个：一是钾肥施用量明显增加；二是设施栽培的整体施肥量增加；三是复混肥料的应用越来越普及；四是秸秆还田面积逐年递增。

表 4-31　耕层土壤速效钾含量分级及面积

级别	1	2	3	4	5	6	7	8
标准（mg/kg）	＞300	200～300	150～200	120～150	100～120	75～100	50～75	＜50
等级面积（hm^2）	41 592.5	94 924.8	161 170.9	168 214.8	130 815.1	130 479.6	51 487.5	4 695.9
占耕地总面积比例（%）	5.31%	12.12%	20.57%	21.47%	16.70%	16.66%	6.57%	0.60%

2. 不同土壤类型速效钾

不同土壤类型间速效钾含量差异较大，潮土耕层土壤速效钾含量最高，平均含量为 181mg/kg，变幅为 57～984mg/kg；其次是盐土，平均含量为 169mg/kg；棕壤含量最低，平均为 125mg/kg。速效钾的最大值为 1011mg/kg，出现在褐土。不同土壤类型速效钾由高到低依次为：潮土＞盐土＞褐土＞砂姜黑土＞棕壤。见表 4-32 所示。

棕壤中各亚类速效钾含量差异较小，各亚类含量均低于全市平均水平，棕壤、潮棕壤和棕壤性土含量依次降低，平均含量分别为 129mg/kg、122mg/kg、119mg/kg。

潮土各亚类速效钾含量差异显著。湿潮土含量最高，平均为 223mg/kg；其次为脱潮土，平均含量为 198mg/kg；盐化潮土含量最低，平均为 157mg/kg。各亚类速效钾含量由高到低依次为：湿潮土＞脱潮土＞潮土＞盐化潮土。

褐土各亚类速效钾含量差异较大。褐土含量最高，平均为 174mg/kg；淋溶褐土含量最低，平均为 130mg/kg。各亚类速效钾由高到低依次为：褐土＞潮褐土＞石灰性褐土＞褐土性土＞淋溶褐土。

砂姜黑土中的两个亚类间速效钾含量差别很小。砂姜黑土略高于石灰性砂姜黑土，平均含量分别为 147mg/kg、143mg/kg。

表 4-32　不同土壤类型及亚类速效钾含量

土类	亚类	平均值（mg/kg）	变幅（mg/kg）	变异系数	标准差
棕壤	棕壤	129	43～334	37.01%	47.88
	潮棕壤	122	42～335	37.94%	46.18
	棕壤性土	119	40～314	43.95%	52.09
褐土	褐土	174	35～1 011	66.35%	115.64
	石灰性褐土	155	79～313	32.67%	50.72
	淋溶褐土	130	44～512	42.26%	54.81
	潮褐土	160	42～601	58.78%	93.87
	褐土性土	135	37～507	45.62%	61.69

（续表）

土类	亚类	平均值（mg/kg）	变幅（mg/kg）	变异系数	标准差
砂姜黑土	砂姜黑土	147	73～436	32.79%	48.35
	石灰性砂姜黑土	143	86～264	29.69%	42.36
潮土	潮土	172	57～984	59.92%	103.22
	湿潮土	223	59～913	62.33%	138.77
	脱潮土	198	72～620	59.03%	117.17
	盐化潮土	157	63～396	36.15%	56.79
盐土	滨海潮盐土	169	77～300	31.73%	53.59

3. 不同用地类型土壤速效钾

耕层土壤速效钾含量受人为活动影响较大，不同的栽培作物之间差异显著。设施菜田土壤速效钾含量最高，平均含量为281mg/kg，变幅57～1011mg/kg，含量极不均衡；其次是园地，平均含量为206mg/kg，变幅68～468mg/kg；花生田平均含量最低，为103mg/kg，变幅38～207mg/kg。土壤速效钾最高值为1 011mg/kg，出现在设施菜田；最低值为35mg/kg，出现在粮田。由此说明，粮田个别地块速效钾严重缺乏，而少数设施菜田存在过量施肥现象。总的趋势由高到低依次为：设施菜田＞园地＞露天菜田＞棉田＞粮田＞花生田。见表4-33所示。

表4-33　不同用地类型速效钾含量

用地类型	平均值（mg/kg）	变幅（mg/kg）	变异系数	标准差
粮田	137	35～367	38.83%	53.01
设施菜田	281	57～1 011	60.85%	171.01
露天菜田	177	73～475	42.82%	75.94
园地	206	68～468	33.56%	69.10
棉田	169	80～365	36.58%	61.92
花生田	103	38～207	43.68%	45.10

4. 不同区域土壤速效钾

土壤速效钾含量从区域分布来看，潍西区含量最高，平均为246mg/kg，变幅为59～1 011mg/kg；其次是潍北区，平均为164mg/kg，变幅为60～619mg/kg；潍中区含量最低，平均为131mg/kg，变幅为47～468mg/kg。原因及趋势基本与缓效钾相同。见表4-34所示。

5. 不同质地土壤速效钾

土壤速效钾含量与质地类型关系密切，不同质地速效钾含量差异较大，壤质土含量最高，平均为155mg/kg，变幅为35～1 011mg/kg，变幅很大，壤质土各地差异显著；砾质土含量最低，平均为100mg/kg。黏质、砂质和砾质土速效钾含量均低于全市平均水平，总趋势由高到低依次为：壤质＞黏质＞砂质＞砾质。见表4-35所示。

表4-34　不同区域速效钾含量

不同区域	平均值（mg/kg）	变幅（mg/kg）	变异系数	标准差
潍东	142	61～376	34.50%	48.99
潍西	246	59～1 011	63.13%	155.03
潍南	132	35～480	43.07%	56.95
潍北	164	60～619	38.06%	62.35
潍中	131	47～468	39.42%	51.53

各壤质间土速效钾含量差异较大，重壤土含量最高，平均为195mg/kg，变幅为53～796mg/kg；中壤土和砂壤土含量相同，平均为158mg/kg；轻壤土含量最低，平均为148mg/kg，变幅为37～1 011mg/kg，变幅很大，含量很不均衡。由高到低依次为：重壤＞中壤＝砂壤＞轻壤。

表4-35　不同质地类型速效钾含量

质地类型		平均值（mg/kg）	变幅（mg/kg）	变异系数	标准差
砂质		131	41～277	40.94%	53.48
壤质	轻壤	148	37～1011	54.25%	80.30
	中壤	158	35～913	56.83%	90.05
	重壤	195	53～796	57.81%	112.60
	砂壤	158	42～984	57.91%	91.49
黏质		136	86～185	23.97%	32.52
砾质		100	40～327	56.87%	56.61

第三节　土壤中量营养元素状况

土壤中量营养元素是指植物体内含量相对较高的营养元素，通常包括钙、镁、硫三种，也称为中量元素。土壤中中量元素含量高低，直接影响作物的生长发育。参与本次评价的有效硫样品4 377个，交换性钙4 455个，交换性镁4 454个。

一、交换性钙

1. 土壤交换性钙

土壤中的钙以多种形态存在，主要以碳酸盐形式为主，其含量高低与土壤的酸碱性、盐基饱和度、土壤结构、土壤胶体的交换性、各种养分的有效性有密切的关系，在生产实际中有重要作用。通常用交换性钙作为土壤钙有效性的划分标准。潍坊市耕层土壤交换性钙平均含量为 3 097mg/kg，含量属中等偏上水平，变幅 373～13 933mg/kg，标准差为 1 486.24。其中，1 级水平的占总耕地面积的 4.44%，2 级水平的占 18.38%，3 级水平的占 21.19%，4 级水平的占 16.32%，5 级水平的占 16.37%，6 级水平的占 13.02%，7 级水平的占 7.54%，8 级以下水平的占 2.56%。土壤交换性钙含量分级及面积见表 4-36 所示。

表 4-36 耕层土壤交换性钙含量分级及面积

级别	1	2	3	4	5	6	7	8	9
标准（mg/kg）	>6 000	4 000～6 000	3 000～4 000	2 500～3 000	2 000～2 500	1 500～2 000	1 000～1 500	500～1 000	<500
等级面积（hm^2）	34 761.8	144 013.0	166 005.1	127 873.6	128 228.3	101 979.6	59 059.5	19 863.9	1 596.2
占耕地总面积比例（%）	4.44	18.38	21.19	16.32	16.37	13.02	7.54	2.54	0.2

2. 不同土壤类型交换性钙

土壤交换性钙含量与土壤类型有密切关系。砂姜黑土平均含量较高，为 3 796mg/kg，变幅 455～9 589mg/kg，变幅较大；棕壤最低，平均含量为 2 220mg/kg，变幅 373～6 853mg/kg；盐土和褐土平均含量分别为 3 318mg/kg、3 401mg/kg。各土类含量高低顺序为：砂姜黑土＞褐土＞盐土＞潮土＞棕壤。见表 4-37所示。

棕壤各亚类交换性钙含量差异较小，棕壤含量最低，平均为 2 202mg/kg，变幅为 448～6 853mg/kg；潮棕壤含量略高于棕壤性土，平均含量分别为 2 267mg/kg、2 228mg/kg。

潮土各亚类交换性钙含量差异较大，脱潮土含量最高，平均为 3 247mg/kg，变幅为 1 244～8 825mg/kg，变幅较小，含量较均匀；湿潮土含量最低，平均为 2 810mg/kg。各亚类高低顺序为：脱潮土＞潮土＞盐化潮土＞湿潮土。

褐土各亚类交换性钙含量差异显著，褐土性土含量最高，平均为 3 566mg/kg，变幅 732～8 190mg/kg；石灰性褐土含量最低，平均为 2 561mg/kg，变幅 846～7 679mg/kg，变幅较小。各亚类交换性钙含量由高到低依次为：褐土性土＞潮褐土＞淋溶褐土＞褐土＞石灰性褐土。

表 4-37 不同土壤类型及亚类交换性钙含量

土类	亚类	平均值（mg/kg）	变幅（mg/kg）	变异系数	标准差
棕壤	棕壤	2 202	448～6 853	43.79%	964.17
	潮棕壤	2 267	454～6 677	52.70%	1 194.70
	棕壤性土	2 228	373～6 249	41.41%	922.81

（续表）

土类	亚类	平均值（mg/kg）	变幅（mg/kg）	变异系数	标准差
褐土	褐土	3 378	845～9 645	44.84%	1514.99
	石灰性褐土	2 561	846～7 679	50.53%	1 294.04
	淋溶褐土	3 397	763～13 933	43.39%	1 474.09
	潮褐土	3 532	653～9 111	40.30%	1 423.6
	褐土性土	3 566	732～8 190	39.42%	1 405.72
砂姜黑土	/	3 796	455～9 589	49.63	1 884.08
潮土	潮土	3 025	586～11 097	48.22%	1 459.00
	湿潮土	2 810	859～10 229	46.57%	1 308.44
	脱潮土	3 247	1 244～8 825	40.15%	1 303.81
	盐化潮土	2 916	857～13 933	51.81%	1 510.51
盐土	滨海潮盐土	3 318	1 100～5 972	28.22%	936.26

3. 不同用地类型交换性钙

不同用地类型交换性钙含量差异较小，园地最高，平均含量为 3 383mg/kg，变幅 1 123～11 097mg/kg；露天菜地含量最低，平均为 2 875mg/kg，变幅 866～8 825mg/kg。不同用地类型交换性钙含量由高到低依次为：园地＞棉田＞粮田＞设施菜田＞露天菜田＞花生田。见表 4-38 所示。

表 4-38　不同用地类型交换性钙含量

用地类型	平均值（mg/kg）	变幅（mg/kg）	变异系数	标准差
粮田	3 122	434～13 933	47.59%	1 485.69
设施菜田	3 023	523～13 933	51.32%	1 551.48
露天菜田	2 875	866～8 825	41.15%	1 183.12
园地	3 383	1 123～11 097	43.05%	1 456.14
棉田	3 292	976～8 437	44.96%	1 480.25
花生田	2 544	373～8 177	54.40%	1 384.09

4. 不同区域交换性钙

不同区域交换性钙差异不大，潍中区含量最高，平均为 3 477mg/kg，变幅 448～11 097mg/kg；潍南区含量最低，平均为 2 908mg/kg，变幅 373～9 591mg/kg。不同区域交换性钙由高到低依次为：潍中＞潍西＞潍东＞潍北＞潍南。见表 4-39 所示。

5. 不同质地交换性钙

不同土壤质地耕层土壤交换性钙含量差异较大，壤质土最高，平均含量为 3 120mg/kg，变幅 373～13 933mg/kg；砾质土最低，平均含量为 2 259mg/kg，变幅

705～5 090mg/kg。不同质地交换性钙由高到低依次为：壤质>黏质>砂质>砾质。见表 4-40 所示。

表 4-39　不同区域交换性钙含量

不同区域	平均值（mg/kg）	变幅（mg/kg）	变异系数	标准差
潍东	3 072	455～102 229	57.42%	1 763.77
潍西	3 103	687～13 933	47.59%	1 476.90
潍南	2 908	373～9 591	45.05%	1 310.38
潍北	2 919	857～13 933	43.17%	1 260.21
潍中	3 477	448～11 097	40.92%	1 422.82

不同壤质土交换性钙含量差异较大，中壤土含量最高，平均为 3 281mg/kg，变幅 373～13 933mg/kg，含量很不均衡；砂壤土含量最低，平均为 2 743mg/kg。各壤质土交换性钙含量由高到低依次为：中壤>重壤>轻壤>砂壤。

表 4-40　不同质地类型交换性钙含量

质地类型		平均值（mg/kg）	变幅（mg/kg）	变异系数	标准差
砂质		2 733	719～6 715	40.71%	1 130.92
壤质	轻壤	3 043	448～13 933	47.30%	1 438.67
	中壤	3 281	373～13 933	47.44%	1 556.47
	重壤	3 046	859～7 632	42.89%	1 301.40
	砂壤	2 743	523～10 229	56.13%	1 539.76
黏质		3 088	1 806～5 320	38.63%	1 192.60
砾质		2 259	705～5 090	36.78%	830.69

二、土壤交换性镁

土壤中交换性镁含量与交换性钙含量有密切的关系，一般来说，石灰性母质形成的土壤，碳酸盐含量丰富，交换性钙含量高，交换性镁含量亦高。

1. 耕层土壤交换性镁

据化验数据分析，潍坊市耕层土壤交换性镁平均含量为 357mg/kg，属中等偏上水平，变幅为 49～997mg/kg，标准差为 160.24。其中，1 级水平的占总耕地面积的 8.49%，2 级水平的占 23.76%，3 级水平的占 24.91%，4 级水平的占 15.75%，5 级水平的占 13.14%，6 级水平的占 9.46%，7 级水平的占 4.49%。含量分级及面积见表 4-41 所示。

2. 不同土壤类型交换性镁

不同土壤类型交换性镁含量差异较大，褐土含量最高，平均含量为 373mg/kg，变幅为 53～997mg/kg；其次是潮土，平均含量为 372mg/kg，变幅为 103～965mg/kg；

棕壤含量最低，平均含量为 305mg/kg，变幅为 51～896mg/kg，变幅较小；最大值和最小值都出现在褐土上。不同土壤类型交换性镁含量由高到低依次为：褐土＞潮土＞砂姜黑土＞盐土＞棕壤。见表 4-42 所示。

表 4-41　耕层土壤交换性镁含量分级及面积

级别	1	2	3	4	5	6	7
标准（mg/kg）	＞600	400～600	300～400	250～300	200～250	150～200	＜150
等级面积（hm^2）	66 481.6	186 113.0	195 178.7	123 364.3	102 922.1	74 125.2	35 196.2
占耕地总面积比例（%）	8.49	23.76	24.91	15.75	13.14	9.46	4.49

棕壤各亚类交换性镁含量差异不大，且均低于全市平均水平。棕壤性土含量最高，平均含量分别为 353mg/kg，变幅为 89～896mg/kg；潮棕壤平均含量 334mg/kg，变幅为 83～790mg/kg；棕壤含量最低，平均含量为 294mg/kg，变幅为 51～809mg/kg；各亚类变幅较大，潮棕壤中交换性镁含量最不均衡。

潮土各亚类交换性镁含量差异较大，盐化潮土含量略低于脱潮土，平均含量分别为 395mg/kg、411mg/kg；潮土含量略高于湿潮土，平均含量分别为 366mg/kg、360mg/kg。各亚类由高到低依次是：脱潮土＞盐化潮土＞潮土＞湿潮土。

褐土各亚类交换性镁含量差异大，褐土性土含量最高，平均含量为 397mg/kg，变幅为 71～995mg/kg，变幅较大，含量不平衡；石灰性褐土含量最低，平均含量为 338mg/kg，变幅为 105～997mg/kg，变幅较小，含量较均衡。褐土各亚类交换性镁含量由高到低为：褐土性土＞潮褐土＞淋溶褐土＞褐土＞石灰性褐土。

砂姜黑土两个亚类间交换性镁含量差异小，石灰性砂姜黑土含量略高于砂姜黑土，平均含量分别为 362mg/kg、337mg/kg，石灰性砂姜黑土的含量略高于全市平均水平。

表 4-42　不同土壤类型及亚类交换性镁含量

土类	亚类	平均值（mg/kg）	变幅（mg/kg）	变异系数	标准差
棕壤	棕壤	294	51～809	43.44%	127.81
	潮棕壤	344	83～790	46.89%	161.51
	棕壤性土	353	89～896	42.81%	151
褐土	褐土	363	60～952	46.17%	167.77
	石灰性褐土	338	105～997	42.01%	141.88
	淋溶褐土	364	53～997	47.77%	173.69
	潮褐土	384	98～953	40.19%	154.18
	褐土性土	397	71～995	44.56%	177.07
砂姜黑土	砂姜黑土	337	105～879	37.13%	125.32
	石灰性砂姜黑土	362	130～901	63.80%	230.69

（续表）

土类	亚类	平均值（mg/kg）	变幅（mg/kg）	变异系数	标准差
潮土	潮土	366	103～965	44.06%	161.06
	湿潮土	360	106～901	41.83%	150.41
	脱潮土	411	103～843	39.83%	163.53
	盐化潮土	395	107～901	49.12%	194.04
盐土	滨海潮盐土	306	107～901	51.89%	158.62

3. 不同用地类型交换性镁

不同用地类型交换性镁含量差异显著，棉田含量最高，平均含量为442mg/kg，变幅106～965mg/kg；其次为园地，平均含量为434mg/kg，变幅103～860mg/kg；粮田含量最低，平均含量为350mg/kg，变幅49～997mg/kg。原因有两个：一是棉花是耐盐碱作物，主要种植在北部滨海盐碱地，盐土的交换性镁较高；二是近几年来果、菜农重视中量元素镁的使用，提高了高效经济作物土壤的交换性镁含量。因此，棉田和园地交换性镁偏高。不同用地类型交换性镁由高到低依次为：棉田＞园地＞设施菜田、露天菜田＞花生田＞粮田。见表4-43所示。

表4-43　不同用地类型交换性镁含量

用地类型	平均值（mg/kg）	变幅（mg/kg）	变异系数	标准差
粮田	350	49～997	45.90%	160.77
设施菜田	378	102～901	37.76%	1 142.90
露天菜田	378	107～924	40.04%	151.41
园地	434	103～860	41.63%	180.67
棉田	442	106～965	48.55%	214.74
花生田	360	87～720	36.45%	131.06

4. 不同区域交换性镁

不同区域土壤交换性镁含量差异不明显，潍北区最高，平均含量为394mg/kg；潍东区最低，平均含量为312mg/kg；潍中、潍西和潍南区交换性镁平均含量分别为383mg/kg、381mg/kg、351mg/kg。由高到低依次为：潍北＞潍中＞潍西＞潍南＞潍东。见表4-44所示。

表4-44　不同区域交换性镁含量

不同区域	平均值（mg/kg）	变幅（mg/kg）	变异系数	标准差
潍东	312	79～965	38.02%	118.53
潍西	381	106～901	37.26%	142.05

（续表）

不同区域	平均值（mg/kg）	变幅（mg/kg）	变异系数	标准差
潍南	351	49～997	45.03%	158.14
潍北	394	103～945	49.52%	194.88
潍中	383	54～997	48.57%	185.95

5. 不同质地交换性镁

不同土壤质地交换性镁含量差异较小，壤质土含量较高，平均为358mg/kg；砾质土含量最低，平均304mg/kg；砂质和黏质含量略有差异，平均含量分别为338mg/kg、325mg/kg。见表4-45所示。

不同壤质土含量差异较大，重壤土含量最高，平均为389mg/kg；砂壤土含量最低，平均为318mg/kg；中壤土平均含量为373mg/kg，轻壤土平均含量为349mg/kg。各壤质土由高到低顺序为：重壤＞中壤＞轻壤＞砂壤。

表4-45 不同质地类型交换性镁含量

质地类型		平均值（mg/kg）	变幅（mg/kg）	变异系数	标准差
砂质		338	85～901	44.01%	148.97
壤质	轻壤	349	54～997	45.66%	159.23
	中壤	373	49～997	42.20%	157.42
	重壤	389	106～901	46.55%	180.94
	砂壤	318	79～995	53.05%	168.74
黏质		325	180～544	33.68%	109.52
砾质		304	87～671	43.69%	132.78

三、土壤有效硫

1. 耕层土壤有效硫

土壤硫主要来自母质、灌溉水、大气干湿沉降以及施肥等。潍坊市耕层土壤有效硫平均含量为46.4mg/kg，处于4级水平，含量中等偏下，标准差为44.91，变幅6.4～752.8mg/kg，变幅大。其中，1级水平的占总耕地面积的8.63%，2级水平的占3.65%，3级水平的占4.59%，4级水平的占12.85%，5级水平的占30.95%，6级水平的占32.63%，7级水平的占6.70%。有效硫含量分级及面积见表4-46所示。

2. 不同土壤类型有效硫

不同土壤类型耕层有效硫含量差异较小，潮土含量最高，平均为53.3mg/kg，变幅9.0～567.9mg/kg；棕壤含量最低，平均为34.7mg/kg，变幅8.2～234.0mg/kg。不同土壤类型有效硫由高到低依次为：潮土＞褐土＞砂姜黑土＞盐土＞棕壤。见表4-47所示。

表 4-46　耕层土壤有效硫分级及面积

级别	1	2	3	4	5	6	7
标准（mg/kg）	＞100	75～100	60～75	45～60	30～45	15～30	＜15
等级面积（hm^2）	67 588.6	28 581.4	35 951.4	100 663.9	242 492.2	255 614.5	52 489.0
占耕地总面积比例（%）	8.63%	3.65%	4.59%	12.85%	30.95%	32.63%	6.70%

棕壤各亚类有效硫含量差异很小，且均低于全市平均水平，棕壤性土、潮棕壤和棕壤的平均含量分别为 36.6mg/kg、34.6mg/kg、33.5mg/kg，三个亚类由高到低依次为：棕壤性土＞潮棕壤＞棕壤。

潮土各亚类有效硫含量差异显著，盐化潮土含量最低，平均为 36.1mg/kg，变幅为 12.6～198.3mg/kg，变幅较小，含量较均匀；湿潮土含量最高，平均为 90.0mg/kg，是盐化潮土的 2.5 倍，变幅为 9.0～464.3mg/kg，变幅很大，含量很不均衡。各亚类含量由高到低依次为：湿潮土＞脱潮土＞潮土＞盐化潮土。

褐土各亚类有效硫含量差别较大，石灰性褐土含量最高，平均为 76.8mg/kg；褐土性土含量最低，平均为 36.6mg/kg；有效硫含量最大值出现在潮褐土，潮褐土变异系数为 108.38%，即潮褐土有效硫含量各地差异较大。各亚类由高到低依次为：石灰性褐土＞褐土＞潮褐土＞淋溶褐土＞褐土性土。

砂姜黑土两个亚类的有效硫含量略有不同，砂姜黑土亚类略高于石灰性砂姜黑土，其有效硫含量分别是 43.1mg/kg、42.6mg/kg。

表 4-47　不同土壤类型及亚类有效硫含量

土类	亚类	平均值（mg/kg）	变幅（mg/kg）	变异系数	标准差
棕壤	棕壤	33.5	8.2～159.6	54.77%	18.33
	潮棕壤	34.6	10.0～234	75.42%	26.09
	棕壤性土	36.6	9.6～210.3	64.04%	23.45
褐土	褐土	56.7	6.4～591.5	98.19%	55.71
	石灰性褐土	76.8	7.9～163.3	56.15%	43.14
	淋溶褐土	39.6	6.4～188.7	76.98%	30.47
	潮褐土	50.6	8.4～752.8	108.38%	54.81
	褐土性土	36.6	6.4～161	66.61%	24.37
砂姜黑土	砂姜黑土	43.1	11.8～132.4	41.23%	17.77
	石灰性砂姜黑土	42.6	28.8～58	22.56%	9.61
潮土	潮土	46.5	10.0～567.9	112.35%	52.22
	湿潮土	90.0	9.0～464.3	96.22%	86.63
	脱潮土	53.7	12.2～175.7	75.67%	40.67
	盐化潮土	36.1	12.6～198.3	65.41%	23.63
盐土	滨海潮盐土	39.3	17.5～83.6	41.53%	16.31

3. 不同用地类型有效硫

不同用地类型耕层土壤有效硫含量差异显著，设施用地显著高于其他用地类型，平均含量为 115.7mg/kg，含量高达 1 级水平，变幅 6.4～752.8mg/kg，变幅大，说明设施菜田大量施用含硫肥料，而使大量的有效硫存在于土壤中，但含硫肥料的使用量极不均衡。其他用地类型含量差异小，露天蔬菜略高于其他用地类型。不同用地类型有效硫由高到低依次为：设施菜田＞露天菜田＞园地＞粮田、棉田＞花生田。见表 4-48所示。

表 4-48　不同用地类型有效硫含量

用地类型	平均值（mg/kg）	变幅（mg/kg）	变异系数	标准差
粮田	39.6	6.4～234	68.47%	27.11
设施菜田	115.7	6.4～752.8	84.74%	98.09
露天菜田	43.4	11.3～199.1	76.93%	33.37
园地	39.8	9.2～155.6	62.23%	24.79
棉田	39.6	9～196.2	78.72%	31.19
花生田	34.8	9.1～210.3	69.49%	24.18

4. 不同区域有效硫

不同区域耕层土壤有效硫含量差异较大，潍西区含量最高，明显高于其他区域，平均为 96.0mg/kg；其他区域差异很小，含量均处于 5 级水平，潍中区含量最低，平均含量为 36.7mg/kg，因潍中区管理粗放，基本不施用含硫化肥；潍北区因钾含量较高，农民基本不用硫酸钾型肥料，人工带入少，入不敷出。因此，这两个区的有效硫含量较低。不同区域有效硫含量由高到低依次为：潍西＞潍南＞潍东＞潍北＞潍中。见表 4-49 所示。

表 4-49　不同区域有效硫含量

不同区域	平均值（mg/kg）	变幅（mg/kg）	变异系数	标准差
潍东	38.7	9.0～234	69.16%	26.77
潍西	96.0	6.4～752.8	90.51%	86.86
潍南	39.5	7.9～218.9	69.83%	27.6
潍北	38.4	12.2～198.3	54.20%	20.82
潍中	36.7	10.6～186.7	66.73%	24.51

5. 不同质地有效硫

不同质地土壤有效硫含量有差异，黏质土含量最低，平均含量为 34.9mg/kg，变幅 23.5～61.9mg/kg，变幅小，含量均匀；壤质土含量最高，平均为 46.8mg/kg，变幅为 6.4～752.8mg/kg，变幅很大，最高值和最低值均出现在壤质土，说明壤质土有效硫含量差异显著，且各地极不均衡。不同质地土壤有效硫含量由高到低依次为：壤质＞砂质＞砾质＞黏质。见表 4-50 所示。

不同壤质土壤有效硫含量差异较大，且含量均高于全市平均水平。重壤土含量最高，平均为 60.6mg/kg，变幅 10.8～369.9mg/kg；砂壤土含量最低，平均含量为 40.8mg/kg，变幅 10.0～201.2mg/kg。有效硫含量由高到低依次为：重壤＞中壤＞轻壤＞砂壤。

表 4-50　不同质地类型有效硫含量

质地类型		平均值（mg/kg）	变幅（mg/kg）	变异系数	标准差
砂质		39.9	11.3～567.9	131.79%	52.62
壤质	轻壤	41.8	8.2～752.8	108.75%	45.41
	中壤	52.2	6.4～536.5	85.30%	44.55
	重壤	60.6	10.8～369.9	94.42%	57.22
	砂壤	40.8	10～201.2	68.18%	27.8
黏质		34.9	23.5～61.9	39.54%	13.79
砾质		39.4	11.8～161	80.43%	31.7

第四节　土壤微量营养元素状况

土壤微量元素是指土壤中含量很低，但作物正常生长发育不可缺少和不可替代的营养元素。因此，当作物缺乏任何一种微量元素时，生长发育就受到抑制，导致减产和品质下降，严重的甚至绝收。反之，如果这些元素过多，又会出现中毒现象，影响作物产量和品质，还会引起人、畜的某些地方病的发生。土壤中的微量元素有效态含量是评价土壤微量元素丰缺的指标，它受土壤酸碱度、氧化还原电位、有机质含量等条件的制约。测定分析土壤有效态微量元素的含量，为合理制定配方和科学指导农民施肥奠定了基础，为确保农业生产和农产品质量安全提供了技术支撑。

本次耕地地力评价主要调查分析了锌、硼、锰、铁、铜、钼等 6 种微量元素，其中，铜、铁、锌分别分析了 4 634个样品，锰分析了 4 630个样品，硼分析了 4 572个样品，钼分析了 4 438个样品。

一、有效锌

锌有调节植物体内氧化还原过程的作用，锌能促进生长素（吲哚乙酸）的合成，所以缺锌时芽和茎中的生长素明显减少，植物生长受阻，叶子变小；锌还能促进光合作用，因为扩散到叶绿体中的碳酸需要以锌作活化剂的碳酸酐酶促进其分解出 CO_2 来参与光合作用，同时缺锌时叶绿素含量下降，造成白叶或花叶。

1. 土壤有效锌

潍坊市耕层土壤有效锌含量不均衡，平均含量为 1.04mg/kg，属中等偏上水平，标准差为 0.86，变幅 0.11～10.16mg/kg，变幅较大。其中，有效锌处于 1 级水平的占总耕地面积的 3.11%；2 级水平的占 31.46%；3 级水平的占 45.32%；4 级水平的占 14.16%；5 级水平的占 5.96%。分级及面积见表 4-51 所示。

表 4-51　耕层土壤有效锌分级及面积

级别	1	2	3	4	5
标准（mg/kg）	>3.0	1.0～3.0	0.5～1.0	0.3～0.5	<0.3
等级面积（hm^2）	24 343.3	246 475.9	355 006.5	110 897.3	46 658.0
占耕地总面积比例（%）	3.11	31.46	45.32	14.16	5.96

2. 不同土壤类型有效锌

不同土壤类型土壤有效锌含量有差异，潮土含量最高，平均含量为 1.16mg/kg，变幅 0.11～10.16mg/kg，变幅大；其次是褐土，平均含量为 1.04mg/kg，与全市平均水平持平，变幅 0.13～9.90mg/kg；棕壤含量最低，平均含量为 0.88mg/kg，变幅 0.12～7.34mg/kg；盐土和砂姜黑土平均含量差别不大，分别为 0.97mg/kg、0.91mg/kg。不同土壤类型有效锌含量由高到低依次为：潮土>褐土>盐土>砂姜黑土>棕壤。见表 4-52 所示。

棕壤各亚类有效锌含量差异较小，棕壤性土含量最高，平均为 0.95mg/kg；潮棕壤含量最低，平均为 0.80mg/kg；各亚类变幅较小，即含量也较均匀。各亚类有效锌含量由高到低依次为：棕壤性土>棕壤>潮棕壤。

潮土各亚类有效锌含量差异较大，湿潮土含量最高，平均为 1.76mg/kg，变幅为 0.12～10.16mg/kg，变幅较大，含量极不均匀；其次是潮土，平均含量为 1.05mg/kg，与全市平均水平持平；脱潮土和盐化潮土略有差异，含量分别为 0.98mg/kg、0.94mg/kg，均低于全市平均水平。各亚类有效锌含量由高到低排列顺序为：湿潮土>潮土>脱潮土>盐化潮土。

褐土各亚类有效锌含量差异很大，石灰性褐土含量最低，平均为 0.57mg/kg；含量最高的是潮褐土，平均为 1.20mg/kg，是石灰性褐土的 2.1 倍；淋溶褐土与褐土性土含量相同，平均含量均为 0.96mg/kg。各亚类由高到低依次为：潮褐土>褐土>淋溶褐土、褐土性土>石灰性褐土。

砂姜黑土各亚类有效锌含量差异较大，石灰性砂姜黑土含量明显高于砂姜黑土，其含量分别是 1.47mg/kg、0.88mg/kg。

3. 不同用地类型有效锌

不同用地类型土壤有效锌含量差异显著，设施菜田含量最高，平均为 1.89mg/kg，达到 2 级水平，变幅 0.13～10.16mg/kg，变幅大，说明近年来设施菜田重视了锌肥施用，但少数田块有过量施用趋势，已发现锌过量现象。园地有效锌含量较高，平均为 1.32mg/kg，变幅 0.27～3.26mg/kg，因果农管理精细，园地注重锌肥的施用，且均匀性较好；棉田土壤有效锌含量最低，平均含量为 0.67mg/kg，变幅 0.13～1.94mg/kg，因棉田主要种植在潍北区盐碱地，锌肥投入量较小，有效锌含量较低。有效锌最小值出现在粮田，最大值在设施菜田。不同用地类型有效锌含量由高到低依次为：设施菜田＞园地＞粮田＞露天菜田＞花生田＞棉田。见表 4-53 所示。

表 4-52 不同土壤类型及亚类有效锌含量

土类	亚类	平均值（mg/kg）	变幅（mg/kg）	变异系数	标准差
棕壤	棕壤	0.86	0.12～7.34	70.66%	0.61
	潮棕壤	0.80	0.12～2.61	53.87%	0.43
	棕壤性土	0.95	0.12～4.55	60.65%	0.58
褐土	褐土	1.14	0.15～9.9	83.70%	0.95
	石灰性褐土	0.57	0.13～2.55	49.17%	0.28
	淋溶褐土	0.96	0.14～3.9	60.58%	0.58
	潮褐土	1.20	0.14～7.92	84.66%	1.02
	褐土性土	0.96	0.17～5.33	71.49%	0.69
砂姜黑土	砂姜黑土	0.88	0.14～7.92	72.66%	0.64
	石灰性砂姜黑土	1.47	0.62～3.78	62.12%	0.91
潮土	潮土	1.05	0.11～6.49	74.63%	0.78
	湿潮土	1.76	0.12～10.16	102.21%	1.8
	脱潮土	0.98	0.14～3.70	63.04%	0.62
	盐化潮土	0.94	0.25～7.00	67.54%	0.63
盐土	滨海潮盐土	0.97	0.44～2.01	36.50%	0.35

表 4-53 不同用地类型有效锌含量

用地类型	平均值（mg/kg）	变幅（mg/kg）	变异系数	标准差
粮田	0.94	0.11～7.92	71.30%	0.67
设施菜田	1.89	0.13～10.16	86.37%	1.63
露天菜田	0.93	0.14～2.57	48.48%	0.45
园地	1.32	0.27～3.26	37.32%	0.49
棉田	0.67	0.13～1.94	59.43%	0.4
花生田	0.77	0.13～2.52	51.62%	0.4

4. 不同区域有效锌

不同区域耕层土壤有效锌含量差异较大，潍西区含量最高，平均含量为 1.56mg/kg，变幅 0.12～10.16mg/kg，因该区土壤样本主要来自设施菜田和园地；潍北区的平均含量为 1.01mg/kg，略低于全市平均水平，因该区土壤样本中设施菜田、园地及露天菜田样本占 10.63%，粮田占 77.16%，因此潍北区有效锌含量高于潍南区和潍东区；潍东区最低，平均含量为 0.80mg/kg，变幅 0.11～7.92mg/kg。不同区域分布由高到低依次为：潍西＞潍中＞潍北＞潍南＞潍东。见表 4-54 所示。

表 4-54　不同区域有效锌含量

不同区域	平均值（mg/kg）	变幅（mg/kg）	变异系数	标准差
潍东	0.80	0.11～7.92	69.26%	0.55
潍西	1.56	0.12～10.16	97.49%	1.52
潍南	0.92	0.12～5.71	64.03%	0.59
潍北	1.01	0.13～3.65	52.08%	0.53
潍中	1.12	0.15～7.92	68.42%	0.77

5. 不同质地有效锌

不同质地土壤有效锌含量有差异，黏质土含量最高，平均为 1.22mg/kg，变幅为 0.54～2.64mg/kg，变幅小，含量均衡；砾质土含量最低，平均为 0.86mg/kg，变幅 0.13～2.52mg/kg。有效锌含量由高到低依次是：黏质＞壤质＞砂质＞砾质。见表 4-55 所示。

各壤质土有效锌含量差异较大，重壤土含量最高，平均为 1.40mg/kg，变幅 0.17～7.92mg/kg，因参与评价的重壤土共 174 个，其中，设施菜田和园地的样本占 22.41%，设施菜田锌肥投入量大，所以，重壤土平均含量高；轻壤含量最低，平均为 0.98mg/kg，变幅为 0.11～10.16mg/kg，变幅很大，且最大值出现在轻壤，由于作物间施锌肥极不均衡，个别区域出现过量施用锌肥现象。各壤质土有效锌含量由高到低顺序为：重壤＞砂壤＞中壤＞轻壤。

表 4-55　不同质地类型有效锌含量

质地类型		平均值（mg/kg）	变幅（mg/kg）	变异系数	标准差
砂质		0.91	0.22～5.24	63.74%	0.58
壤质	轻壤	0.98	0.11～10.16	84.73%	0.83
	中壤	1.04	0.12～9.10	81.71%	0.85
	重壤	1.40	0.17～7.92	94.28%	1.32
	砂壤	1.17	0.14～7.34	63.91%	0.75
黏质		1.22	0.54～2.64	50.40%	0.61
砾质		0.86	0.13～2.52	59.65%	0.51

二、有效铜

铜是作物正常生长所必需的元素，供应不足会引起特有的生理病害，合理施用铜肥可促进作物增产。铜还可增强作物抗病和抗逆性。

1. 土壤有效铜

潍坊市耕层土壤有效铜平均含量为 1.48mg/kg，含量较高，处于 2 级水平，标准差为 0.89，变幅 0.10～10.25mg/kg。其中，1 级水平的占总耕地面积的 21.97%，2 级水平的占 50.71%，3 级水平的占 27.00%，4 级以下水平的占 0.32%。整体均属较丰富水平，这主要是以铜为重要成分的杀菌剂在农业和畜牧业上广泛应用，无意间增施了铜肥。见表 4-56 所示。

表 4-56 耕层土壤有效铜含量分级及面积

级别	1	2	3	4	5
标准（mg/kg）	＞1.8	1.0～1.8	0.2～1.0	0.1～0.2	＜0.1
等级面积（hm^2）	172 093.6	397 269.2	211 482.4	2 366.7	169.1
占耕地总面积比例（%）	21.97	50.71	27.00	0.30	0.02

2. 不同土壤类型有效铜

不同土壤类型耕层土壤有效铜含量差异不大，潮土含量最高，平均为 1.67mg/kg，变幅 0.11～9.79mg/kg；其次是褐土，平均含量为 1.51mg/kg，变幅 0.10～10.25mg/kg；盐土含量最低，平均为 1.18mg/kg，变幅 0.38～2.69mg/kg，盐土主要种植粮食和棉花，很少使用铜肥和铜制剂农药，因而含量最低。有效铜最大值和最小值均出现在褐土。由高到低依次为：潮土＞褐土＞砂姜黑土＞棕壤＞盐土。见表 4-57所示。

棕壤各亚类有效铜含量略有差异，潮棕壤含量最高，平均为 1.22mg/kg，棕壤和棕壤性土含量相同，均为 1.20mg/kg。

潮土各亚类有效铜含量差异显著，湿潮土含量最高，平均为 2.14mg/kg，变幅 0.13～9.10mg/kg，变幅较大，因湿潮土中蔬菜和园地样品占 44.24%，个别区域铜肥用量较大所致；脱潮土含量最低，平均为 1.21mg/kg，变幅 0.11～2.82mg/kg，变幅较小，含量较均匀。各亚类有效铜含量由高到低依次是：湿潮土＞潮土＞盐化潮土＞脱潮土。

褐土各亚类有效铜含量差异较小。石灰性褐土最低，平均含量为 1.34mg/kg；褐土含量最高，平均为 1.60mg/kg。因褐土亚类样品有 29.11%取自设施菜田、园地和露天菜田，而石灰性褐土亚类粮田样品占 91.84%，设施菜田和园地样品仅占 8.16%，设施菜田和园地施用铜，而粮田基本不用铜肥，各亚类有效铜含量与耕地利用类型密切相关。各亚类有效铜含量由高到低依次是：褐土＞潮褐土＞淋溶褐土、褐土性土＞石灰性褐土。

砂姜黑土中两个亚类有效铜含量差异较大，石灰性砂姜黑土明显高于砂姜黑土亚类，二者含量分别是 1.79mg/kg、1.38mg/kg。

表 4-57　不同土壤类型及亚类有效铜含量

土类	亚类	平均值（mg/kg）	变幅（mg/kg）	变异系数	标准差
棕壤	棕壤	1.20	0.22～4.1	43.88%	0.53
	潮棕壤	1.22	0.44～3.18	38.68%	0.47
	棕壤性土	1.20	0.22～3.46	44.84%	0.54
褐土	褐土	1.60	0.19～10.25	71.13%	1.14
	石灰性褐土	1.34	0.16～3.39	43.77%	0.58
	淋溶褐土	1.47	0.17～7.48	49.88%	0.73
	潮褐土	1.54	0.10～8.50	58.98%	0.91
	褐土性土	1.47	0.27～3.58	45.29%	0.66
砂姜黑土	砂姜黑土	1.38	0.12～5.16	43.48%	0.6
	石灰性砂姜黑土	1.79	0.89～3.92	40.09%	0.72
潮土	潮土	1.65	0.30～9.79	63.11%	1.04
	湿潮土	2.14	0.13～9.10	78.07%	1.67
	脱潮土	1.21	0.11～2.82	43.02%	0.52
	盐化潮土	1.37	0.40～3.46	37.68%	0.52
盐土	滨海潮盐土	1.18	0.38～2.69	44.26%	0.52

3. 不同用地类型有效铜

不同用地类型耕层土壤有效铜含量差异显著，设施菜田显著高于其他用地类型，平均为 2.47mg/kg，较丰富，达 1 级水平，变幅 0.13～10.25mg/kg，最高值出现在设施菜田，主要原因是近年来菜农重视铜肥的施用，还存在少数设施菜田盲目施用微量元素肥料的倾向，因此，有效铜的增幅较快。其他用地类型耕层土壤有效铜含量差异不大，露天菜田最高，平均为 1.71mg/kg，变幅 0.44～7.65mg/kg；其次是园地，平均含量为 1.64mg/kg，变幅 0.63～8.50mg/kg；花生田最低，平均为 1.27mg/kg，变幅 0.22～7.48mg/kg。受利益驱动，农民在高效经济作物上应用铜肥较以前明显增多，有效铜呈增长趋势。不同用地类型土壤有效铜含量由高到低依次为：设施菜田＞露天菜田＞园地＞棉田＞粮田＞花生田。见表 4-58 所示。

表 4-58　不同用地类型有效铜含量

用地类型	平均值（mg/kg）	变幅（mg/kg）	变异系数	标准差
粮田	1.35	0.1～4.48	45.52%	0.62
设施菜田	2.47	0.13～10.25	72.52%	1.79
露天菜田	1.71	0.44～7.65	48.20%	0.82
园地	1.64	0.63～8.5	49.06%	0.8
棉田	1.44	0.41～5.88	54.11%	0.78
花生田	1.27	0.22～7.48	64.82%	0.82

4. 不同区域有效铜

不同区域耕层土壤有效铜含量差异较大，潍西区明显高于其他区域，平均含量为2.13mg/kg，变幅0.11～10.25mg/kg，该区域设施菜田样品的占比较高，铜肥用量较大，拉高了平均水平。其他区域含量差异较小，潍中区平均含量为1.54mg/kg；潍东、潍南和潍北区有效铜含量相近，潍东区为1.32mg/kg，潍南区和潍北区均为1.31mg/kg。不同区域土壤有效铜含量由高到低依次为：潍西＞潍中＞潍东＞潍北、潍南。见表4-59所示。

表4-59　不同区域有效铜含量

不同区域	平均值（mg/kg）	变幅（mg/kg）	变异系数	标准差
潍东	1.32	0.21～7.65	48.60%	0.64
潍西	2.13	0.11～10.25	74.65%	1.59
潍南	1.31	0.20～4.10	45.05%	0.59
潍北	1.31	0.30～5.64	42.49%	0.56
潍中	1.54	0.10～8.50	47.46%	0.73

5. 不同质地土壤有效铜

不同质地土壤有效铜含量差异较大，壤质土含量最高，平均为1.49mg/kg，变幅为0.10～10.25mg/kg，变幅较大，壤质土样品个数占总样品数的95.4%；砂质土含量最低，平均为1.15mg/kg，变幅0.30～4.06mg/kg。由高到低顺序为：壤质＞黏质＞砾质＞砂质。见表4-60所示。

不同壤质土有效铜含量差异明显，重壤土含量最高，平均为1.86mg/kg，变幅0.12～9.10mg/kg；轻壤土次之，平均含量为1.53mg/kg，变幅0.21～10.25mg/kg；砂壤土含量最低，平均为1.41mg/kg。各壤质土有效铜含量由高到低顺序为：重壤＞轻壤＞中壤＞砂壤。

表4-60　不同质地类型有效铜含量

质地类型		平均值（mg/kg）	变幅（mg/kg）	变异系数	标准差
砂质		1.15	0.30～4.06	48.11%	0.55
壤质	轻壤	1.53	0.21～10.25	60.05%	0.92
	中壤	1.44	0.10～8.50	60.99%	0.88
	重壤	1.86	0.12～9.10	70.88%	1.31
	砂壤	1.41	0.41～5.16	44.08%	0.62
黏质		1.39	0.89～2.03	26.59%	0.37
砾质		1.38	0.22～2.78	45.97%	0.63

三、有效铁

铁元素是绿色植物叶绿素蛋白质的重要成分，植物缺了铁，叶绿素就难以合成，植物就会出现黄化。

1. 耕层土壤有效铁

潍坊市耕层土壤有效铁平均含量为19.05mg/kg，处于2级水平，标准差为10.98，变幅为3.18～82.00mg/kg，变化幅度很大。其中，1级水平的占总耕地面积的39.62%，2级水平的占39.94%，3级水平的占18.90%，4级水平的占1.53%。全市耕层土壤有效铁含量丰富。见表4-61所示。

表4-61 耕层土壤有效铁含量分级及面积

级别	1	2	3	4	5
标准（mg/kg）	＞20	10～20	4.5～10	2.5～4.5	＜2.5
等级面积（hm^2）	310 377.1	312 912.9	148 088.4	12 002.6	0.0
占耕地总面积比例（%）	39.62%	39.94%	18.90%	1.53%	0.00%

2. 不同土壤类型有效铁

不同土壤类型土壤耕层有效铁含量差异较大，棕壤含量最高，平均为23.72mg/kg，变幅6.61～82.00mg/kg；砂姜黑土含量最低，平均为12.06mg/kg，潮土、褐土和盐土差异较小，平均含量分别为19.12mg/kg、18.34mg/kg、14.08mg/kg；最大值出现在棕壤，最小值出现在褐土。由高到低是：棕壤＞潮土＞褐土＞盐土＞砂姜黑土。见表4-62所示。

棕壤各亚类有效铁含量差异较小，潮棕壤含量最高，平均为25.54mg/kg；棕壤含量最低，平均为22.78mg/kg；棕壤性土含量介于两者之间，平均为24.46mg/kg。

潮土各亚类有效铁含量差异较大。潮土亚类含量最高，平均为20.35mg/kg，变幅3.48～72.59mg/kg，变幅较大，含量不均衡；脱潮土含量最低，平均为13.81mg/kg，变幅3.64～47.58mg/kg，变幅较小，含量较均匀。各亚类有效铁含量由高到低依次为：潮土＞湿潮土＞盐化潮土＞脱潮土。

褐土各亚类间有效铁含量差异较大，褐土性土含量最高，平均为21.05mg/kg；石灰性褐土含量最低，平均为16.19mg/kg；淋溶褐土和潮褐土含量相近，平均含量分别为18.19mg/kg、18.20mg/kg。各亚类有效铁含量由高到低依次为：褐土性土＞潮褐土＞淋溶褐土＞褐土＞石灰性褐土。

3. 不同用地类型有效铁

不同用地类型耕层土壤有效铁含量差异较大，设施菜田含量最高，平均为23.64mg/kg，变幅3.18～79.46mg/kg，含量丰富；露天菜田含量较高，平均为20.44mg/kg，达1级水平，变幅3.55～70.15mg/kg；棉田土壤有效铁含量最低，平均为11.34mg/kg；花生田、园地和粮田差异较小，平均含量分别为19.62mg/kg、

18.83mg/kg、18.59mg/kg。不论是设施菜田还是露天菜田，有效铁含量明显高于其他用地类型，主要原因是菜农在蔬菜上有施用铁肥的习惯，而棉田管理相对粗放，基本不使用铁肥，还因为棉田主要分布在成土母质中含铁较低的盐土、盐化潮土上，因而平均含量低。见表 4-63 所示。

表 4-62 不同土壤类型及亚类有效铁含量

土类	亚类	平均值（mg/kg）	变幅（mg/kg）	变异系数	标准差
棕壤	棕壤	22.78	7.90～79.46	38.08%	8.68
	潮棕壤	25.54	7.24～82.00	46.01%	11.75
	棕壤性土	24.46	6.61～74.30	48.12%	11.77
褐土	褐土	17.49	4.32～51.69	45.33%	7.93
	石灰性褐土	16.19	3.18～36.83	41.47%	6.71
	淋溶褐土	18.19	3.80～76.21	57.96%	10.54
	潮褐土	18.20	3.71～66.43	60.15%	10.95
	褐土性土	21.05	4.6～59.28	54.72%	11.52
砂姜黑土	砂姜黑土 石灰性砂姜黑土	12.06	3.40～61.09	86.22%	10.40
潮土	潮土	20.35	3.48～72.59	60.71%	12.35
	湿潮土	20.20	3.69～58.01	54.66%	11.04
	脱潮土	13.81	3.64～47.58	75.30%	10.4
	盐化潮土	15.11	3.69～52.68	50.81%	7.68
盐土	滨海潮盐土	14.08	4.6～35.68	46.90%	6.6

表 4-63 不同用地类型有效铁含量

用地类型	平均值（mg/kg）	变幅（mg/kg）	变异系数	标准差
粮田	18.59	3.4～82	56.65%	10.53
设施菜田	23.64	3.18～79.46	50.78%	12
露天菜田	20.44	3.55～70.15	66.02%	13.5
园地	18.83	4.92～57.81	45.58%	8.58
棉田	11.34	3.69～72.59	86.79%	9.84
花生田	19.62	3.8～69.1	74.14%	14.55

4. 不同区域有效铁

不同区域耕层土壤有效铁含量差异较大。潍南区的含量最高，因潍南区内棕壤占比最高，而棕壤中有效铁的含量又是各土类中最高的；潍南、潍中和潍西区的含量相近，平均含量分别为 21.32mg/kg、20.62mg/kg、19.94mg/kg，略高于全市的平均水平；潍东和潍北区含量较低，平均含量分别为16.09mg/kg、14.15mg/kg，均低于全市平均水平。平均含量由高到低依次为：潍南＞潍中＞潍西＞潍东＞潍北，见表4-64所示。

表4-64　不同区域有效铁含量

不同区域	平均值（mg/kg）	变幅（mg/kg）	变异系数	标准差
潍东	16.09	3.4～70.15	59.19%	9.52
潍西	19.94	3.18～60.58	52.86%	10.54
潍南	21.32	3.8～82	51.53%	10.99
潍北	14.15	3.55～72.59	58.40%	8.26
潍中	20.62	3.97～66.43	60.13%	12.4

5. 不同质地土壤有效铁

不同质地土壤有效铁含量差异大。砾质土含量最高，平均为26.56mg/kg，变幅6.61～71.90mg/kg，变幅较大；黏土含量最低，平均含量为14.32mg/kg，变幅6.61～25.97mg/kg，变幅小。不同质地土壤有效铁含量由高到低依次为：砾质＞砂质＞壤质＞黏质。见表4-65所示。

不同壤质土有效铁含量差异较小。轻壤土含量最高，平均为20.10mg/kg；中壤含量最低，平均为17.71mg/kg。由高到低顺序为：轻壤＞重壤＞砂壤＞中壤。

表4-65　不同质地类型有效铁含量

质地类型		平均值（mg/kg）	变幅（mg/kg）	变异系数	标准差
砂质		21.41	4.6～44.69	35.74%	7.65
壤质	轻壤	20.10	3.4～79.46	57.10%	11.48
	中壤	17.71	3.18～75.28	58.43%	10.35
	重壤	18.77	5.57～61.09	59.81%	11.22
	砂壤	18.06	3.55～82	54.58%	9.86
黏质		14.32	6.61～25.97	46.60%	6.67
砾质		26.56	6.61～71.9	60.03%	15.94

四、有效锰

锰参与植物的光合作用，是植物体内氮素和碳水化合物运转的重要元素，能增强植物的抗寒、抗旱能力。

1. 土壤有效锰

潍坊市耕层土壤有效锰平均含量为18.26mg/kg，处于2级水平，含量较丰富，标准差为9.56，变幅为4.36～90.34mg/kg，变幅较大。其中，处于1级水平的占总耕地面积的7.73%，2级水平的占45.51%，3级水平的占46.57%，4级水平的占0.19%，即 90%以上面积的土壤有效锰含量处于 2 级和 3 级水平。见表 4-66 所示。

表 4-66 耕层土壤有效锰含量分级及面积

级别	1	2	3	4	5
标准（mg/kg）	＞30	15～30	5～15	1～5	＜1
等级面积（hm^2）	60 572.4	356 497.6	364 788.2	1 522.8	0.0
占耕地总面积比例（%）	7.73%	45.51%	46.57%	0.19%	0.00%

2. 不同土壤类型有效锰

不同土壤类型有效锰含量差异较大。棕壤含量最高，平均为 22.77mg/kg，变幅 7.74～73.94mg/kg；盐土含量最低，平均含量为 10.64mg/kg，变幅 5.44～22.47mg/kg；潮土、褐土和砂姜黑土含量相近，平均含量分别为 18.26mg/kg、17.01mg/kg、16.00mg/kg。土壤有效锰与有效铁含量趋势基本相同，由高到低依次是：棕壤＞潮土＞褐土＞砂姜黑土＞盐土。见表 4-67 所示。

棕壤各亚类有效锰含量略有差异，由高到低顺序为：潮棕壤＞棕壤性土＞棕壤，其含量分别为 24.62mg/kg、23.23mg/kg、22.01mg/kg。

潮土各亚类间有效锰含量差异较大。潮土亚类含量最高，平均为 20.39mg/kg，变幅 4.81～90.34mg/kg，变幅大，各地有效锰含量差异较大；脱潮土含量最低，平均为 13.64mg/kg，变幅 7.03～31.14mg/kg，有效锰含量较均匀。各亚类有效锰含量由高到低依次为：潮土＞湿潮土＞盐化潮土＞脱潮土。

褐土各亚类间有效锰含量差异大。褐土性土含量最高，平均为 20.34mg/kg；变幅 6.00～72.04mg/kg，变幅较大，有效锰含量不均衡；石灰性褐土含量最低，平均为 12.79mg/kg，变幅 6.00～29.52mg/kg，变幅小，含量差异不大；潮褐土和褐土有效锰含量相差不大，平均含量分别为 16.11mg/kg、15.28mg/kg。各亚类有效锰含量由高到低依次为：褐土性土＞淋溶褐土＞潮褐土＞褐土＞石灰性褐土。

表 4-67 不同土壤类型及亚类有效锰含量

土类	亚类	平均值（mg/kg）	变幅（mg/kg）	变异系数	标准差
棕壤	棕壤	22.01	9.69～63.48	30.53%	6.72
	潮棕壤	24.62	7.98～68.24	36.81%	9.06
	棕壤性土	23.23	7.74～73.94	38.52%	8.95
褐土	褐土	15.28	4.36～83.9	54.23%	8.29
	石灰性褐土	12.79	6.00～29.52	30.25%	3.87
	淋溶褐土	18.38	4.99～64.14	53.67%	9.87
	潮褐土	16.11	4.58～76.2	61.81%	9.96
	褐土性土	20.34	6.00～72.04	58.58%	11.92

（续表）

土类	亚类	平均值（mg/kg）	变幅（mg/kg）	变异系数	标准差
砂姜黑土	砂姜黑土 石灰性砂姜黑土	16.00	6.21～49.32	42.49%	6.80
潮土	潮土	20.39	4.81～90.34	52.18%	10.64
	湿潮土	16.27	7.33～59.96	48.09%	7.83
	脱潮土	13.64	7.03～31.14	40.20%	5.48
	盐化潮土	13.99	5.65～61.4	49.74%	6.96
盐土	滨海潮盐土	10.64	5.44～22.47	36.49%	3.88

3. 不同用地类型有效锰

不同用地类型土壤有效锰含量差异较小。花生田最高，为 19.50mg/kg，主要原因是花生田主要分布在有效锰含量较高的棕壤上；棉田含量明显低于其他用地类型，平均含量为 11.52mg/kg，变幅 5.74～19.49mg/kg，标准差为 3.31，棉田有效锰含量较均衡，目前，棉花生产中几乎不施用锰肥。花生田、设施菜田、粮田、露天菜田、园地有效锰的平均含量分别为 19.5mg/kg、18.45mg/kg、18.39mg/kg、18.10mg/kg、17.03mg/kg，差异很小。含量由高到低的顺序为：花生田＞设施菜田＞粮田＞露天菜田＞园地。详见表 4-68 所示。

表 4-68　不同用地类型有效锰含量

用地类型	平均值（mg/kg）	变幅（mg/kg）	变异系数	标准差
粮田	18.39	4.36～76.2	50.27%	9.24
设施菜田	18.45	4.63～90.34	67.65%	12.48
露天菜田	18.10	5.09～53.24	52.82%	9.56
园地	17.03	5.65～40.99	37.38%	6.36
棉田	11.52	5.74～19.49	28.73%	3.31
花生田	19.50	6.64～60.35	55.74%	10.87

4. 不同区域有效锰

不同区域土壤有效锰含量略有差异。潍南区含量最高，平均为 20.46mg/kg，变幅 5.08～73.94mg/kg；潍东和潍中区含量与全市平均水平相近，平均分别为 18.82mg/kg、18.63mg/kg；潍北和潍西区含量较低，平均含量分别为 12.94mg/kg、15.53mg/kg。土壤有效锰的含量受成土母质影响较大，与土壤类型密切相关。由高到低依次是：潍南＞潍东＞潍中＞潍西＞潍北。见表 4-69 所示。

5. 不同质地有效锰

不同质地土壤有效锰含量有较大差异。砾质土含量最高，砾质土和砂质土有效锰含量都高于全市平均水平，含量分别为 25.46mg/kg、20.52mg/kg；壤质土含量最低，平均为 18.08mg/kg；有效锰含量最高值和最低值均出现在壤质土，即壤质土有效锰含量很不均衡，各地差异较大。不同质地有效锰含量由高到低依次为：砾质＞砂质＞黏质＞壤质。见表 4-70 所示。

表 4-69　不同区域有效锰含量

不同区域	平均值（mg/kg）	变幅（mg/kg）	变异系数	标准差
潍东	18.82	4.65～56.15	34.65%	6.52
潍西	15.53	4.63～90.34	65.07%	10.1
潍南	20.46	5.08～73.94	49.62%	10.15
潍北	12.94	5.44～65.8	51.11%	6.61
潍中	18.63	4.36～76.2	58.31%	10.86

不同壤质土有效锰含量差异较大。轻壤土含量最高，平均为 20.13mg/kg，最高值出现在轻壤土，含量差异很大；中壤土和重壤土含量相近，平均含量分别为 15.96mg/kg、15.74mg/kg；砂壤土有效锰含量与全市平均水平持平。各壤质土有效锰含量由高到低依次为：轻壤＞砂壤＞中壤＞重壤。

表 4-70　不同质地类型有效锰含量

质地类型		平均值（mg/kg）	变幅（mg/kg）	变异系数	标准差
砂质		20.52	4.36～45.14	35.12%	7.21
壤质	轻壤	20.13	4.63～90.34	51.05%	10.27
	中壤	15.96	4.58～76.2	50.21%	8.01
	重壤	15.74	6.38～61.4	60.32%	9.49
	砂壤	18.40	5.09～83.9	52.03%	9.57
黏质		18.51	6.69～58.28	74.31%	13.76
砾质		25.46	10.71～56.5	47.80%	12.17

五、有效硼

硼是植物性器官分化形成的必需物质，硼缺乏植物开花结果繁衍后代就受到影响，农作物就会“花而不实”，落花落蕾，空秆秕籽，产量受到损失。硼也是根瘤菌形成的条件，缺硼的豆科作物根瘤菌少，固氮也受影响。

1. 耕层土壤有效硼

潍坊市耕层土壤有效硼平均含量为 0.53mg/kg，属中等偏下水平，变幅 0.03～3.65mg/kg，标准差 0.37，其中，处于 1 级水平占总耕地面积的 0.85%，2 级水平的占 8.20%，3 级水平的占 33.66%，4 级水平的占 43.96%，5 级水平的占 13.32%。全市土壤有效硼含量总体属中等偏下水平。分级及面积见表 4-71 所示。

表 4-71　耕层土壤有效硼含量分级及面积

级别	1	2	3	4	5
标准（mg/kg）	＞2.0	1.0～2.0	0.5～1.0	0.2～0.5	＜0.2
等级面积（hm^2）	6 682.4	64 253.7	263 697.1	344 399.8	104 348.0
占耕地总面积比例（%）	0.85%	8.20%	33.66%	43.96%	13.32%

2. 不同土壤类型有效硼

不同土壤类型耕层土壤有效硼含量差异较大。潮土含量最高，平均为 0.70mg/kg，变幅 0.04～3.65mg/kg，变幅较大，最大值在潮土；棕壤含量最低，平均为 0.38mg/kg，变幅 0.03～1.90mg/kg，变幅较小；砂姜黑土、褐土、盐土的含量依次降低，平均含量分别为 0.52mg/kg、0.49mg/kg、0.47mg/kg。各土壤类型有效硼含量由高到低依次为：潮土＞砂姜黑土＞褐土＞盐土＞棕壤。见表 4-72 所示。

棕壤各亚类有效硼含量差异不明显，棕壤亚类含量最高，平均为 0.41mg/kg，其次是棕壤性土，平均含量为 0.37mg/kg，潮棕壤含量最低，平均为 0.31mg/kg。

潮土各亚类有效硼含量差异较大，湿潮土含量最高，平均为 1.00mg/kg，变幅较大，变幅为 0.06～3.65mg/kg，最大值出现在湿潮土，含量极不均衡，主要由于大田作物不重视硼肥的施用，而高效经济作物上又存在过量施硼现象。潮土含量最低，平均为 0.58mg/kg。各亚类有效硼含量由高到低顺序为：湿潮土＞盐化潮土＞脱潮土＞潮土。

褐土各亚类有效硼含量差异明显，褐土含量最高，平均为 0.69mg/kg，明显高于其他亚类；其他亚类间差异很小，淋溶褐土和潮褐土含量相同，均为 0.45mg/kg；褐土性土含量最低，平均为 0.43mg/kg。各亚类有效硼含量由高到低依次为：褐土＞石灰性褐土＞淋溶褐土、潮褐土＞褐土性土。

砂姜黑土的两个亚类有效硼含量差异较小，石灰性砂姜黑土高于砂姜黑土亚类，含量分别为 0.76mg/kg、0.51mg/kg。

表 4-72　不同土壤类型及亚类有效硼含量

土类	亚类	平均值（mg/kg）	变幅（mg/kg）	变异系数	标准差
棕壤	棕壤	0.41	0.03～1.88	71.99%	0.3
	潮棕壤	0.31	0.07～0.98	54.93%	0.17
	棕壤性土	0.37	0.06～1.9	66.09%	0.24
褐土	褐土	0.69	0.06～2.85	68.86%	0.48
	石灰性褐土	0.46	0.08～1.37	71.42%	0.33
	淋溶褐土	0.45	0.04～1.68	53.72%	0.24
	潮褐土	0.45	0.03～2.01	70.05%	0.31
	褐土性土	0.43	0.05～1.56	53.18%	0.23

（续表）

土类	亚类	平均值（mg/kg）	变幅（mg/kg）	变异系数	标准差
砂姜黑土	砂姜黑土	0.51	0.04～2.01	41.30%	0.21
	石灰性砂姜黑土	0.76	0.16～1.06	37.54%	0.29
潮土	潮土	0.58	0.04～3	62.90%	0.37
	湿潮土	1.00	0.06～3.65	62.62%	0.63
	脱潮土	0.66	0.11～1.58	43.10%	0.28
	盐化潮土	0.85	0.26～1.89	41.60%	0.35
盐土	滨海潮盐土	0.47	0.09～1.51	41.96%	0.20

3. 不同用地类型有效硼

不同用地类型土壤有效硼平均含量差异较大。设施菜田含量最高，平均为0.89mg/kg，变幅0.06～3.65mg/kg，最高值在设施菜田；其次是园地，平均含量为0.87mg/kg，变幅0.22～1.90mg/kg；花生田含量最低，平均为0.38mg/kg，变幅0.06～1.21mg/kg。设施菜田、园地及露天菜田有效硼含量较高，在高效经济作物上农民注重微量元素肥料的使用，普遍有施用硼肥的习惯；花生主要种植在棕壤，而粮田、花生田管理相对粗放，农民不重视、甚至不使用微量元素肥料。不同用地类型有效硼含量由高到低依次是：设施菜田＞园地＞露天菜田＞棉田＞粮田＞花生田。见表4-73所示。

表4-73　不同用地类型有效硼含量

用地类型	平均值（mg/kg）	变幅（mg/kg）	变异系数	标准差
粮田	0.47	0.03～1.89	59.99%	0.28
设施菜田	0.89	0.06～3.65	76.90%	0.68
露天菜田	0.66	0.03～1.54	32.97%	0.22
园地	0.87	0.22～1.9	46.47%	0.4
棉田	0.60	0.2～1.39	34.80%	0.21
花生田	0.38	0.06～1.21	53.71%	0.2

4. 不同区域有效硼

不同区域耕层土壤有效硼含量差异较小。潍西区含量最高，平均为0.80mg/kg，变幅0.06～3.65mg/kg，最大值在潍西区；潍北含量次之，平均为0.73mg/kg，潍东区和潍南区含量相同，也是最低区域，平均含量为0.45mg/kg，潍中区略高，平均含量为0.46mg/kg。由高到低依次是：潍西＞潍北＞潍中＞潍南、潍东。见表4-74所示。

5. 不同质地有效硼

不同质地土壤有效硼含量差异较大。黏质土含量最高，平均为0.62mg/kg，高于全市平均水平；砾质土含量最低，平均为 0.38mg/kg，变幅 0.06～1.05mg/kg，变幅较小；壤质土有效硼含量与全市平均水平相同。不同质地有效硼含量由高到低依次为：黏质＞壤质＞砂质＞砾质。见表 4-75 所示。

表 4-74 不同区域有效硼含量

不同区域	平均值（mg/kg）	变幅（mg/kg）	变异系数	标准差
潍东	0.45	0.03～1.6	52.52%	0.24
潍西	0.80	0.06～3.65	75.87%	0.61
潍南	0.45	0.06～1.9	66.00%	0.3
潍北	0.73	0.09～1.9	45.67%	0.33
潍中	0.46	0.03～1.67	55.72%	0.25

不同壤质土有效硼含量差异较大。重壤土含量最高，平均为 0.70mg/kg，变幅 0.03～3.65mg/kg，变幅大，最大值和最小值均出现在重壤，含量极不均衡；轻壤土和中壤土含量较低、差异很小，平均含量分别为 0.52mg/kg、0.51mg/kg。各壤质土有效硼含量由高到低依次为：重壤＞砂壤＞轻壤＞中壤。

表 4-75 不同质地类型有效硼含量

质地类型		平均值（mg/kg）	变幅（mg/kg）	变异系数	标准差
砂质		0.48	0.04～2.08	66.58%	0.32
壤质	轻壤	0.52	0.03～2.85	66.96%	0.35
	中壤	0.51	0.03～3.14	70.75%	0.36
	重壤	0.70	0.03～3.65	76.96%	0.54
	砂壤	0.62	0.06～3	67.18%	0.42
黏质		0.62	0.06～1.56	76.16%	0.48
砾质		0.38	0.06～1.05	51.21%	0.19

六、有效钼

钼不仅是合成固氮酶的重要元素，还能增强叶绿素的光合作用，促进植物体内氮、磷的转化，增加分蘖提高成穗率。钼还具有减少土壤中硝酸盐类和亚硝胺等致癌物质、保护人类健康的作用。

1. 土壤有效钼

潍坊市耕层土壤有效钼平均含量为 0.16mg/kg，变幅 0.02～1.38mg/kg，标准差为 0.16。其中，处于 1 级水平的占总耕地面积的 10.46%，2 级水平的占 10.48%，3 级水平的占 9.44%，4 级水平的占 21.74%，5 级水平的占 47.88%。总体属缺乏水平，全市近 50%的土壤缺钼。分级及面积见表 4-76 所示。

表 4-76　耕层土壤有效钼含量分级及面积

级别	1	2	3	4	5
标准（mg/kg）	＞0.3	0.2～0.3	0.15～0.2	0.1～0.15	＜0.1
等级面积（hm^2）	81 903.7	82 080.3	73 960.5	170 338.6	375 097.9
占耕地总面积比例（%）	10.46%	10.48%	9.44%	21.74%	47.88%

2. 不同土壤类型有效钼

不同土壤类型耕层土壤有效钼含量差异较小。棕壤含量最低，平均为 0.12mg/kg，变幅 0.02～0.83mg/kg；潮土和砂姜黑土含量相同，平均含量为 0.19mg/kg，含量最高；最大值出现在潮土，含量为 1.38mg/kg。由高到低为：砂姜黑土、潮土＞盐土＞褐土＞棕壤，见表 4-77 所示。

棕壤各亚类有效钼含量差异极小，棕壤和棕壤性土含量相同，平均含量均为 0.12mg/kg，潮棕壤含量略低，平均含量为 0.11mg/kg。

潮土各亚类有效钼含量差异大。湿潮土含量最高，平均为 0.31mg/kg，变幅 0.02～1.38mg/kg，最大值和最小值均出现在湿潮土，含量差异很大，很不均匀；脱潮土含量最低，变幅较小，含量较均匀。各亚类含量由高到低依次为：湿潮土＞盐化潮土＞潮土＞脱潮土。

褐土各亚类有效钼含量差异较小。褐土和石灰性褐土含量相同，平均含量为 0.19mg/kg，也是最高含量；褐土性土含量最低，平均为 0.12mg/kg。各亚类含量排序为：褐土、石灰性褐土＞淋溶褐土＞潮褐土＞褐土性土。

砂姜黑土两亚类有效钼含量差异较大，石灰性砂姜黑土明显高于砂姜黑土亚类，有效钼含量分别为 0.30mg/kg、0.18mg/kg。

表 4-77　不同土壤类型及亚类有效钼含量

土类	亚类	平均值（mg/kg）	变幅（mg/kg）	变异系数	标准差
棕壤	棕壤	0.12	0.02～0.83	78.74%	0.09
	潮棕壤	0.11	0.03～0.52	62.10%	0.07
	棕壤性土	0.12	0.03～0.81	65.77%	0.08
褐土	褐土	0.19	0.02～0.92	86.00%	0.17
	石灰性褐土	0.19	0.02～0.5	62.35%	0.12
	淋溶褐土	0.15	0.02～0.98	96.40%	0.15
	潮褐土	0.13	0.02～0.88	81.58%	0.11
	褐土性土	0.12	0.02～0.9	71.21%	0.09
砂姜黑土	砂姜黑土	0.18	0.02～0.99	107.39%	0.2
	石灰性砂姜黑土	0.30	0.03～0.64	67.37%	0.2

（续表）

土类	亚类	平均值（mg/kg）	变幅（mg/kg）	变异系数	标准差
潮土	潮土	0.16	0.02～1.36	114.57%	0.19
	湿潮土	0.31	0.02～1.38	90.23%	0.28
	脱潮土	0.14	0.02～0.56	75.67%	0.1
	盐化潮土	0.18	0.03～0.92	99.94%	0.18
盐土	滨海潮盐土	0.17	0.03～0.97	111.25%	0.19

3. 不同用地类型有效钼

不同用地类型土壤有效钼含量差异较大。设施菜田含量显著高于其他用地类型，平均为 0.29mg/kg，平均含量为丰富，最大值出现在设施菜田，主要原因是设施菜田钼肥的用量较大；粮田、花生田和棉田含量相同，均为 0.14mg/kg；露天菜田和园地差异很小，平均含量分别为 0.13mg/kg、0.10mg/kg。不同用地类型土壤有效钼含量排序是：设施菜田＞粮田、棉田、花生田＞露天菜田＞园地，见表 4-78 所示。

表 4-78 不同用地类型有效钼含量

用地类型	平均值（mg/kg）	变幅（mg/kg）	变异系数	标准差
粮田	0.14	0.02～1.01	93.49%	0.14
设施菜田	0.29	0.02～1.38	84.27%	0.25
露天菜田	0.13	0.02～0.92	123.46%	0.16
园地	0.10	0.02～0.48	65.03%	0.07
棉田	0.14	0.03～0.92	142.55%	0.2
花生田	0.14	0.03～0.98	113.11%	0.16

4. 不同区域有效钼

不同区域耕层土壤有效钼含量差异较大，潍西区明显高于其他地区，平均含量为 0.28mg/kg，变幅 0.02～1.38mg/kg，潍西是设施蔬菜种植区，肥料用量普遍较大；潍南区和潍中区含量相同，平均含量均为 0.12mg/kg，也是最低区；潍北区和潍东区差异很小，平均含量分别为 0.17mg/kg、0.16mg/kg。不同区域有效钼含量排列顺序为：潍西＞潍北＞潍东＞潍南、潍中，见表 4-79 所示。

表 4-79 不同区域有效钼含量

不同区域	平均值（mg/kg）	变幅（mg/kg）	变异系数	标准差
潍东	0.16	0.02～0.99	118.77%	0.19
潍西	0.28	0.02～1.38	81.74%	0.23
潍南	0.12	0.02～0.9	67.15%	0.08
潍北	0.17	0.03～0.97	100.72%	0.17
潍中	0.12	0.02～0.49	60.74%	0.07

5. 不同质地有效钼

不同质地土壤有效钼含量差异较大。砂质土和砾质土含量相同，平均含量最低，均为 0.13mg/kg；黏质土含量最高，平均为 0.18mg/kg。不同质地有效钼含量由高到低依次为：黏质＞壤质＞砂质、砾质。见表 4-80 所示。

不同壤质土有效钼含量差异较大。重壤土含量最高，平均为 0.23mg/kg，明显高于其他壤质土；中壤土、砂壤土和轻壤土含量差异很小，平均含量分别为 0.16mg/kg、0.17mg/kg、0.15mg/kg。各壤土有效钼含量排序为：重壤＞砂壤＞中壤＞轻壤。

表 4-80　不同质地类型有效钼含量

质地类型		平均值（mg/kg）	变幅（mg/kg）	变异系数	标准差
砂质		0.13	0.03～0.92	74.28%	0.09
壤质	轻壤	0.15	0.02～1.38	98.04%	0.15
	中壤	0.16	0.02～1.14	98.94%	0.16
	重壤	0.23	0.02～1.36	103.67%	0.24
	砂壤	0.17	0.02～0.98	112.12%	0.19
黏质		0.18	0.03～0.53	89.33%	0.16
砾质		0.13	0.02～0.37	56.22%	0.07

第五节　土壤主要物理性状

土壤的物理性状主要是指土壤质地、土体结构、土壤容重、土壤通气状况等，土壤物理性状的好坏直接影响土壤的水、肥、气、热，是耕地地力的重要因素。

一、土壤质地

土壤质地是土壤的主要物理性状，是影响土壤肥力高低、耕性好坏、生产性能优劣的基本因素之一。潍坊市土壤质地分为壤质土、黏质土、砂质土和砾质土四种，其中壤质土又分为轻壤、中壤、重壤和砂壤。本次耕地地力调查，共调查土壤质地样点 4 671个，分别为粮田 3 741个、露天菜田 132 个、棉田 76 个、园地 148 个、设施菜田 451 个、花生田 123 个。潍坊市耕地土壤表层质地较好，以壤质为主，其中，轻壤土面积最大，占总耕地面积的 43.4%，中壤土次之，占 32.3%。不同质地类型耕地面积见表 4-81所示。

（一）壤质土

壤质土又分为轻壤土、中壤土、重壤土和砂壤土 4 种，全市壤质土耕地面积 675 661.9hm^2，占总耕地面积的 86.25%。分布于各种土壤类型上，该质地土壤通透性较好，保肥保水性能强，供肥性较好，耕性良好，适合种植各类作物，是农业生产上较理想的质地土壤。

表 4-81 不同质地类型耕地面积

土壤质地		耕地面积（hm^2）	占耕地总面积比例（%）
壤质土	轻壤土	339 961.9	43.40
	中壤土	253 275.2	32.33
	重壤土	39 779.2	5.08
	砂壤土	42 645.7	5.44
黏质土		855.2	0.11
砂质土		31 722.1	4.05
砾质土		75 141.8	9.59
合计		783 381	100.0

1. 轻壤土

该质地土壤耕地面积 339 961.9hm^2，占总耕地面积的 43.40%。广泛分布于各土壤类型上。轻壤土不黏不砂，适耕期长，耕性良好，通透性和保水保肥能力适中，供肥性好，抗旱防涝，土壤中水、肥、气、热比较协调，适宜种植各种作物，但存在养分含量略偏低、贮量偏小、后劲不足的弊端。

2. 中壤土

该质地土壤耕地面积 253 275.2hm^2，占总耕地面积的 32.33%。各县市区、各土类均有分布。该质地土壤质地适宜，土壤理化性状较好，水、肥、气、热协调。保水保肥能力强，供肥性好，抗逆性强，养分贮量较多，肥劲稳而长，适合种植各种作物。

3. 重壤土

该质地土壤耕地面积 39 779.2hm^2，占总耕地面积的 5.08%。主要分布于潍坊北部，东南部、中部偏南等区域。重壤土较黏重，适耕期较短，耕性较差，保肥性强，供肥性较差，潜在肥力高，不发小苗，发老苗。适宜种植小麦、玉米、棉花等作物。

4. 砂壤土

该质地土壤耕地面积 4 2645.7hm^2，占总耕地面积的 5.44%。主要分布于河流两岸、土埠岭及山谷洪积扇首，各县市区均有分布，主要分布在潮土、棕壤和褐土 3 个土类。砂壤土土质疏松、适耕期长，但保肥、保水能力较弱，易受旱，昼夜温差较大。适合种植花生、瓜果类、薯类等块根块茎作物。

（二）黏质土

黏质土耕地面积 855.2hm^2，占总耕地面积的 0.11%。主要分布在砂姜黑土和潮土两个土类。该土为静水沉积物，颗粒组成细，质地黏重，保肥保水能力强，养分含量高，但养分释放强度小，前劲差，后劲足。物理性状不良，涝易成泥，旱易龟裂，不抗旱不耐涝。适合种植小麦、玉米、棉花等作物。

（三）砂质土

砂质土耕地面积 31 722.1hm^2，占总耕地面积的 4.05%，主要分布在潮土、棕壤和盐土等土类，主要分布在河流两岸靠近河水主流的地带、南部的土埠岭和北部的海相沉积物。该质地土壤中砂含量极高，通透性好，易耕作，但养分含量贫乏，不抗干旱，宜发展林果业。

（四）砾质土

砾质土耕地面积 75 141.8hm²，占总耕地面积的 9.59%。主要分布于潍坊南部的棕壤性土和褐土性土。该土土质松散，土层薄，漏水漏肥严重，养分含量低，不宜农耕。应种植果树，发展林业等。

二、土体构型

土体构型是指整个土体的各种质地层次的排列组合，它对土壤肥力有制约和调节的作用，良好的土体构型是耕作土壤的肥力基础。影响土体构型的因素，主要有土壤质地、土壤结构，以及施肥、耕作、灌溉等农业生产措施。土体构型较复杂，往往土壤剖面砂、壤、黏土层相互交错，潍坊市主要的土体构型有均质型、夹砂型、夹黏型、中土层和薄土层等。

（一）均质型

均质型为 1m 土体内质地上下均一，全市耕地面积 351 435.1hm²，占总耕地面积的 44.86%。同时又可细分为均砂质、均壤质、均黏质三种类型，在全市广泛分布。见表 4-82 所示。

1. 均砂质

全市共有均砂质耕地 43 646.19hm²，占总耕地面积的 5.57%。主要分布在河流两岸及北部沿海一带，其特点是通透性好，易耕作，但漏水漏肥，养分含量低，后劲不足。在盐土和盐化潮土区易返盐，但灌溉条件良好也易脱盐。

表 4-82 不同土体构型耕地面积

土体构型		耕地面积（hm²）	占耕地总面积比例（%）
夹砂型	夹砂型	36 126.26	4.16
夹黏型	厚黏心	201 448.50	25.72
	厚黏腰	33 840.8	4.32
夹壤型	夹壤型	15 004.23	1.92
均质型	均壤质	295 128.07	37.67
	均砂质	43 646.19	5.57
	均黏质	12 660.82	1.62
中层土	中层	62 038.31	7.92
薄层土	薄层	83 488.53	10.65
合计	—	783 381.00	100.00

2. 均壤质

全市共有均壤质耕地 295 128.07hm²，占总耕地面积的 37.67%，各土类中均有分布。该土体通体为轻壤和中壤，质地剖面构型大体有：轻壤—轻壤—轻壤、轻壤—中壤—轻壤、中壤—中壤—中壤、中壤—轻壤—轻壤等。该土体质地适中，物理性状良好，土层深厚，无不良层次，保肥保水能力较强，是一种较好的土体构型，但在北部地下水矿化度较高地区，土壤耕层易积盐。

3. 均黏质

土壤通体为黏质土，全市共有均黏质耕地 12 660.82hm²，占总耕地面积的 1.62%，主要分布于湖积物的湿潮土和黑土裸露的砂姜黑土上，由于静水沉积，土壤质地黏重，通透性差，养分含量虽高，但释放慢，难耕作，易内涝。

（二）夹砂型

夹砂型为 1m 土体内有 20cm 以上的夹砂层，全市共有夹砂型耕地 36 126.26hm²，占总耕地面积的 4.16%。该土体多分布于潮土，其表层轻壤或中壤，耕层以下为较厚的砂层，多为砂质土，其次为砂壤土，因砂土层出现的部位较高，形成砂砾底，漏水漏肥。

（三）夹黏型

夹黏型为 1m 土体内夹有 20cm 以上的黏层，全市共有夹黏型耕地 235 289.3hm²，占总耕地面积的 30.04%。各土类上均有分布，夹黏层有托水托肥作用，但黏层出现部位高低对土壤肥力和作物生长有显著不同的影响。因夹黏层出现的部位不同，分为高位夹层和低位夹层两种。

1. 高位夹层（厚黏心）

高位夹层是指耕层以下即为黏层，全市共有高位夹黏型耕地 201 448.50hm²，占总耕地面积的 25.72%。该土体的保肥保水能力强，养分含量高，但养分释放慢，由于黏层部位高，透水性差，耕层易滞水发生内涝，不利于作物根系下扎。

2. 低位夹层（厚黏腰）

低位夹层是指 50cm 以下为黏层的土体，全市共有低位夹黏型耕地 33 840.8hm²，占总耕地面积的 4.32%。该类土质地上轻下重，由于黏层部位多在 50cm 以下，不影响作物根系下扎，一般不发生渍涝，且有托水托肥作用，保水保肥能力强，土壤水、肥、气、热状况良好，是理想的“蒙金地”。

（四）夹壤型

耕层质地为砂壤，全市共有夹壤型耕地 15 004.23hm²，占总耕地面积的 1.92%。这种土壤疏松易耕，通透性较好，保水保肥性能一般，养分含量不高。适宜种植小麦、玉米、花生等作物。

（五）中层土

中层土多在褐土和棕壤土类中存在，全市共有中层土耕地 62 038.31hm²，占总耕地面积的 7.92%。该土体的土层厚度 30～60cm，多为壤质土，其次为砂质土和砾质土，主要分布在丘陵坡地。该土物理性状较好，但养分含量较低，土层薄，易干旱，水土流失较重，生产条件差。

（六）薄层土

土体总厚度一般 10～30cm，全市共有薄层土耕地 83 488.53hm^2，占总耕地面积的 10.65%。主要分布在棕壤和褐土类的土壤上。该类型土壤的土层很薄，砾石含量高，分布地形部位较高，土层浅薄，水土流失严重，一般不适宜种植农作物。

三、土壤容重

土壤容重是在自然状态下单位体积的干土重量，是衡量土壤松紧度的一个重要指标。土壤容重的高低取决于耕作措施、土壤结构、土壤质地、有机质含量等。容重与土壤保蓄水分的能力和通透性密切相关。一般认为耕层土壤容重 1.10～1.30g/cm^3 为适宜。

1. 土壤容重

据全市 2 949个样点测定，耕层土壤容重平均为 1.33g/cm^3，变幅 1.12～1.68g/cm^3，标准差为 0.09，县市区间差异较小。

2. 不同土壤类型容重

不同土壤类型土壤容重差异不大。盐土容重最高，平均为 1.38g/cm^3，变幅为 1.21～1.53g/cm^3，样本间差异较小，但物理性状较差；棕壤和潮土的容重相同，平均均为 1.34g/cm^3；褐土和砂姜黑土的容重相同，均为 1.32g/cm^3。各土壤类型容重由高到低依次为：盐土＞潮土、棕壤＞褐土、砂姜黑土。见表 4-83 所示。

棕壤各亚类中，棕壤性土的容重最小，平均为 1.32g/cm^3，最低值出现在该亚类；棕壤亚类的容重最大，平均为 1.36g/cm^3。由高到低排序为：棕壤＞潮棕壤＞棕壤性土。

潮土各亚类的容重差异极小，潮土、盐化潮土、湿潮土的容重均为 1.34g/cm^3，脱潮土的容重为 1.33g/cm^3。

褐土各亚类容重差异较大。石灰性褐土容重最大，平均为 1.41g/cm^3，该亚类土壤性状差，板结现象严重；其他亚类间差异较小，褐土亚类容重略高，平均为 1.32g/cm^3；淋溶褐土、褐土性土与潮褐土容重相同，均为 1.31g/cm^3。各亚类土壤性状良好。

表 4-83 不同土壤类型及亚类容重

土类	亚类	平均值（g/cm^3）	变幅（g/cm^3）	变异系数（%）	标准差
棕壤	棕壤	1.36	1.18～1.52	6.79	0.09
	潮棕壤	1.33	1.21～1.47	6.15	0.08
	棕壤性土	1.32	1.16～1.52	6.18	0.08
褐土	褐土	1.32	1.17～1.58	7.74	0.1
	石灰性褐土	1.41	1.2～1.59	7.77	0.11
	淋溶褐土	1.31	1.12～1.59	6.35	0.08
	潮褐土	1.31	1.14～1.61	7.34	0.1
	褐土性土	1.31	1.18～1.6	7.01	0.09

（续表）

土类	亚类	平均值（g/cm^3）	变幅（g/cm^3）	变异系数（%）	标准差
砂姜黑土	砂姜黑土	1.32	1.17～1.56	5.08	0.07
	石灰性砂姜黑土	1.31	1.25～1.39	4.83	0.06
潮土	潮土	1.34	1.12～1.54	5.69	0.08
	湿潮土	1.34	1.18～1.59	6.11	0.08
	脱潮土	1.33	1.19～1.56	7.66	0.1
	盐化潮土	1.34	1.2～1.52	6.08	0.08
盐土	滨海潮盐土	1.38	1.21～1.53	6.17	0.09

3. 不同用地类型土壤容重

不同用地类型土壤容重差异较大。花生田土壤容重最低，平均为 1.27g/cm^3，变幅为 1.23～1.43g/cm^3，变幅小，差异也小，该类用地土壤较疏松，通透性好；设施菜田和棉田的土壤容重最高，均为 1.36g/cm^3；露天菜田的土壤容重仅次于设施菜田和棉田，平均为 1.35g/cm^3。设施菜田和露天菜田存在过量施肥现象，棉田主要位于北部盐土，这三类用地普遍发生土壤板结，因此，容重较高、理化性状较差。不同用地类型土壤容重的高低排序为：设施菜田、棉田＞露天菜田＞粮田＞园地＞花生田，见表 4-84所示。

表 4-84　不同用地类型容重

用地类型	平均值（g/cm^3）	变幅（g/cm^3）	变异系数（%）	标准差
粮田	1.33	1.12～1.6	6.83	0.09
设施菜田	1.36	1.19～1.59	7.88	0.11
露天菜田	1.35	1.19～1.61	6.33	0.09
园地	1.31	1.18～1.57	6.42	0.08
棉田	1.36	1.2～1.53	6.24	0.08
花生田	1.27	1.23～1.43	2.22	0.03

4. 不同区域土壤容重

不同区域土壤容重差异较小。潍西区土壤容重最高，平均为 1.37g/cm^3，变幅为 1.19～1.59g/cm^3，变幅较大，差异也大；潍西所检样本中设施菜田 373 个，占 55.67%，因设施栽培存在过量和盲目施肥现象，所以土壤板结等退化现象严重，土壤的理化性状较差。潍中区的土壤容重最低，平均为 1.30g/cm^3，该区的土壤样本主要是粮田，占 93.92%，粮田连年实施秸秆还田，土壤平均容重较小，变幅为 1.12～1.61g/cm^3，差异较大，最大值也在该区，出现最大值的原因是该区的部分露天菜田过量施肥严重。容重含量高低排序为：潍西＞潍东＞潍北＞潍南＞潍中，见表 4-85 所示。

表 4-85　不同区域容重

不同区域	平均值（g/cm³）	变幅（g/cm³）	变异系数	标准差
潍东	1.35	1.17～1.51	5.07%	0.07
潍西	1.37	1.19～1.59	7.77%	0.11
潍南	1.32	1.17～1.60	7.64%	0.1
潍北	1.33	1.18～1.53	6.12%	0.08
潍中	1.3	1.12～1.61	5.67%	0.07

5. 不同质地土壤容重

不同质地土壤容重差异较大。黏质土的土壤容重最高，平均为 1.38g/cm³，变幅为 1.27～1.52g/cm³，差异较小；砾质土容重最低，平均为 1.29g/cm³；壤质土和砂质土的平均容重分别为 1.33g/cm³、1.32g/cm³。不同质地容重由高到低依次为：黏质＞壤质＞砂质＞砾质，见表 4-86 所示。

表 4-86　不同质地类型容重

不同质地	平均值（g/cm³）	变幅（g/cm³）	变异系数（%）	标准差
砂质	1.32	1.18～1.52	7.50	0.1
壤质	1.33	1.12～1.61	6.92	0.09
黏质	1.38	1.27～1.52	8.02	0.11
砾质	1.29	1.21～1.59	5.02	0.06

四、土壤总孔隙度

土壤总孔隙度是指土壤在自然状态下，土壤中的孔隙占土壤总体积的百分数。土壤的孔隙度与土壤容重、透水性、通气性、导热性密切相关，可影响作物的出苗、根系的生长，还可影响着微生物的分布和活动，影响土壤有机质的矿质化和腐殖化的方向及速率，供应作物所需养分的多少和难易。因此，土壤的孔隙度是土壤的重要物理性状之一。

1. 土壤孔隙度

全市共选取 3010 个点位检测了土壤孔隙度，耕层土壤总孔隙度平均为 49.93%，变幅 39.6%～57.2%，大部分耕地孔隙度较为适宜。

2. 不同土壤类型孔隙度

潍坊市不同土壤类型孔隙度差异极小。砂姜黑土的孔隙度最大，平均为 50.3%，原因是该土类是本市高产粮田，连年实施秸秆还田，改善了土壤物理性状；其次是棕壤，平均为 50.2%；盐土最低，平均为 49.4%。各土壤类型孔隙度高低顺序为：砂姜黑土＞棕壤＞潮土＞褐土＞盐土，见表 4-87 所示。

表 4-87 不同土壤类型总孔隙度

土壤类型	平均值（%）	变幅（%）	变异系数（%）	标准差
棕壤	50.2	41～55	5.23	2.62
褐土	49.8	39.6～57.2	6.97	3.47
砂姜黑土	50.3	40～54	4.96	2.49
潮土	50.0	39.6～55.1	5.73	2.87
盐土	49.4	46.3～53.5	3.96	1.96

3. 不同用地类型土壤孔隙度

不同用地类型土壤孔隙度差异较大。花生田土壤的孔隙度最高，平均为 53.0%；设施菜田土壤的孔隙度最低，平均为 48.6%。不同用地类型土壤孔隙度依次为：花生田＞露天菜田＞棉田＞园地＞粮田＞设施菜田，见表 4-88 所示。

表 4-88 不同用地类型总孔隙度

用地类型	平均值（%）	变幅（%）	变异系数（%）	标准差
粮田	49.9	39.6～57.2	6.25	3.12
设施菜田	48.6	39.6～55.1	8.02	3.9
露天菜田	51.3	48.3～55	2.91	1.49
园地	50.0	40.4～53.2	4.08	2.04
棉田	50.6	47.4～54.1	3.86	1.95
花生田	53.0	48.9～55	2.95	1.57

4. 不同区域土壤孔隙度

不同区域土壤孔隙度差异较小。潍中区的孔隙度最大，平均为 51.0%，该区连年实施秸秆还田，增加了土壤孔隙；潍西区土壤孔隙度最小，平均为 48.2%，该区设施土壤样本较多，设施土壤退化降低了土壤孔隙度。不同区域土壤孔隙度由高到低依次为：潍中＞潍北＞潍南＞潍东＞潍西，见表 4-89 所示。

表 4-89 不同区域总孔隙度

不同区域	平均值（%）	变幅（%）	变异系数（%）	标准差
潍东	49.1	40.0～55.0	5.45	2.67
潍西	48.2	39.6～55.1	8.30	4.00
潍南	50.2	39.6～55.0	6.33	3.18
潍北	50.4	45.3～54.5	4.28	2.16
潍中	51.0	40.8～57.2	5.07	2.58

5. 不同质地土壤孔隙度

土壤孔隙度与土壤质地密切相关，不同质地土壤孔隙度有一定差异。砾质土的孔隙度最大，平均为53.3%，变幅为40.0%～55.0%，变幅较小，差异也小；其他质地间土壤孔隙度差异很小，壤质、黏质和砂质的土壤孔隙度分别为49.9%、49.8%、49.7%。不同质地由高到低依次为：砾质>壤质>黏质>砂质。见表4-90所示。

各壤质土的孔隙度差异较小。轻壤土最高，平均为50.8%；重壤的孔隙度最低，平均为48.8%；中壤和砂壤略有差异，孔隙度分别为49.2%、49.1%。其排列顺序为：轻壤>中壤>砂壤>重壤。

表4-90　不同质地类型总孔隙度

不同质地	平均值（%）	变幅（%）	变异系数（%）	标准差
砂质	49.7	44.2～57.2	5.25	2.61
壤质	49.9	39.6～56.6	6.30	3.14
黏质	49.8	48.0～52.1	2.73	1.36
砾质	53.3	40.0～55.0	4.86	2.59

第六节　土壤养分变化趋势

1982年第二次土壤普查时，全市耕层土壤养分概况是：有机质不足、氮素缺乏、绝大部分地块缺磷，局部地区缺钾。目前全市耕层土壤养分概况是：有机质含量中等，氮素含量中等偏上，磷素含量中等，钾素含量相对丰富。不同年度耕层土壤养分平均含量见表4-91所示。

表4-91　不同年度耕层土壤养分平均含量

年度	有机质（g/kg）	全氮（g/kg）	碱解氮（mg/kg）	有效磷（mg/kg）	速效钾（mg/kg）
1982	9.5	0.64	57	4.88	102
2012	13.4	0.99	93	36.6	153

（一）有机质

1982年第二次土壤普查时，全市耕层土壤有机质平均含量为9.5g/kg，含量大于10.0g/kg的仅占39.27%，低于10.0g/kg的占60.73%。本次调查，耕层土壤有机质平均含量为13.4/kg，比1982年提高了41.1%（图4-1），含量大于10g/kg的耕地面积占总耕地面积的82.91%，含量在6～10g/kg范围内的耕地面积占耕地总面积的16.05%。通过多年的技术推广，秸秆还田技术已被农民接受，秸秆还田技术的普遍应用，较大程度地提高了耕层土壤有机质含量。此外，随着农民科学施肥、重施有机肥的意识不断提高，有机肥施用量逐年增加，从而提高了土壤有机质含量。目前，全市土壤有机质平均含量虽然已经达到中等偏上水平，但是分布不平衡，潍北粮棉区、潍南粮油果种植区的有机质含量相对缺乏，这一区域的粮田今后要大力推广秸秆还田技术，增施优质鸡粪、土杂肥、生物有机肥，园地要实施覆草等措施提高土壤有机质含量。

（二）氮素

1982 年第二次土壤普查时，全市全氮平均含量仅为 0.64g/kg，碱解氮平均含量为 57mg/kg；而本次调查，全氮平均含量 0.99g/kg，比 1982 年提高了 54.7%，含量在 0.75g/kg 以上的耕地面积占总耕地面积的 77.42%；碱解氮平均含量为 93mg/kg，比 1982 年提高了 63.2%，含量大于 75mg/kg 的耕地面积占总耕地面积的 68.21%（图 4-2和图 4-3）。尿素、碳酸氢铵、磷酸二铵和复合肥等肥料的大量施用是土壤氮素提高的主要原因；其次是增施有机肥和秸秆还田技术的推广，改善了土壤理化性状，增加了土壤的保水保肥能力，提高了氮的存量。

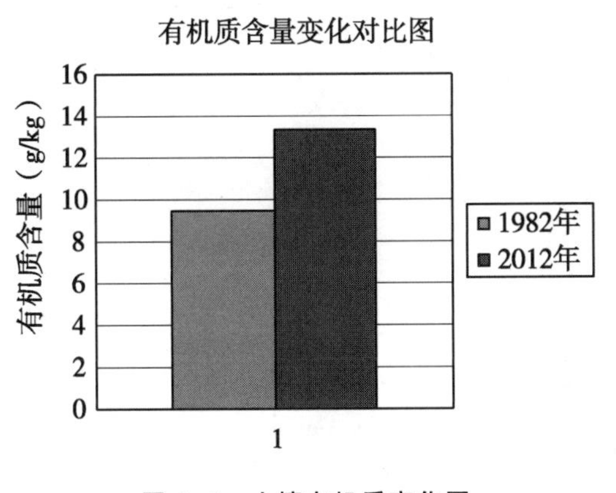

图 4-1　土壤有机质变化图

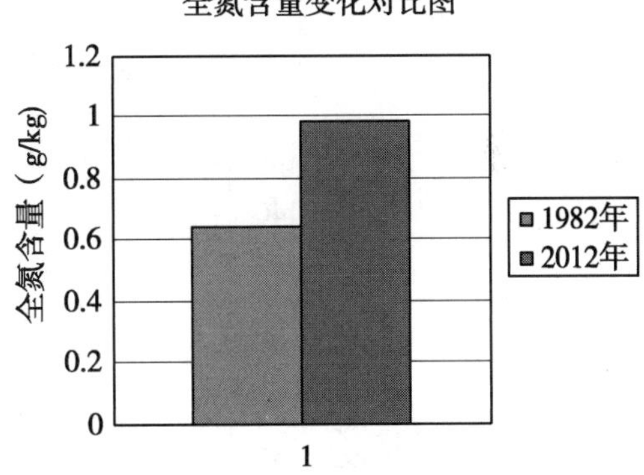

图 4-2　土壤全氮变化图

（三）有效磷

1982 年第二次土壤普查时，全市耕层土壤有效磷平均含量为 4.88mg/kg，其中大于 5mg/kg 的仅为 37.42%，大部分土壤处于缺乏状态。本次调查，土壤有效磷平均含量为 36.6mg/kg，比 1982 年提高了 31.72mg/kg，是 1982 年的 7.5 倍（图 4-4），含量大于 20mg/kg 的耕地占总耕地面积的 64.86%，5～20mg/kg 之间的占 35.11%。第二次土壤普查后，潍坊市根据土壤严重缺磷的状况，提出了增施磷肥的改良培肥措施，在增产增收方面起到良好的效果，随着磷酸二铵及三元复合肥的大量施用，全市土壤有效磷含量得到大幅度提高。

（四）速效钾

1982 第二次土壤普查时，由于作物产量较低，而且沿海地区土壤速效钾含量较高，所以全市耕层土壤速效钾总体属中等水平，平均含量为 102mg/kg。本次调查，速效钾平均含量为 153mg/kg，比 1982 年提高了 50.0%（图 4-5），含量大于 150mg/kg 的耕地面积占总耕地面积的 38.0%，低于 75mg/kg 的耕地面积仅占总耕地面积的 7.17%。与 1982 年相比，土壤速效钾含量水平大幅提高，这是近年来大量施用高浓度复合肥、复混肥，特别是高效经济作物增施钾肥的结果。

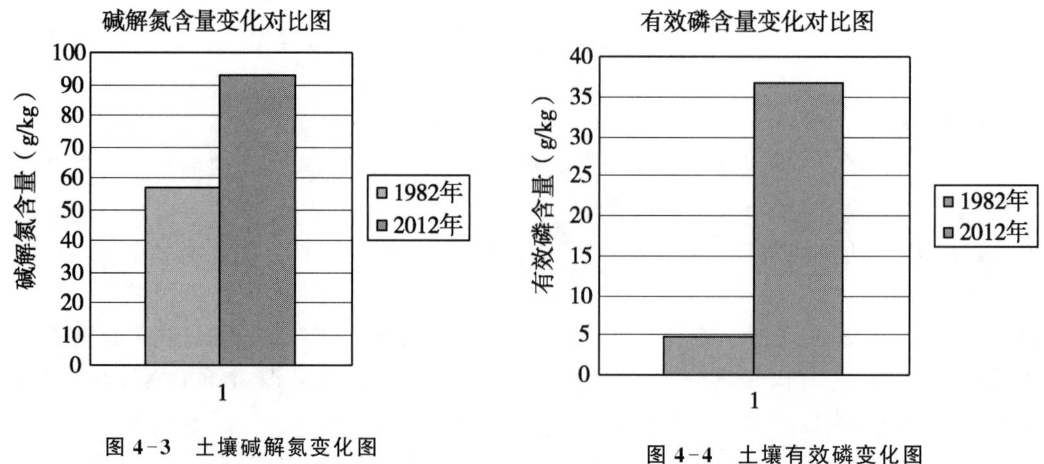

图 4-3　土壤碱解氮变化图

图 4-4　土壤有效磷变化图

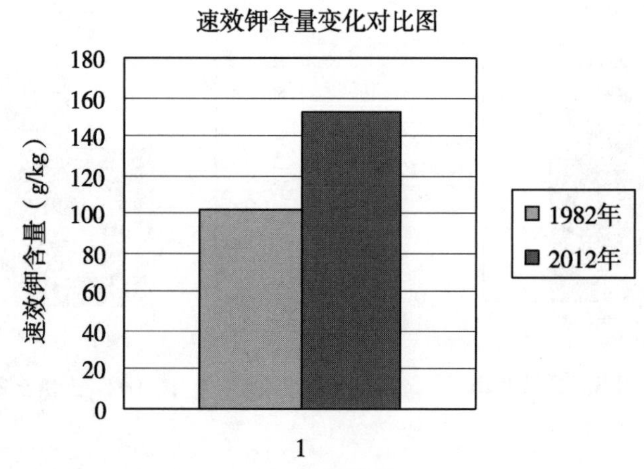

图 4-5　土壤速效钾变化图

随着耕作模式的改变，施肥观念也发生了巨大变化，农民的科学施肥素质已大大提高，实施测土配方施肥、秸秆还田和增施有机肥已成为农民的自觉行为，耕地利用和管理日趋合理。因此，土壤有机质、全氮、碱解氮、有效磷和速效钾等养分含量较 1982 年都有大幅度的提高，其中，有机质含量由不足增加到中等水平，磷素、氮素由严重缺乏提高到较为丰富，钾素处于丰富水平，土壤养分总体平衡合理。

第五章　耕地地力评价

耕地是土地的精华，是农业生产不可替代的重要生产资料，是保持社会和国民经济可持续发展的重要资源。保护耕地是我们的基本国策，因此，及时掌握耕地资源的数量、质量及其变化对于合理规划和利用耕地，切实保护耕地有十分重要的意义。在全面的野外调查和室内化验分析，获取大量耕地地力相关信息的基础上，开展了潍坊市耕地地力的综合评价，通过评价基本摸清了全市耕地地力的现状及问题，为耕地资源的高效和可持续利用提供了重要的科学依据。

第一节　评价的原则依据及流程

一、评价原则依据

（一）评价的原则

耕地地力就是耕地的生产能力，是在一定区域内一定的土壤类型上，耕地的土壤理化性状、所处自然环境条件、农田基础设施及耕作施肥管理水平等因素的总和。根据评价的目的要求，在潍坊市耕地地力评价中遵循以下基本原则。

1. 综合因素研究与主导因素分析相结合原则

土地是一个自然经济综合体，是人类利用的对象，对土地质量的鉴定涉及自然和社会经济多个方面，耕地地力也是各类要素的综合体现。所谓综合因素研究是指对地形地貌、土壤理化性状、相关社会经济因素等进行全面的研究、分析与评价，以全面了解耕地地力状况。主导因素是指对耕地地力起决定作用的、相对稳定的因子，在评价中要着重对其进行研究分析。因此，把综合因素与主导因素结合起来进行评价则可以对耕地地力做出科学准确的评定。

2. 共性评价与专题研究相结合原则

潍坊市耕地利用分为水浇地、旱地等多种类型，土壤理化性状、环境条件、管理水平等不一，因此耕地地力水平有较大的差异。考虑市内耕地地力的系统性、可比性，针对不同的耕地利用等状况，应选用统一的共同的评价指标和标准，即耕地地力的评价不针对某一特定的利用类型。另一方面，为了了解不同利用类型的耕地地力状况及其内部的差异情况，则对有代表性的主要类型，如蔬菜地等进行专题的深入研究。这样将共性的评价与专题研究相结合，使整体的评价和研究具有更大的应用价值。

3. 定量和定性相结合的原则

土地系统是一个复杂的灰色系统，定量和定性要素共存，相互作用，相互影响。因此，为了保证评价结果客观合理，宜采用定量和定性评价相结合的方法。在总体上，为了保证评价结果客观合理，尽量采用定量评价方法，对可定量化的评价因子如有机质等养分含量、土层厚度等按其数值参与计算，对非数量化的定性因子如土壤表层质地、土体构型等则进行量化处理，确定其相应的指数，并建立评价数据库，用计算机进行运算和处理，尽量避免人为因素影响。在评价因素筛选、权重确定、评价标准、等级确定等评价过程中，尽量采用定量化的数学模型，在此基础上充分运用人工智能和专家知识，对评价的中间过程和评价结果进行必要的定性调整，定量与定性相结合，从而保证评价结果的准确合理。

4. 采用卫星遥感和 GIS 支持的自动化评价方法原则

自动化、定量化的耕地评价技术方法是当前耕地评价的重要方向。近年来，随着计算机技术，特别是 GIS 技术在耕地评价中的不断应用和发展，基于 GIS 技术进行自动定量化评价的方法已不断成熟，使耕地评价的精度和效率大大提高。本次的耕地地力评价工作将采用最新 SPOT5 卫星遥感数据提取和更新耕地资源现状信息，通过数据库建立、评价模型及其与 GIS 空间叠加等分析模型的结合，实现了全数字化、自动化的评价流程，在一定的程度上代表了当前耕地评价的最新技术方法。

（二）评价的依据

耕地地力是耕地本身的生产能力，因此，要依据与此相关的各类自然和社会经济要素进行耕地地力的评价，具体包括 3 个方面：

1. 耕地地力的自然环境要素

包括耕地所处的地形地貌条件、水文地质条件、成土母质条件以及土地利用状况等。

2. 耕地地力的土壤理化要素

物理性状主要包括土壤剖面与土体构型、耕层厚度、质地、容重等。

化学性状主要有：有机质，氮、磷、钾，中、微量元素、pH 值和阳离子交换量等。

3. 耕地地力的农田基础设施条件

包括耕地的灌排条件、水土保持工程建设、培肥管理条件等。

二、评价流程

整个评价可分为 3 个方面的主要内容，按以下先后次序进行。

1. 资料工具准备及数据库建立

即根据评价的目的、任务、范围、方法，收集准备与评价有关的各类自然及社会经济资料，进行资料的分析处理。选择适宜的计算机硬件和 GIS 等分析软件，建立耕地地力评价基础数据库。

2. 耕地地力评价

划分评价单元，提取影响地力的关键因素并确定权重，选择相应评价方法，制订评价标准，确定耕地地力等级。

3. 评价结果分析

依据评价结果，各等级耕地面积量算，编制耕地地力分布图。分析耕地地力问题，提出耕地资源可持续利用的措施建议。

评价的工作流程见图 5-1 所示。

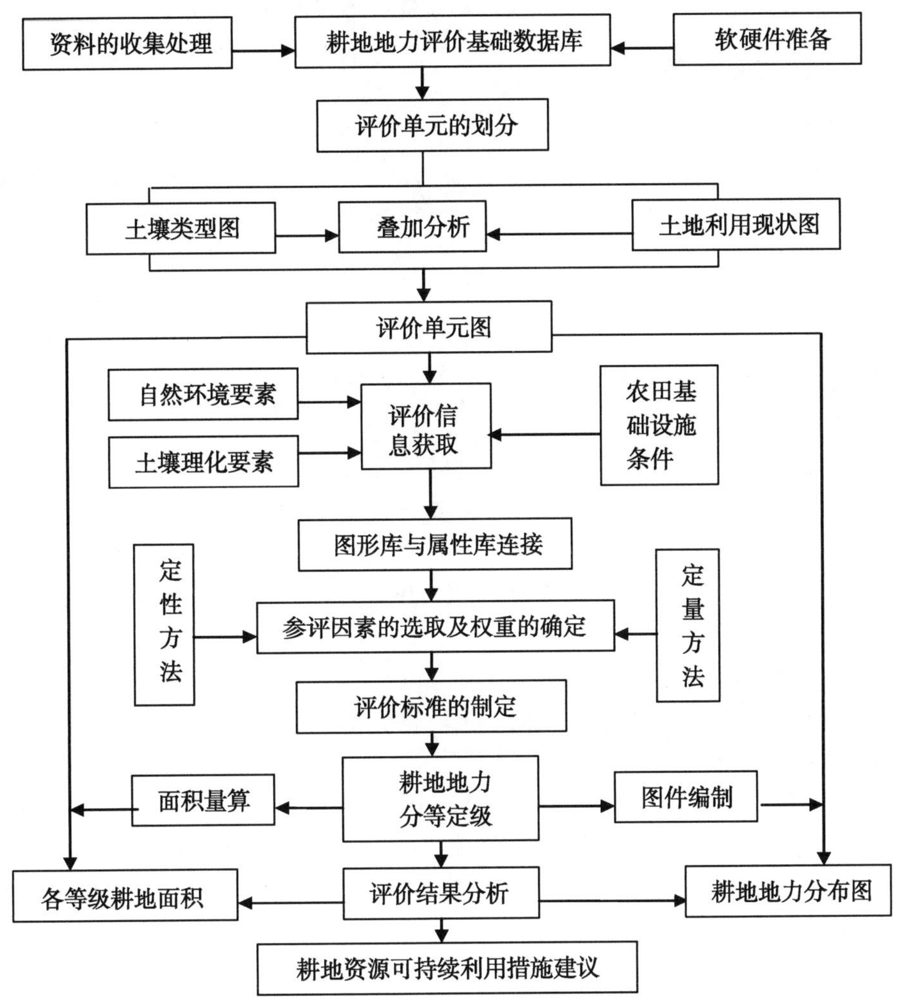

图 5-1　潍坊市耕地地力评价流程图

第二节　软硬件准备、资料收集处理及基础数据库的建立

一、软硬件准备

（一）硬件准备

主要包括高档微机、A0 幅面数字化仪、A0 幅面扫描仪、喷墨绘图仪等。微机主

要用于数据和图件的处理分析，数字化仪、扫描仪用于图件的输入，喷墨绘图仪用于成果图的输出。

（二）软件准备

一是 WINDOWS 操作系统软件，其次是 FOXPRO 数据库管理、SPSS 数据统计分析/ACCESS 数据管理系统等应用软件，再次是 MAPGIS、ARCVIEW、ARCMAP 等 GIS 通用软件。同时，利用了农业部县域耕地资源管理信息系统软件。

二、资料收集处理

（一）资料的收集

耕地地力评价是以耕地的各性状要素为基础，因此必须广泛地收集与评价有关的各类自然和社会经济因素资料，为评价工作做好数据准备。本次耕地地力评价收集获取的资料主要包括以下几个方面。

1. 野外调查资料

按野外调查点获取，主要包括地形地貌、土壤母质、水文、土层厚度、表层质地、耕地利用现状、灌排条件、作物长势、产量、管理措施水平等。

2. 室内化验分析资料

包括有机质、全氮、碱解氮、全磷、速效磷、速效钾等大量养分含量，交换性钙、镁等中量养分含量，有效锌、硼、钼等微量养分含量，以及 pH 值等。

3. 社会经济统计资料

以潍坊市的人口、土地面积、作物面积，以及各类投入产出等社会经济指标数据为基础统计资料。

4. 基础及专题图件资料

不同比例尺的地形图、行政区划图、土地利用现状图、地貌图和土壤图等。

（二）资料的处理

获取的评价资料可以分为定量和定性资料两大部分，为了采用定量化的评价方法和自动化的评价手段，减少人为因素的影响，需要对其中的定性因素进行定量化处理，根据因素的级别状况赋予其相应的分值或数值。各类养分等按调查点获取的数据，则需要进行插值处理，生成各类养分图。

1. 定性因素的量化处理

耕层质地：考虑不同质地类型的土壤肥力特征，以及与植物生长发育的关系，赋予不同质地类别以相应的分值。见表 5-1 所示。

表 5-1　耕层质地的量化处理

耕层质地	中壤	轻壤	重壤	砂壤	黏土	砂土	砾质壤	砾质砂
分值	100	95	90	85	75	65	50	30

地貌类型：根据不同的地貌类型对耕地地力及作物生长的影响，赋予其相应的分值，见表 5-2 所示。

表 5-2 地貌类型的量化处理

地貌类型	倾斜平地	微倾斜平地	缓坡地	斜坡地	冲积扇	碟状洼地	谷地	平台
分值	100	100	95	95	95	90	90	85
地貌类型	滨海低地	河漫滩	低丘	高丘	低山	中山	海滩	
分值	75	75	70	65	60	50	50	

障碍层：考虑影响潍坊市耕地地力的主要障碍状况，将障碍层归纳为不同的类型，并根据其对耕地地力的影响程度进行量化处理，见表 5-3 所示。

表 5-3 障碍层的量化处理

障碍层	无	砂层	砂姜层	砾质层
分值	100	80	60	40

灌排能力：根据影响潍坊市耕地地力的灌排能力，包括灌溉能力和排水能力两个方面，根据灌溉能力和排水能力对灌排能力进行量化处理，将灌排能力归纳为不同的类型，见表 5-4 所示。

表 5-4 灌排能力的量化处理

灌排能力	四水区	三水区	二水区	一水区	不能灌溉
分值	100	85	70	50	30

2. 各类养分专题图层的生成

对于土壤有机质、氮、磷、钾、锌、硼、钼等养分数据，首先按照野外实际调查点进行整理，建立了以各养分为字段，以调查点为记录的数据库。之后，进行了土壤采样样点图与分析数据库的连接，在此基础上对各养分数据进行自动的插值处理。

将 MapGIS 和 ArcView 环境中的插值结果进行比对，发现 ArcView 环境中的插值结果线条更为自然圆滑，符合实际。因此，本研究中所有养分采样点数据均在 ArcView 环境下操作，利用其空间分析模块功能对各养分数据进行自动的插值处理，经编辑处理，自动生成各土壤养分专题栅格图层。后续的耕地地力评价也以栅格形式进行，与矢量形式相比，能够将各评价要素信息精确到栅格（像元）水平，保证了评价结果的准确。图为在 ArcView 下插值生成的潍坊市土壤有机质、全氮含量分布栅格图。见图 5-2 和图 5-3 所示。

三、基础数据库的建立

（一）基础属性数据库建立

为更好地对数据进行管理，并为后续工作提供方便，将采样点基本情况、农业生

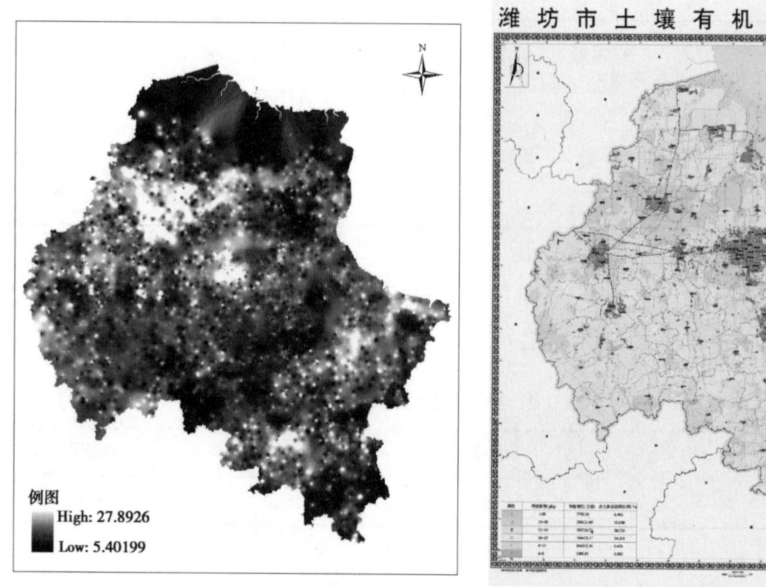

图 5-2 潍坊市土壤有机质含量分布栅格图（左）和矢量图（右）

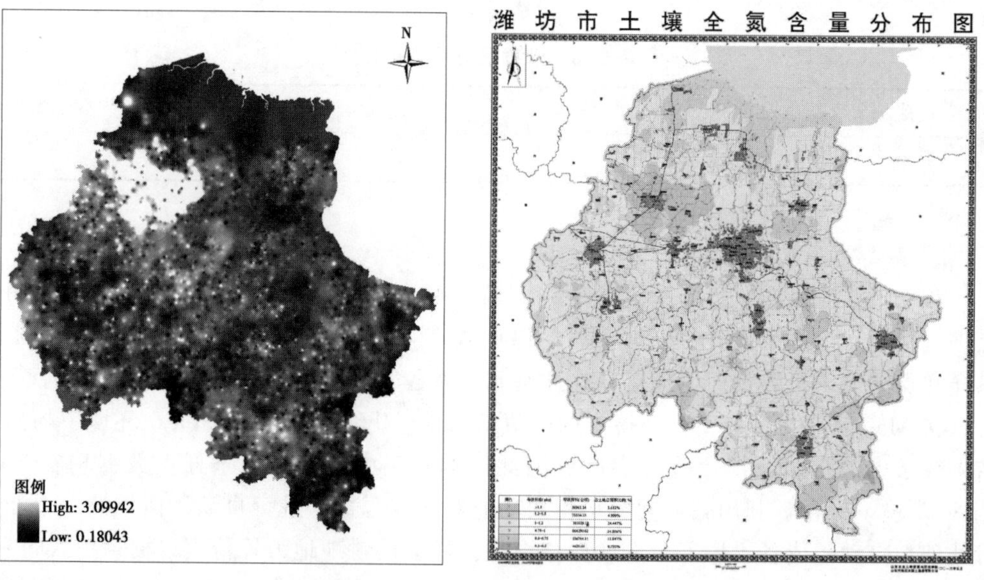

图 5-3 潍坊市土壤全氮含量分布栅格图（左）和矢量图（右）

产情况、土壤理化性状化验分析数据等信息，以调查点为基本数据库，建立属性数据库。

（二）基础专题图图形库建立

将扫描矢量化及插值等处理生成的各类专题图件，在 ARCVIEW 和 MAPGIS 软件的支持下，分别以栅格形式和点、线、区文件的形式进行存储和管理，同时将所有图件统一转换到相同的地理坐标系统下，以进行图件的叠加等空间操作，各专题图图斑属性信息通过键盘交互式输入或通过与属性库挂接读取，构成基本专题图图形数据库。图形库与基础属性库之间通过调查点相互连接。

第三节　评价单元的划分及评价信息的提取

一、评价单元的划分

评价单元是由对土地质量具有关键影响的各土地要素组成的空间实体，是土地评价的最基本单位、对象和基础图斑。同一评价单元内的土地自然基本条件、土地的个体属性和经济属性基本一致，不同土地评价单元之间，既有差异性，又有可比性。耕地地力评价就是要通过对每个评价单元的评价，确定其地力级别，把评价结果落实到实地和编绘的土地资源图上。因此，土地评价单元划分的合理与否，直接关系到土地评价的结果以及工作量的大小。

目前，对土地评价单元的划分尚无统一的方法，主要有以土壤类型、土地利用类型、行政区划单位、方里网等划分方法。本次潍坊市耕地地力评价土地评价单元的划分采用土壤图、土地利用现状图、行政区划图的叠置划分法，相同土壤单元、土地利用现状类型及行政区的地块组成一个评价单元，即“土地利用现状类型—土壤类型—行政区划”的格式。其中，土壤类型划分到土种，土地利用现状类型划分到二级利用类型，行政区划分到乡镇，制图区界以基于遥感影像的潍坊市最新土地利用现状图为准。为了保证土地利用现状的现实性，基于野外的实地调查对耕地利用现状进行了修正。同一评价单元内的土壤类型相同，利用方式相同，所属行政区相同，交通、水利、经营管理方式等基本一致，用这种方法划分评价单元既可以反映单元之间的空间差异性，既使土地利用类型有了土壤基本性质的均一性，又使土壤类型有了确定的地域边界线，使评价结果更具综合性、客观性，可以较容易地将评价结果落到实地。

通过图件的叠置和检索，将潍坊市耕地地力划分为 8 478个评价单元。

二、评价信息的提取

影响耕地地力的因子非常多，并且它们在计算机中的存贮方式也不相同，因此如何准确地获取各评价单元评价信息是评价中的重要一环，鉴于此，我们舍弃直接从键盘输入参评因子值的传统方式，采取将评价单元与各专题图件叠加采集各参评因素的信息。具体的做法是：①按唯一标识原则为评价单元编号；②在 ARCVIEW 环境下生成评价信息空间库和属性数据库；③在 ARCMAP 环境下从图形库中调出各化学性状评价因子的专题图，与评价单元图进行叠加，计算出各因子的均值；④保持评价单元几何形状不变，在耕地资源管理信息系统中，直接对叠加后形成的图形的属性库进行“属性提取”操作，以评价单元为基本统计单位，按面积加权平均汇总评价单元立地条件评价因子的分值。由此得到图形与属性相连的以评价单元为基本单位的评价信息。

第四节　参评因素的选取及其权重确定

正确进行参评因素的选取并确定其权重，是科学评价耕地地力的前提，直接关系到评价结果的正确性、科学性和社会可接受性。

一、参评因素的选取

参评因素是指参与评定耕地地力等级的耕地的诸属性。影响耕地地力的因素很多，在本次潍坊市耕地地力评价中根据潍坊市的区域特点遵循主导因素原则、差异性原则、稳定性原则、敏感性原则，采用定量和定性相结合的方法，进行参评因素的选取。

（一）以系统聚类方法，筛选定量评价指标

系统聚类方法用于筛选影响耕地地力的理化性质等定量指标，通过聚类将类似的指标进行归并，辅助选取相对独立的主导因子。我们利用SPSS统计软件进行了土壤养分等化学性状的系统聚类，聚类结果为土壤养分等化学性状评价指标的选取提供依据。

（二）以DELPHI法，筛选定性评价指标

用DELPHI法进行了影响耕地地力的立地条件、物理性状等定性指标的筛选。确定了由土壤农业化学学者、专家及潍坊市土肥站业务人员组成的专家组，首先对指标进行分类，在此基础上进行指标的选取，并讨论确定最终的选择方案。

综合以上两种方法，在定量因素中根据各因素对耕地地力影响的稳定性，以及营养元素的全面性，在聚类分析基础上，结合专家组选择结果，最后确定灌排能力、地貌类型、耕层质地、障碍层、土层厚度、有机质、大量元素（速效钾、有效磷）等8项因素作为耕地地力评价的参评指标。

二、权重的确定

在耕地地力评价中，要根据各参评因素对耕地地力的贡献确定权重，确定权重的方法很多，本评价中采用层次分析法（AHP）来确定各参评因素的权重。

层次分析法（AHP）是在定性方法基础上发展起来的定量确定参评因素权重的一种系统分析方法，这种方法可将人们的经验思维数量化，用以检验决策者判断的一致性，有利于实现定量化评价。AHP法确定参评因素的步骤如下。

（一）建立层次结构

耕地地力为目标层（G层），影响耕地地力的立地条件、物理性状、化学性状为准则层（C层），再把影响准则层中各元素的项目作为指标层（A层），其结构关系，见图5-4所示。

（二）构造判断矩阵

根据专家经验，确定C层对G层以及A层对C层的相对重要程度，共构成A、C_1、C_2、C_3 4个判断矩阵。例如，耕层质地、土层厚度、障碍层对耕地物理性状的判断矩阵表示为：

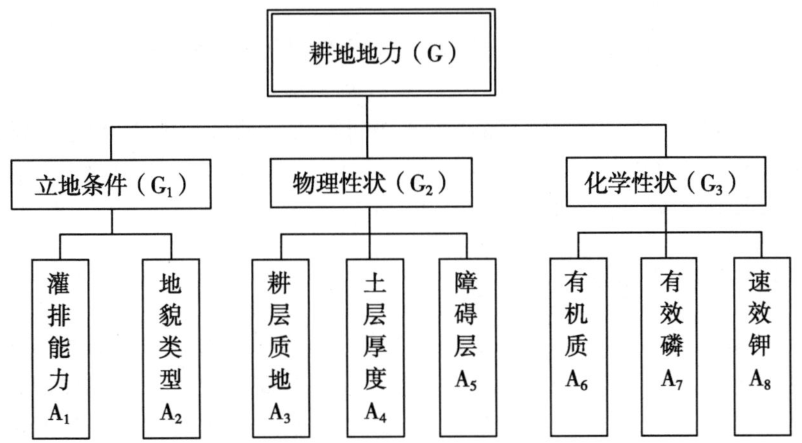

图 5-4 耕地地力影响因素层次结构

$$C_2=\begin{pmatrix} a_{11} & a_{12} & a_{13} \\ a_{21} & a_{22} & a_{23} \\ a_{31} & a_{32} & a_{33} \end{pmatrix}=\begin{pmatrix} 1.0000 & 0.6557 & 1.4545 \\ 1.5250 & 1.0000 & 2.2182 \\ 0.6875 & 0.4508 & 1.0000 \end{pmatrix}$$

其中，a_{ij}（i 为矩阵的行号，j 为矩阵的列号）表示对 C_2 而言，a_i 对 a_j 的相对重要性的数值。

（三）层次单排序及一致性检验

即求取 A 层对 C 层的权数值，可归结为计算判断矩阵的最大特征根对应的特征向量。利用 SPSS 等统计软件，得到的各权数值及一致性检验的结果，见表 5-5 所示。

表 5-5 权数值及一致性检验结果

矩阵	特征向量			CI	CR
矩阵 A	0.3620	0.4118	0.2262	0	0<0.1
矩阵 C_1	0.5755	0.4245			
矩阵 C_2	0.3113	0.4747	0.2140	0	0<0.1
矩阵 C_3	0.4748	0.2908	0.2344	0	0<0.1

从表 5-5 中可以看出，CR<0.1，具有很好的一致性。

（四）各因子权重的确定

根据层次分析法计算结果，最终确定了潍坊市耕地地力评价各参评因子的权重（表 5-6）。

表 5-6 各因子的权重

灌排能力	0.2083	地貌类型	0.1537	障碍层	0.0881	耕层质地	0.1282
土层厚度	0.1955	有机质	0.1074	有效磷	0.0658	速效钾	0.0530

第五节 耕地地力等级的确定

土地是一个灰色系统，系统内部各要素之间与耕地的生产能力之间关系十分复杂，此外，评价中也存在着许多不严格、模糊性的概念，因此在评价中引入了模糊数学方法，采用模糊评价方法来进行耕地地力等级的确定。

一、参评因素隶属函数的建立

用 DELPHI 法根据一组分布均匀的实测值评估出对应的一组隶属度，然后在计算机中绘制这两组数值的散点图，再根据散点图进行曲线模拟，寻求参评因素实际值与隶属度关系方程，从而建立起隶属函数。各参评因素的分级及其相应的专家赋值和隶属度，见表 5-7 所示。

表 5-7 参评因素的分级及其分值

地貌类型	倾斜平地	微倾斜平地	缓坡地	斜坡地	冲积扇	碟状洼地	谷地	平台	滨海低地地	河漫滩	低丘	高丘
分值	100	100	95	95	95	90	90	85	75	75	70	65
隶属度	1.00	1.00	0.95	0.95	0.95	0.90	0.90	0.85	0.75	0.75	0.70	0.65
地貌类型	低山	中山	海滩									
分值	60	50	50									
隶属度	0.60	0.50	0.50									
灌排能力	四水区	三水区	二水区	一水区	不能灌溉							
分值	100	85	70	50	30							
隶属度	1.00	0.85	0.70	0.50	0.30							
有机质	20	18	16	14	12	10	8	6				
分值	100	98	95	90	84	78	65	50				
隶属度	1.00	0.98	0.95	0.90	0.84	0.78	0.65	0.50				
有效磷	400	300	200	110	80	60	40	30	20	15	10	5
分值	70	80	90	100	98	96	92	90	85	80	60	40
隶属度	0.70	0.80	0.90	1.00	0.98	0.96	0.92	0.90	0.85	0.80	0.60	0.40
速效钾	400	320	240	160	120	100	80	60				
分值	100	98	93	85	82	78	70	50				
隶属度	1.00	0.98	0.93	0.85	0.82	0.78	0.70	0.50				
耕层质地	中壤	轻壤	重壤	砂壤	黏土	砂土	砂质壤	砾质砂				
分值	100	95	90	85	75	65	50	30				

（续表）

地貌类型	倾斜平地	微倾斜平地	缓坡地	斜坡地	冲积扇	碟状洼地	谷地	平台	滨海低地地	河漫滩	低丘	高丘
隶属度	1.00	0.95	0.90	0.85	0.75	0.65	0.5	0.3				
障碍层	无	砂层	砂姜层	砾质层								
分值	100	80	60	40								
隶属度	1.00	0.80	0.60	0.40								
土层厚度	>100	60～100	60～30	30～15								
分值	100	80	60	40								
隶属度	1.00	0.80	0.60	0.40								

通过模拟共得到直线型、戒上型、戒下型三种类型的隶属函数，其中，有效磷属于以上两种或两种以上的复合型隶属函数，地貌类型、耕层质地等描述性的因素属于直线型隶属函数，然后根据隶属函数计算各参评因素的单因素评价评语。以有机质为例绘制的散点分布和模拟曲线见图 5-5 所示。

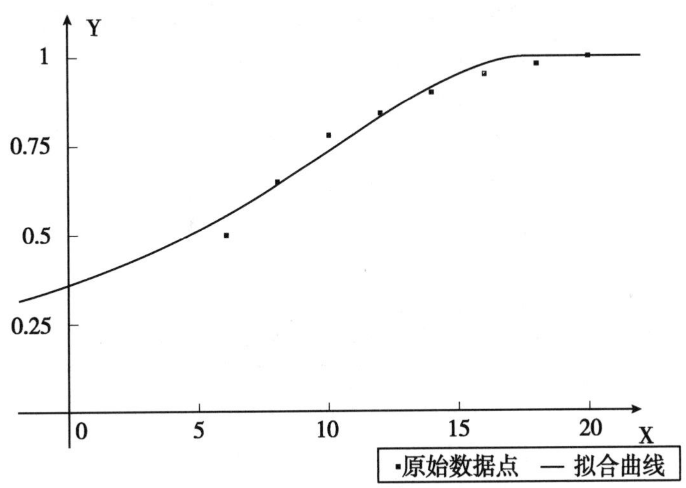

图 5-5　有机质与隶属度关系曲线

其隶属函数为戒上型，形式为：

$$Y=\begin{cases}0, & x\leqslant xt\\ 1/\left[1+A\times (x-C)^2\right] & xt<x<c\\ 1, & c\leqslant x\end{cases}$$

各参评因素类型及其隶属函数见表 5-8 所示。

二、耕地地力等级的确定

（一）计算耕地地力综合指数

用指数和法来确定耕地的综合指数，公式为：

$$IFI=\sum Fi\times Ci$$

表 5-8　参评因素类型及其隶属函数

函数类型	参评因素	隶属函数	a	c	Ut
戒上型	有机质(g/kg)	$Y=1/[1+A\times(x-C)^2]$	0.00543	18.22	3.5
戒上型	速效钾(mg/kg)	$Y=1/[1+A\times(x-C)^2]$	0.00000760	327.836	15
戒上型　<110	有效磷(mg/kg)	$Y=1/[1+A\times(x-C)^2]$	0.0000992	80.159	3
戒下型　>110			0.00000742	111.967	450
正直线型	地貌类型(分值)	$Y=a\times x$	0.01	100	0
正直线型	障碍层(分值)	$Y=a\times x$	0.01	100	0
正直线型	耕层质地(分值)	$Y=a\times x$	0.01	100	0
正直线型	灌排能力(分值)	$Y=a\times x$	0.01	100	0
正直线型	土层厚度(分值)	$Y=a\times x$	0.01	100	0

式中：IFI（Integrated Fertility Index）代表耕地地力综合指数；F_i＝第 i 个评价因素；Ci＝第 i 个因素的组合权重。

具体操作过程：在市域耕地资源管理信息系统中，在“专题评价”模块中编辑立地条件、物理性状和化学性状的层次分析模型以及各评价因子的隶属函数模型，然后选择“耕地生产潜力评价”功能进行耕地地力综合指数的计算。

（二）最佳耕地地力等级数目的确定

计算耕地地力综合指数之后，在耕地资源管理系统中我们选择累积曲线分级法进行评价，根据曲线斜率的突变点（拐点）来确定等级的数目和划分综合指数的临界点，将潍坊市耕地地力共划分为六级，各等级耕地地力综合指数，见表 5-9 所示；综合指数分布，见图 5-6 所示。

表 5-9　潍坊市耕地地力等级综合指数

IFI	>0.95	0.91～0.95	0.86～0.91	0.80～0.86	0.72～0.80	<0.72
耕地地力等级	一等	二等	三等	四等	五等	六等

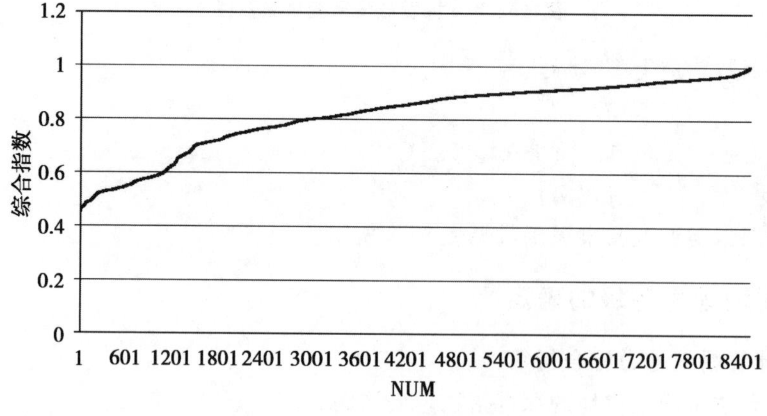

图 5-6　潍坊市综合指数分布图

第六节　成果图编制及面积量算

一、图件的编制

为了提高制图的效率和准确性，在地理信息系统软件 MAPGIS 的支持下，进行潍坊市耕地地力评价图及相关图件的自动编绘处理，其步骤大致分以下几步：扫描矢量化各基础图件→编辑点、线→点、线校正处理→统一坐标系→区编辑并对其赋属性→根据属性赋颜色→根据属性加注记→图幅整饰输出。另外，还充分发挥 MAPGIS 强大的空间分析功能用评价图与其他图件进行叠加，从而生成其他专题图件，如评价图与行政区划图叠加，进而计算各行政区划单位内的耕地地力等级面积等。

（一）专题图地理要素底图的编制

专题地图的地理要素内容是专题图的重要组成部分，用于反映专题内容的地理分布，并作为图幅叠加处理的分析依据。地理要素的选择应与专题内容相协调，考虑图面的负载量和清晰度，应选择基本的、主要的地理要素。

以潍坊市最新的土地利用现状图为基础，对此图进行了制图综合处理，选取主要的居民点、交通道路、水系、境界线等及其相应的注记，进而编辑生成各专题图地理要素底图。

（二）耕地地力评价图的编制

以耕地地力评价单元为基础，根据各单元的耕地地力评价等级结果，对相同等级的相临评价单元进行归并处理，得到各耕地地力等级图斑。在此基础上，分两个层次进行图面耕地地力等级的表示：一是颜色表示，即赋予不同耕地地力等级以相应的颜色。二是代号，用罗马数字Ⅰ、Ⅱ、Ⅲ、Ⅳ、Ⅴ、Ⅵ表示不同的耕地地力等级，并在评价图相应的耕地地力图斑上注明。将评价专题图与以上的地理要素图复合，整饰得出潍坊市耕地地力评价图，见附图。

（三）其他专题图的编制

对于有机质、速效钾、有效磷、有效锌等其他专题要素图，则按照各要素的分级分别赋予相应的颜色，标注相应的代号，生成专题图层。之后与地理要素图复合，编辑处理生成专题图件，并进行图幅的整饰处理，最终制成各专题图，见附图。

二、面积量算

面积的量算通过与专题图相对应的属性库的操作直接完成。对耕地地力等级面积的量算，则在相关数据库管理软件的支持下，对图件属性库进行操作，检索相同等级的面积，然后汇总得各类耕地地力等级的面积，根据潍坊市图幅理论面积进行平差，得到准确的面积数值。对于不同行政区划单位内部、不同的耕地利用类型等的耕地地力等级面积的统计，则通过耕地地力评价图与相应的专题图进行叠加分析，由其相应属性库统计获得。

第六章　耕地地力分析

本次耕地地力分析，按照农业部耕地质量调查和评价的规程及相关标准，结合当地实际情况，选取了对耕地地力影响较大，区域内变异明显，在时间序列上具有相对稳定性，与农业生产有密切关系的多个因素，建立评价指标体系。以土壤图与土地利用现状图叠加形成评价单元，应用模糊综合评判方法，通过综合分析，将全市耕地划分为 6 个等级，根据评价结果进行耕地地力的系统分析。

第一节　耕地地力等级及空间分布

一、耕地地力等级面积

利用 MAPGIS 软件，对评价图属性库进行操作，检索统计耕地各等级的面积及图幅总面积。以 2012 年潍坊市耕地总面积 783 381hm² 为基准，按面积比例进行平差，计算各耕地地力等级面积（表 6-1）。

潍坊市耕地总面积为 783 381hm²，其中，一级地 116 880.4hm²，占总耕地面积的 14.92%；二级地 173 518.9hm²，占 22.15%，三级地 185 896.3hm²，占 23.73%，四级地 119 935.6hm²，占 15.31%；五级地面积为 81 236.6hm²，占 10.37%；六级地为 105 913.1hm²，占 13.52%。

表 6-1　潍坊市耕地分级评价结果

等级	一级地	二级地	三级地	四级地	五级地	六级地	总计
面积（hm²）	116 880.4	173 518.9	185 896.3	119 935.6	81 236.6	105 913.1	783 381
百分比（%）	14.92	22.15	23.73	15.31	10.37	13.52	100

从具体的耕地等级、分布情况看，耕地等级高低与地貌类型密切相关，耕地等级由高到低其相应地貌类型则由平原向山地丘陵过渡，同时其相应的土壤类型也由潮土、潮棕壤、潮褐土到普通棕壤、褐土、砂姜黑土、盐化潮土，再向棕壤性土和褐土性土演替。耕地利用类型则由水浇地向旱地过渡，呈现出较为明显的区域分布规律。

二、耕地地力等级空间分布

从等级分布图上可以看出，一级地和二级地主要分布于潍坊市中部地区，微地貌类型以平地、缓坡地、冲积扇、微倾斜平地、河漫滩为主。这一区域耕地地势平坦，水利设施良好，绝大部分为水浇地，蔬菜地多集中分布于此；三级地、四级地比较分散的分布于潍坊市东部以及北部，其土层较厚，地势较平坦，水利设施不完善，灌溉保证率不高，若加大资金投入、完善基础设施、改善生产条件，产量就能大幅提高到中产田类型，有较大的开发潜力。五级地和六级地一部分分布在南部丘陵区，这部分耕地有效耕层薄，肥力低；另一部分分布在北部盐碱地区，存在盐碱障碍，灌溉条件较差，还有部分未利用土地，属于低产田类型。

三、耕地地力等级的行政区域分布

从各县市区的地力等级分布看，潍城、寿光和寒亭的一级和二级地比例较高，一级和二级之和分别占耕地面积的87.09%、60.55%、50.46%；临朐的比例最低，占耕地面积的1.78%。奎文、峡山、高密的三级和四级地比例较高，三级和四级之和分别占耕地面积的81.9%、70.84%、63.72%；潍城、青州和安丘的三级和四级地比例较低，三级和四级之和分别占耕地面积的11.76%、21.01%、23.09%。临朐和青州的五级和六级地比例较高，五级和六级地之和分别占耕地面积的68.75%、38.75%。各等级耕地在各县市区的分布状况及等级面积与比例见表6-2所示。

从耕地地力等级行政区域分布数据库中，按权属字段检索出各等级，统计出一～六级地在各乡镇的分布状况。一级、二级高等地力耕地所占比例较高的乡镇为围子镇、景芝镇、饮马镇、新安街道、高里街道，三级、四级中等地力耕地所占比例较高的乡镇主要为羊口镇、舜王街道、台头镇、贾悦镇，五级、六级低等地力耕地所占比例较大的乡镇有沂山镇、柘山镇、王坟镇、辛寨镇、林家村镇和皇华镇。

表6-2　潍坊市耕地地力等级行政区域分布

县名称		一级地	二级地	三级地	四级地	五级地	六级地	总面积（hm^2）
临朐县	面积（hm^2）	256.79	947.27	4 992.63	14 949.29	15 306.85	31 232.19	67 685.01
	百分比（%）	0.38	1.4	7.38	22.09	22.61	46.14	
安丘市	面积（hm^2）	21 282.61	21 612.56	11 905.27	9 945.41	9 301.57	20 560.37	94 607.78
	百分比（%）	22.5	22.84	12.58	10.51	9.83	21.73	
昌乐县	面积（hm^2）	10 705.87	12 932.45	11 959.76	6 832.32	8 010	10 587.11	61 027.51
	百分比（%）	17.54	21.19	19.6	11.2	13.13	17.35	
高密市	面积（hm^2）	1 463.03	25 596.2	44 613.87	14 126.1	3 840.06	2 544.07	92 183.33
	百分比（%）	1.59	27.77	48.4	15.32	4.17	2.76	
峡山区	面积（hm^2）	1 441.11	5 447.31	9 295.37	7 438.72	0	0	23 622.52
	百分比（%）	6.1	23.06	39.35	31.49	0	0	
诸城市	面积（hm^2）	7 941.12	26 099.36	31 315.23	16 590.46	15 677.87	21 732.47	119 356.5
	百分比（%）	6.65	21.87	26.24	13.9	13.14	18.21	

（续表）

县名称		一级地	二级地	三级地	四级地	五级地	六级地	总面积（hm^2）
寿光市	面积（hm^2）	30 302.55	30 046.01	20 976.97	13 455.65	3 757.51	1 128.29	99 666.99
	百分比（%）	30.4	30.15	21.05	13.5	3.77	1.13	
青州市	面积（hm^2）	12 038.75	17 908.68	13 914.78	1 721.94	14 124.19	14 710.84	74 419.17
	百分比（%）	16.18	24.06	18.7	2.31	18.98	19.77	
潍城区	面积（hm^2）	5 526.49	4 414.39	1 243.11	99.14	115.79	15.4	11 414.31
	百分比（%）	48.42	38.67	10.89	0.87	1.01	0.13	
昌邑市	面积（hm^2）	13 116.29	12 309.72	16 989.86	21 620.87	6 857.73	671.77	71 566.24
	百分比（%）	18.33	17.2	23.74	30.21	9.58	0.94	
寒亭区	面积（hm^2）	10 103.93	10 647.56	12 015.32	5 878.42	1 994.17	489.44	41 128.85
	百分比（%）	24.57	25.89	29.21	14.29	4.85	1.19	
坊子区	面积（hm^2）	2 194.56	5 379.98	6 586.74	3 569.98	2 144.66	2 245.28	22 121.19
	百分比（%）	9.92	24.32	29.78	16.14	9.7	10.15	
奎文区	面积（hm^2）	486.53	206.74	62.75	3 689.33	136.23	0	4 581.59
	百分比（%）	10.62	4.51	1.37	80.53	2.97	0	

第二节　耕地地力等级分述

一、一级地

（一）面积与分布

一级地综合评价指数＞0.95，耕地面积 116 880.4hm^2，占全市总耕地面积的 14.92%。主要分布在潍坊的中部平原，其中，水浇地 96 736.99hm^2，占一级地面积 82.77%；旱地 8 981.37hm^2，占一级地面积的 7.68%。从区域分布看，寿光、安丘、昌邑、青州、昌乐、寒亭等县市区一级地的面积大、比例高，一级地面积分别为 30 302.55hm^2、21 282.61hm^2、13 116.29hm^2、12 038.75hm^2、10 705.87hm^2 和 10 103.93hm^2，分别占全市耕地面积的 3.87%、2.72%、1.67%、1.54%、1.37%和 1.29%。见表 6-3 所示。

表 6-3　一级地主要利用类型面积

利用类型	评价单元（个）	面积（hm^2）	占总耕地面积（%）	占一级地面积（%）
水浇地	850	96 736.99	12.35	82.77
旱地	111	8 981.37	1.15	7.68
总计	961	105 718.4	13.5	90.45

（二）主要属性分析

一级地土壤类型以潮土、潮褐土、砂姜黑土、潮棕壤 4 个亚类为主。土壤表层质地为轻壤和中壤，土体构型以中壤均质、中壤黏腰、中壤黏心为主，无明显障碍层次。微地貌类型以微倾斜平地、缓坡地、冲积扇为主，土层深厚，土壤理化性状良好，可耕性强。农田水利设施较完善，灌排条件较好，灌溉保证率达到85%以上。土壤养分含量较高，有机质平均为14.55g/kg、有效磷为47.6mg/kg、速效钾为182.17mg/kg，见表6-4所示。

表6-4　一级地主要养分含量

项目	有机质（g/kg）	有效磷（mg/kg）	速效钾（mg/kg）
平均值	14.55	47.6	182.17
范围值	8.80～24.400	7.8～129.6	69.00～485.00
含量水平	中等偏上	中等偏上	中等偏上

（三）合理利用

一级地是潍坊市最好的耕地，各种评价指标均属良好型。地面平坦或稍有倾斜，土层深厚，排灌良好，易于耕作，适耕期长。土壤养分水平高，保水保肥性能好，利用上几乎没有限制因素，适宜于各种植物生长，是潍坊市高产、稳产农田和设施蔬菜生产基地，也是粮食高产创建集中分布区。今后应切实加强该级耕地的保护，严格控制非农用地占用，做到用地养地结合，确保持续利用。在以后的农业生产中应注意三点：一是实行秸秆还田，增施有机肥料，增加土壤有机质含量；二是每隔二到三年深耕一次，打破犁底层，加大耕层厚度；三是实施测土配方施肥技术，调整肥料施用结构，减少化肥用量，提高化肥利用率，防止土壤酸化、盐渍化。

二、二级地

（一）面积与分布

二级地，综合评价指数为0.91～0.95，耕地面积为173 518.9hm^2，占全市总耕地面积22.15%。其中，水浇地138 863.8hm^2，占二级地面积80.03%；旱地32 589.36hm^2，占二级地面积18.78%。在寿光、诸城、高密、安丘、青州和昌邑等县市分布的面积大、比例高，二级地面积分别为30 046.01hm^2、26 099.36hm^2、25 596.2hm^2、21 612.56hm^2、17 908.68hm^{2}和12 309.72hm^2，分别占全市总耕地面积的3.84%、3.33%、3.27%、2.92%、2.72%和1.57%，见表6-5所示。

表6-5　二级地主要利用类型面积

利用类型	评价单元（个）	面积（hm^2）	占总耕地面积（%）	占二级地面积（%）
水浇地	1 295	138 863.8	17.73	80.03
旱地	346	32 589.36	4.16	18.78
合计	1 641	171 453.2	21.89	98.81

（二）主要属性分析

二级地土壤类型以潮土、砂姜黑土、潮褐土、淋溶褐土、潮棕壤5个亚类为主，土壤表层质地主要是轻壤和中壤，兼有零星砂壤，该级耕地部分地区存在砂姜层和砂层两个障碍层次。微地貌类型以斜坡地、微倾斜平地、平地、缓坡地、冲积扇、河漫滩为主。土层较深厚，土壤理化性状良好，可耕性较强。农田水利设施较为完善，灌排条件良好，灌溉保证率在70%以上。土壤养分含量均属于全市中等偏上水平，有机质平均为13.48g/kg、有效磷为33.89mg/kg、速效钾为150.11mg/kg，见表6-6所示。

表6-6 二级地主要养分含量

项目	有机质（g/kg）	有效磷（mg/kg）	速效钾（mg/kg）
平均值	13.48	33.89	150.11
范围值	7.70～21.60	7.40～103.90	67.00～467.00
含量水平	中等	中等偏上	中等偏上

（三）合理利用

二级地所处地势较平坦，土层深厚，水浇条件良好，养分水平高，易于耕作，适耕期长。是重要的粮食和蔬菜生产区，粮菜轮作面积较大，也是粮食高产创建集中分布区。综合分析二级地土壤，总体土壤地力较好，但部分存在农业生产不利因素。一是土壤质地偏黏，剖面构型欠佳等，尤其是部分砂姜黑土，质地为重壤或黏土，耕性不良，对作物生长有一定影响。二是部分耕地养分比例不协调。合理利用主要应从改良土壤入手，可采用增施有机肥料、实施秸秆还田、深耕深松等措施来改良土壤质地及构型，培肥地力，建设高产稳产农田。推广测土配方施肥技术，调整氮磷钾与微肥的比例。

三、三级地

（一）面积与分布

三级地综合评价指数为0.86～0.91，耕地面积185 896.3hm²，占全市总耕地面积的23.73%，为潍坊市耕地面积最大的一个等级。其中，水浇地124 616.9hm²，占三级地面积的67.04%；旱地39 078.06hm²，占三级地面积的21.02%。高密、诸城、寿光、昌邑、青州、寒亭、昌乐、安丘8市的分布面积大、比例大，三级地面积分别为44 613.87hm²、31 315.23hm²、20 976.97hm²、16 989.86hm²、13 914.78hm²、11 959.76hm²、12 015.3hm²和11 905.27hm²，分别占全市耕地面积的5.70%、4.00%、2.68%、2.17%、1.78%、1.53%、1.53%和1.52%，见表6-7所示。

表6-7 三级地主要利用类型面积

利用类型	评价单元（个）	面积（hm²）	占总耕地面积（%）	占三级地面积（%）
水浇地	1 213	124 616.9	15.91	67.04
旱地	450	39 078.06	4.99	21.02
合计	1 663	163 695.0	20.90	88.06

（二）主要属性分析

三级地土壤类型以潮土、砂姜黑土、褐土、棕壤为主。土壤表层质地主要是轻壤和中壤，部分耕地有砂姜层和砂层两个明显的障碍层次。微地貌类型主要是斜坡地、微倾斜平地、平地、平台、冲积扇、缓坡地、河漫滩。灌溉保证率接近70%。土壤养分有效磷和速效钾含量偏低，有机质平均为14.3g/kg，属中等偏上水平；有效磷为31.19mg/kg、速效钾为137.81mg/kg，见表6-8所示。

表6-8　三级地主要养分含量

项目	有机质（g/kg）	有效磷（mg/kg）	速效钾（mg/kg）
平均值	14.3	31.19	137.81
范围值	7.20～26.80	5.10～79.60	59.00～234.00
含量水平	中等偏上	中等偏下	中等偏下

（三）改良与利用

该级地土壤类型较好，表层质地适中，耕性良好，土壤养分含量属于中等或较丰富水平。但部分土壤砂性大或偏黏重，灌溉保证率偏低，干旱年份灌溉无保证。今后的改良利用应做好以下几个方面：一是深耕深翻，平整地面。二是实行秸秆还田，改良土壤，培肥地力。三是协调氮磷钾比例，增施磷肥、钾肥，适当补施微肥。四是提高灌溉保证率。在有条件的区域一方面兴修水利，完善排灌系统。另外，要大力发展节水农业，在蔬菜和果园上重点推广微灌技术，在旱地上深耕深松、秸秆还田等农艺措施增强土壤的保水性。

四、四级地

（一）面积与分布

四级地综合评价指数为0.80～0.86，耕地面积119 935.6hm^2，占全市总耕地面积的15.31%。其中，旱地70 915.45hm^2，占四级地面积的59.13%；水浇地37 779.01hm^2，占四级地面积的31.50%。昌邑、诸城、临朐、高密、寿光、安丘等6市的分布面积大、比例高，面积分别为21 620.87hm^2、16 590.46hm^2、14 949.29hm^2、14 126.1hm^2、13 455.65hm^2、9 945.41hm^2，分别占全市耕地面积的2.76%、2.12%、1.91%、1.80%、1.72%、1.27%，见表6-9所示。

表6-9　四级地主要利用类型面积

利用类型	评价单元（个）	面积（hm^2）	占总耕地面积（%）	占四级地面积（%）
水浇地	519	37 779.01	4.82	31.50
旱地	789	70 915.45	9.05	59.13
合计	1 308	108 694.5	13.87	90.63

（二）主要属性分析

四级地土壤类型以棕壤、褐土、潮土为主。土壤表层质地主要是轻壤、中壤和砂壤，兼有少量重壤。耕层中的障碍性层次以砾质层为主，也有部分含有少量砂姜层和砂层。微地貌类型以斜坡地、高丘、缓坡地、滨海低地为主。灌溉保证率基本达到50％。土壤养分含量均偏低，有机质平均为12.95g/kg、有效磷为28.22mg/kg、速效钾为138.46mg/kg，见表6-10所示。

表6-10　四级地主要养分含量

项目	有机质（g/kg）	有效磷（mg/kg）	速效钾（mg/kg）
平均值	12.95	28.22	138.46
范围值	8.10～21.40	7.10～98.30	69.00～276.00
含量水平	中等偏下	中等偏下	中等偏下

（三）改良利用

四级地是潍坊市的主要粮棉生产基地，产量水平中等。限制农业生产的主要因素有两个，一是土壤存在盐渍化、障碍层次、质地偏砂或过黏等障碍因素；二是耕地的水利设施不完善，水土流失较为严重。因此，受旱涝灾害威胁大，产量低而不稳。目前，农作物种植以二年三熟为主。

该级耕地的改良利用要以消除或减少障碍因素为主，重点从以下四个方面着手：一是加强农田基本建设，平整土地，因地制宜，兴修水利，完善灌排设施，发展节水灌溉和旱作农业。二是增加对耕地的投入，推广深耕、秸秆还田、增施有机肥料等技术，实行有机无机结合，改良土壤理化性状，提高土地的产出水平。三是因地制宜，调整种植业结构。盐化潮土区增加棉花等耐盐作物比例，旱地适当增加耐旱作物面积。四是校正施肥。针对四级地养分比例不协调、部分土壤养分缺乏的现状，推广校正施肥技术，做到缺什么、补什么，缺多少、补多少。

五、五级地

（一）面积与分布

综合评价指数为0.72～0.80，耕地面积为81 236.6hm^2，占全市总耕地面积的10.37％，为潍坊市耕地面积最小的1个等级。其中，旱地57 038.1hm^2，占五级地面积的70.21％，水浇地9 850.45hm^2，占五级地面积的12.13％。从区域分布看，诸城、临朐、青州、安丘、昌乐等县市分布的面积和比例较大，面积分别为15 677.87hm^2、15 306.85hm^2、14 124.19hm^2、9 301.57hm^2、8 010.0hm^2，分别占全市耕地面积的2.00％、1.95％、1.80％、119％和1.02％，见表6-11所示。

表6-11　五级地主要利用类型面积

利用类型	评价单元（个）	面积（hm^2）	占总耕地面积（％）	占五级地面积（％）
水浇地	214	9 850.45	1.26	12.13
旱地	920	57 038.1	7.28	70.21
合计	1 134	66 888.56	8.54	82.34

(二) 主要属性分析

五级地土壤类型以棕壤和褐土中的性土为主，少量的属棕壤、褐土、盐土。土壤表层质地以中壤为主，少量轻壤。耕层中含有砾质层、砂层等明显障碍性层次。微地貌类型以高丘、斜坡地、低山、滨海低地为主。部分区域有灌溉条件，灌溉保证率低。土壤养分含量偏低，有机质平均含量为 13.01g/kg 属中等，有效磷为 28.42mg/kg、速效钾为 139.32mg/kg，见表 6-12 所示。

表 6-12　五级地主要养分含量

项目	有机质（g/kg）	有效磷（mg/kg）	速效钾（mg/kg）
平均值	13.01	28.42	139.32
范围值	7.50～23.30	7.20～109.80	53.00～408.00
含量水平	中等	中等偏下	中等偏下

(三) 改良利用

五级地的生产力较差，在丘陵和平原区均有分布。丘陵区的主要限制因素是：土体较薄，坡度大，砾石含量较高，水土流失较为严重，无灌溉条件。平原区主要是：土壤砂性大，盐碱较重，水浇条件较差。

五级地土壤的改良利用应主攻以下几个方面。丘陵区：一是修建梯田，增加土层厚度，提高土壤保水保肥能力。坡地改梯田是山区提高土壤质量，防止水土流失，增强耕地生产潜力的重要措施。二是因地制宜，种植抗旱作物和品种。土层较厚的区域，可选种抗旱小麦、玉米品种；土层较薄的区域，可种植地瓜、花生、谷子等耐瘠抗旱作物。平原区：一是砂质土壤要推广秸秆还田、保护性耕作等技术，增强土壤的保水保肥能力。二是盐碱土壤要平整土地，健全排水设施，控制地下水位，防止盐分上移。

六、六级地

(一) 面积与分布

六级地，综合评价指数＜0.72，耕地面积 105 913.1hm^2，占全市总耕地面积的 13.52%。其中，旱地 59 769.6hm^2，占六级地面积的 56.43%；水浇地 7 161.9hm^2，占六级地面积的 6.76%。主要分布临朐、诸城、安丘、青州、昌乐等县市，面积分别为 31 232.19hm^2、21 732.47hm^2、20 560.37hm^2、14 710.84hm^2、10 587.11hm^2，分别占全市耕地面积的 3.99%、2.77%、2.62%、1.88%和 1.35%，见表 6-13 所示。

表 6-13　六级地主要利用类型面积

利用类型	评价单元（个）	面积（hm^2）	占总耕地面积（%）	占六级地面积（%）
水浇地	92	7 161.9	0.91	6.76
旱地	1 679	59 769.6	7.63	56.43
合计	1 771	66 931.5	8.54	63.19

（二）主要属性分析

六级地土壤类型以棕壤性土、潮土、褐土性土为主，兼有少量棕壤、盐土。土壤表层质地以砂壤、砂土、中壤为主。耕层中含有砾质层这一明显障碍性层次。微地貌类型以高丘、低山、斜坡地为主。丘陵区土壤质地多为砾质砂壤土、砾石土，无灌溉条件。平原区土壤类型主要为砂质潮土、重度盐化潮土、滨海盐土等，局部区域有灌溉条件，灌溉保证率低。有机质平均为13.69g/kg、有效磷为31.14mg/kg、速效钾为124.15mg/kg，土壤养分总体水平偏低，见表6-14所示。

表6-14 六级地主要养分含量

项目	有机质（g/kg）	有效磷（mg/kg）	速效钾（mg/kg）
平均值	13.69	31.14	124.15
范围值	6.90～28.90	4.20～71.90	52.00～182.00
含量水平	中等	中等偏下	中等偏下

（三）改良利用

六级地的生产能力最差。丘陵区的主要限制因素是：土体浅薄，坡度大，砾石含量高，水土流失严重，无灌溉条件。平原区的主要限制因素是：土壤砂性大，盐碱重。六级地土壤的改良利用应主攻以下几个方面。丘陵区要进行小流域治理：一是修建梯田，增加土层厚度，防治水土流失。有条件的可修筑集雨池，拦蓄地面径流，进行集雨补灌。二是山区：发展旱作农业技术，推广春膜秋覆、大沟麦等技术，种植地瓜、谷子、高粱等耐瘠抗旱作物和品种，适度发展板栗、山楂、核桃等经济树种。平原区：一是推广秸秆还田、保护性耕作技术，加强农田防护林网建设。二是改良盐碱地。盐土和盐化潮土要平整土地，健全排水设施，控制地下水位，防止盐分上移。潍北滨海盐土中高盐区域可推广“上粮下渔”、强排地下水、加大排水沟密度和深度等措施改良盐碱土。

第七章　耕地资源合理利用与改良

耕地是十分宝贵的资源和资产，是人类生存和发展的基础。随着人口的不断增多和耕地的逐渐减少，要保持农业和农村经济可持续发展、保障国家粮食安全和社会和谐稳定，首先要确保耕地的数量和质量。耕地资源合理利用就是根据耕地资源的特点，合理规划，科学施肥，使现有的耕地资源充分发挥作用；耕地资源的改良就是在合理利用的基础上，努力保护耕地资源，改善耕地的生产条件和生态环境，提高耕地的利用率，改良中低产田，提高耕地生产能力。通过加强耕地资源管理，实现耕地资源的合理利用，挖掘耕地生产潜力，提高农业综合生产能力，推进农业生态、低碳、可持续发展。

第一节　耕地资源的现状与特征

一、耕地资源的现状

2012年，潍坊市土地总面积1 614 314.03hm^2，其中，农用地面积1 163 478.66hm^2，占土地总面积的72.07%；建设用地面积298 630.41hm^2，占土地总面积的18.50%；未利用地面积152 204.96hm^2，占土地总面积的9.43%。农用地包括耕地、园地、林地和设施农用地，其中，耕地面积78.34万hm^2，占农用地面积的67.33%；园地面积9.10万hm^2，占农用地面积的7.82%；林地面积10.39万hm^2，占农用地面积的8.93%；其他农用地18.52万hm^2，占农用地面积的15.91%。

（一）耕地土壤类型

全市耕地共分棕壤、褐土、砂姜黑土、潮土和盐土5个土类，15个亚类，34个土属，106个土种。棕壤土类主要分布在潍坊南部的诸城市及临朐县的东南部，在中部的安丘市和昌乐县也有一定的面积分布。棕壤耕地面积140 689.15hm^2，占总耕地面积的17.96%。潮土土类是潍坊市第二大土壤类型，在全市广泛分布，其中，昌邑市、寿光市、寒亭区、诸城市、高密市、安丘市和青州市分布面积较大。潮土耕地面积259 801.81hm^2，占耕地总面积的33.16%。褐土土类是潍坊市面积最大的土壤类型，在全市均有分布，主要分布在潍坊市的中部和西部，即安丘市、昌乐县、潍城区、诸城市的北部、寒亭区和昌邑市的南部、青州市和临朐县的山地丘陵及岗前倾斜平原。褐土耕地面积287 547.12hm^2，占耕地总面积的36.71%。砂姜黑土土类主要分布在潍坊市的高密市、寿光市、昌邑市、安丘市和诸城市、青州市、寒亭区。砂姜黑土耕地面积 77 539.28hm²，占耕地总面积的 9.90%。盐土土类主要分布在寿光市、昌邑市和寒亭区，盐土土类耕地面积 17 803.64hm²，占耕地总面积 2.27%。各土壤类型耕地面积见表 7-1 所示。

表 7-1　不同土壤类型耕地面积

耕地土壤类型	棕壤	潮土	褐土	盐土	砂姜黑土
耕地面积（hm²）	140 689.15	259 801.81	287 547.12	17 803.64	77 539.28
占耕地总面积（%）	17.96%	33.16%	36.71%	2.27%	9.90%

（二）耕地养分状况

潍坊市耕地耕层土壤养分总体状况是：有机质含量中等偏上；大量元素含量中等偏上；微量元素中的锌、硼、钼含量中等，铜、铁、锰含量较丰富；中量元素中钙、镁含量中等，硫的含量较低。生产中应注意协调氮、磷、钾比例，多施用硫酸钾型肥料。全市耕地土壤养分含量见表 7-2 所示。

表 7-2　潍坊市耕地土壤养分含量

养分名称	平均值	变幅	变异系数（%）
有机质（g/kg）	13.4	5.4～29.3	25.9
全氮（g/kg）	0.99	0.18～6.79	39.9
碱解氮（mg/kg）	93	28～325	36.2
有效磷（mg/kg）	36.6	4.7～339.5	91.2
速效钾（mg/kg）	153	35～1 011	56.3
缓效钾（mg/kg）	649	272～1 797	29.3
pH 值	7.1	5.3～8.3	7.4
有效锌（mg/kg）	1.03	0.11～10.16	82.3
有效硼（mg/kg）	0.53	0.03～3.65	69.9
有效锰（mg/kg）	18.26	4.36～90.34	52.4
有效钼（mg/kg）	0.16	0.02～1.38	100.2
有效铜（mg/kg）	1.48	0.1～10.25	60.2
有效铁（mg/kg）	19.05	3.18～82.00	57.6
交换性钙（mg/kg）	3097	373～13 933	48.0
交换性镁（mg/kg）	357	49～997	44.9
有效硫（mg/kg）	46.43	6.35～752.8	96.7
总孔隙度（%）	49.93	39.68～57.2	6.3
容重（g/cm³）	1.33	1.12～1.67	6.9

二、耕地利用特点

(一) 粮田种植模式单一，灌溉保证率差异较大

粮田主要的利用方式以小麦、玉米一年两熟为主。小麦常年种植面积 39.02 万 hm^2，占粮田面积的 94.67%；玉米常年种植面积 39.51 万 hm^2，占粮田面积的 95.78%。中部平原区水利设施健全，地下水较充足，基本能保证灌溉用水；北部部分盐碱区及南部山地丘陵区地下水水源不足，蓄水设施不够完善，基本靠天浇灌，遇到干旱年份，粮田灌溉基本无保障。

(二) 蔬菜种植面积大，肥料投入高

近年来，潍坊市瓜菜栽培面积不断扩大，截至 2012 年，全市瓜菜面积达到 21.80 万 hm^2。

1. 设施栽培面积大、品种全

全市共有设施栽培瓜菜 13.25 万 hm^2，占瓜菜面积的 58.11%。其中，日光温室瓜菜栽培面积 5.77 万 hm^2，大、中拱棚瓜菜栽培面积 5.80 万 hm^2，小拱棚瓜菜栽培面积 1.74 万 hm^2。设施栽培瓜菜主要集中在寿光、青州、安丘市及昌乐县，其他县市区也均有分布。寿光市及青州市的北部主要种植番茄、茄子等茄果类，椒类、黄瓜等瓜类及芹菜、茼蒿等叶菜类蔬菜；昌乐县主要种植西瓜，是著名的西瓜之乡；青州市沿弥河两岸种植的银瓜，是潍坊的名优特品种。

2. 露地蔬菜栽培面积大、产量高，施肥量也偏高

潍坊是全国最主要的蔬菜出口基地，露地蔬菜播种面积达 9.55 万 hm^2，占瓜菜面积的 41.89%，主要分布在安丘、高密、青州、昌邑等县市区。安丘市的面积最大，为 2.33 万 hm^2；其次是高密市，面积为 1.8hm^2；青州市的面积为 1.56 万 hm^2；昌邑市的种植面积为 0.85 万 hm^2。其他县市区也有成片种植，但面积较小。主要种植品种有生姜、大葱、大蒜、马铃薯、韭菜及胡萝卜等。生姜种植主要集中在安丘、昌邑、寒亭及青州；大葱、大蒜主要在安丘市和高密市种植；马铃薯主要分布在昌邑、安丘、高密及寒亭；韭菜主要在寿光、青州、高密种植；潍县青萝卜主要在潍城、寒亭、坊子等地种植；胡萝卜主要在青州、寿光、昌邑等地种植；山药、菠菜等其他品种在全市零星分布。

近年来，随着蔬菜种植面积的不断扩大和瓜菜价格的提高，受利益驱动，肥料投入也随之增加，据统计，露地大姜平均每 667m^2 施用化肥 105kg（折纯），马铃薯每 667m^2 平均施用化肥 45kg（折纯）；设施蔬菜的化肥施用量更高。过量和盲目施肥现象较普遍。

(三) 园地管理水平低，市场竞争力弱

全市共有果园 37 775hm^2，在各县市区均有分布。主栽树种有苹果、桃、梨、杏、葡萄、樱桃、柿子、山楂、枣、板栗等。苹果以昌乐县种植面积最大；桃树主要种植在青州、安丘等地。由于从业果农普遍存在年龄大、文化程度低和分散经营的现状，在果品生产中存在种植规模小、标准化水平低、树龄老化、幼龄果园少及栽培管理粗

放和技术水平落后等弊端，致使果品产量下降、质量参差不齐、高档精品果少，加之产地基础设施和条件差，不能很好地解决果品的分选、分级、清洗、预冷及冷藏等问题，因此，果品的市场竞争力不高。

（四）耕地复种指数高，用地养地矛盾突出

全市粮田的种植制度基本为一年两作，粮田综合复种指数高达194.67%；蔬菜地除生姜等作物一年一作外，其他品种多为一年两作或一年多作，复种指数大于200%，土壤长期得不到有效的休闲和养护，部分耕地出现土壤板结、连作障碍及次生盐渍化等退化现象，土壤退化速度加快。

第二节　耕地改良的实践与效果

多年来，为保持潍坊市农业发展的优势地位，市委、市政府十分重视耕地的综合利用工作，把耕地质量提高作为农业转方式、调结构的重要措施来抓，每年都以下发文件和召开现场会等方式加快耕地质量提高进程。潍坊市农业局根据耕地地力评价结果，针对高、中、低产田存在的不同障碍因素，制定并下发了耕地改良提高的整体规划，各县市区也都依据市里的规划制定和下发了实施方案，并按方案要求组织实施，收到了良好的效果。

一、耕地障碍因素分析

通过野外调查、取样和室内化验分析认为，当前影响潍坊市农业生产发展的耕地主要障碍因素有干旱、盐碱、耕层薄、质地黏重、障碍层和养分不平衡等问题。

（一）干旱

在季风气候的影响下，降水分布极不均衡，一年中降水多集中在夏季，而春旱、晚秋及冬旱较为严重，季节性的干旱对农作物生长极为不利。从水利资源看，整体水源不足。全市地下水中部较丰富，以井灌为主；南部丘陵地区地下水源严重缺乏，灌溉保证率极低；北部部分盐碱地淡水资源匮乏，灌溉保证率极低，遇到干旱年份，供水不足，减产严重。干旱是当前影响农业生产的主要因素。

（二）盐碱

盐碱地主要分布在寿光、昌邑和寒亭的北部。这部分耕地中，尤其是表层土壤中含有过多的可溶性盐分，致使作物生长不良。通过多年来的综合措施改良，土壤含盐量逐年降低，土壤理化性状逐步改善。但若连续干旱，土壤盐分就会逐渐积累，因此，该区域的农业生产力极不稳定。

（三）耕层薄

南部丘陵区的耕地耕层浅、砂砾多、土体薄，土体厚度多在70cm左右，局部小于50cm。这种土壤保肥保水能力差，土壤养分含量普遍较低，作物生长受到较大限制，生产能力普遍较低。

（四）质地黏重

这部分耕地的表土或通体为黏质土（包括重壤和黏土），或表土以下有厚黏心，多为砂姜黑土。这类耕地质地黏重，透性差，呈季节性积水，土性冷、供肥迟缓，保肥性好，发老苗不发小苗；湿黏干硬，不易耕作，旱则裂缝、伤根跑墒、土壤黏重板结、扎根受阻，涝则排水不畅、积水严重、无法耕作。

（五）土体有障碍层次

土体中有砂、黏、砂姜、犁底层，会影响土体水分和土壤养分的运动。河流两岸耕地主要存在表层砂质、砂壤质或有夹砂层等障碍层；砂姜黑土则存在土壤质地黏重，且有砂姜层等障碍。大部分耕地都有犁底隔层。以上障碍都会阻碍土壤水肥运行，影响作物正常生长发育。

（六）养分不平衡

这部分耕地主要表现在养分过多或过少，养分相差悬殊。具体表现在蔬菜地土壤养分整体较高，部分严重过剩；部分粮田、园地和棉田的养分又相对较低。

二、土壤改良的措施与效果

（一）改善农田基础设施

结合实施标准粮田建设、全国千亿斤粮食生产能力规划等项目，对全市原有机井进行维修维护，提高了水源保证率，缩短了轮灌周期，增加灌溉面积 1 200hm^2以上。在蔬菜地推广喷灌、滴灌、膜下微喷等灌溉方式和“水肥一体化”节水增效技术，截至 2013 年，全市推广“水肥一体化”技术面积 1.47 万 hm^2，平均每 667m^2 节本增效 1 000元以上，极大的提高了水肥利用效率。

（二）培肥地力

1. 增施有机肥料，提高土壤有机质

土壤有机质含量高低是土壤肥力的重要标志之一，培育高肥力土壤的中心问题，就是提高土壤有机质含量。通过调查，近年来，虽然有机肥施用量比以前有所增加，但由于施用量不均衡和大棚土壤有机质矿化率较高等原因，致使土壤有机质含量增长缓慢，仍不能满足农作物生长和培肥地力的需要。增施有机肥，是发展农业生产的传统经验，但目前，在有机肥料的积制和施用方面，仍然存在重数量、轻质量的现象，要改变这一错误认识，通过科学利用有机肥源和倡导有机肥料的正确积制技术，广辟肥源，全面增加有机肥的积制数量和质量。主要途径有：一是发展畜牧业，实施过腹还田。二是发展农村沼气，在解决农村能源的同时，实施沼渣还田；三是正确积制人畜粪尿。杜绝粪尿与草木灰混积、单晒粪干等不科学的现象，积肥造肥与文明建设相结合，推广工厂化利用技术，提高人畜粪尿的利用率。

2. 实施作物秸秆还田，提升耕地质量

作物秸秆中富含有机质和氮磷钾等养分，实施秸秆还田，活化土壤耕层，促进好气性微生物活动。实践证明，秸秆还田是培肥地力，增加土壤有机质的有效手段之一。随着机械化水平的提高，目前，除去山区丘陵小麦种植区外，全市小麦秸秆还田已达到 100%，玉米秸秆还田近 90%。据统计，秸秆还田土壤较不还田土壤的有机质平均高 1.1～1.2g/kg。另外，还可在土壤休闲期种植苜蓿等豆科绿肥植物，绿肥还田，增加土壤中的营养物质，实现改土培肥目标。

（三）推广配方施肥，协调土壤养分

潍坊市从2005年开始推广测土配方施肥技术，2009年全市实现了技术全覆盖。通过多年的技术宣传、培训和推广，目前，年推广测土配方肥施技术面积已达到86.5万 hm^2。利用施肥情况调查、田间试验结果和土壤养分化验数据，建立了小麦、玉米、花生、棉花、大姜、马铃薯、果树、蔬菜等10多种农作物施肥指标体系，提高了施肥的针对性，降低了施肥数量。

利用中央测土配方施肥项目优势，加大宣传测土配方施肥技术力度，立足土壤养分状况，因缺补缺，协调施肥配比，改进施肥技术。高产田在稳氮增磷的基础上，应注意钾肥和微肥的施用；中低产田的土壤要增氮、增磷；南部丘陵区耕地水土流失较严重，土壤表层质地粗，通气性大，养分分解快，积累少，易发生脱肥现象。因此，南部丘陵区在施肥时要坚持有机无机相结合，氮、磷、钾与微肥相配合的施肥原则；在施用方法上要改地面撒施为沟施或穴施、改浅施为适当深施，漏肥地块要改一次施用为少量多次施用。不同的土壤类型和作物种类也会影响化肥的施用效果，如砂姜黑土、湿潮土容易缺磷，盐化潮土和褐土的锌元素较贫乏；玉米、小麦对锌，花生、棉花对硼均有较强的敏感性，施肥时应重视这些特点，做到因土、因肥、因作物科学施肥，达到节本、增产、增效、环保、生态、便捷的效果。

（四）发展生态循环农业，促进资源再利用

近年来，潍坊市大力实施农村户用沼气项目，推进“一池三改”户用沼气池建设，加强了秸秆联户沼气工程建设，大力推广了以沼气为纽带的循环经济模式，提高了农业副产品的资源化再利用水平。在抓好农村户用沼气建设的同时，积极探索农村沼气推广模式，推动发展“五位一体”生态温室，把沼气与养殖、大棚蔬菜生产结合起来实现良性循环。以沼渣代替有机肥改良土壤，不仅减少了肥料施用量，而且减轻了面源污染，保护了生态环境。

（五）旋耕深耕结合，提升地力水平

连年旋耕导致了耕层浅、土壤板结、犁底层变浅、作物根系营养面积减少等土壤退化，推广深耕深翻技术是改变土壤退化的有效措施。深耕深翻对耕层土壤有如下好处：一是深耕能破除犁底层，改善土壤孔隙状况，加厚熟土层，创造较好的土体构造，使土壤松紧适当。二是深耕结合增施有机肥，提高土壤肥力。深耕结合增施有机肥可增加土壤团粒结构，并能增进团粒的水稳性。由于土壤团粒结构和孔隙状况的改善，增加了土壤空气、水分、养分和热能的储量，增强了土壤水肥气热协调能力。三是深耕增强了土壤的透水和蓄水性。深耕土壤饱和含水量可达33%～36%，而浅耕地大都为28%～29%，饱和水随耕作深度的增加而增加。四是深耕可提高土壤养分利用效率。深耕增加了土壤微生物的繁殖能力，土壤微生物活跃，土壤养分的有效化随之加强。深耕后土壤剖面下层微生物明显增加，有利于增强土壤有机质的腐殖化、矿化和土壤养分的有效化，并加速了土壤熟化。深耕还可以消灭杂草及虫卵，减少虫源基数。

粮田建议隔年深耕，蔬菜地建议三年旋耕一年深耕，通过深耕，使改良区内耕作层深度达到 25cm 左右。

（六）改良设施土壤，确保设施农业持续发展

潍坊市设施栽培瓜菜面积大，栽培种类相对单一，多年连作及肥水管理不合理等原因，造成了设施耕地土壤逐年退化，退化面积、程度逐年增加，已对设施农业的持续发展造成了影响。为改变这一现状，从 2013 年开始，在寿光、昌乐等地对已出现土壤的障碍因素、设施年限在 10 年以上的黄瓜、番茄、西瓜等瓜菜上开展试验示范，开展了土壤退化成因、程度和障碍因素的研究；2014 年寿光市财政投资 800 万元与省耕地质量提升项目结合，对其辖区内的设施栽培年限 5 年以上的大棚，开展了以增施有机肥和微生物肥料为主的改良修复。目前省、市、县三级财政已投资 1 500万元，完成了 3 300hm^2的设施退化土壤改良修复任务，取得了良好的改良利用效果。

（七）合理耕作制度，减少连作障碍

根据作物不同的生物学特点，进行合理的轮作，大力推广粮菜间作、禾本科与非禾本科作物轮作，葱、韭、蒜与葫芦科或茄科作物轮作，浅根作物与深根作物轮作，增加土壤有益生物，减少土壤连作障碍。

三、发展集约经营，提高耕地生产率

针对潍坊市农业生产中存在的规模小、分布散、产能低的现状，积极转方式、调结构，培植壮大农业龙头企业。着重推广了以农业龙头企业为引领，专业化合作组织为纽带，建立起“企业＋基地（合作社）＋农户”的集约化经营模式。近年来，全市共培育国家、省级以上农业产业化龙头企业 80 家，建立标准化无公害农产品生产基地 11.84hm^2，有效地带动了周边农户的科学种田水平。为保护农民利益，还建立了农民与龙头企业的“利益共享、风险共担”的利益联结机制，使农业产业化经营每个环节都有明确的市场主体，提高了一体化水平，对耕地资源进行有机组合，实现了耕地由分散、零星、劣质向集中、连片、优质过度，提高了耕地利用率，保障了耕地的数量和质量，促进了农业和农村经济可持续发展。

四、用地养地结合，提高耕地质量

为解决用地养地日益突出的矛盾，近年来，潍坊市以“充分用地、积极养地、用养结合”为耕地利用原则，采用增施有机肥和有机无机相结合等措施，不断提高耕地土壤肥力水平，作物产量、质量明显提高。

（一）有机肥料和无机肥料配合施用

有机肥料富含有机质，有利于改良土壤理化性状和生物性质，增强土壤生物活性，促进土壤养分有效化。而无机肥（化肥）是一种速效性肥料，若长期使用或大量不合理施用会引起土壤有机质的降低、板结、盐碱化，一些酸性肥料如氯化铵、硫酸铵等会导致土壤酸化的问题。近年来，由于过量使用化肥，耕地发生了土壤板结、肥力降低等退化问题。因此，生产中要将有机肥料与化肥科学合理配比，正确施用，取长补短，提高肥料利用率，争取较高的经济、生态和社会效益。

（二）合理作物布局，以生物养地

利用生物遗体培养地力或改良土壤是提高耕地质量的最好措施之一。如豆类作物是养地作物，具有固氮能力；禾本科作物具有固碳能力；油料作物通过家畜返还耕地，为少取多还作物。从有机质和营养元素总返还率来看，粮食类作物有机质为半取半还，钾为少取多还，氮磷为多取少还；大豆等豆科作物的有机质为少取多还，磷钾为多取少还，氮为少取多还。通过合理的作物布局和轮作倒茬，把养分特点不同的作物合理搭配，做到种中有养，用养结合，达到最优配置，提高土地利用率。

五、改造中低产田，提高耕地生产率

潍坊市耕地后备资源严重不足，因此，改造中低产田是提高农业增产潜力的主要措施。目前，潍坊市中低产田约占耕地总面积的39.20%，对这部分耕地进行合理改造，将中产田改造为高产田，低产田改造为中产田，逐步提高耕地质量，增加耕地产出率，将是今后一个时期土肥工作的重点。据试验，通过改造，粮食可增产50.0kg/667m^2，蔬菜可增产380.0kg/667m^2。

（一）积极争取政策倾斜，增加农业投入

加强中低产田改造，需要大量的资金支持。近十年来，国家不断出台粮食直补、良种补贴、农机具补贴等一系列强农惠农政策，极大提高了农民种植积极性。潍坊市也积极响应国家政策，资金投入上向农业倾斜，多方筹集资金，投资1 000余万元用于土壤改良和测土配方施肥技术推广，从而改善了农业生产条件，优化了农田生态环境。

（二）增施有机肥料，平衡施肥，培肥地力

长期以来，潍坊市在中低产田耕地开发利用上存在重利用、轻培肥，重化肥、轻有机肥的弊端。化肥的施用量逐年增加，但有机肥投入量却严重不足，特别是在粮田上表现的优为突出，投入以化肥为主，化肥又以氮磷肥为主，因此，粮田土壤养分失衡，耕地肥力整体下降。全市普遍存在微量元素，特别是有效硼和有效锌含量偏低的现状，硼、锌已成为大部分粮田土壤的限制性因素。因此，要持续提高中低产田耕地的基础地力，为农作物稳产、增产创造条件，必须重视有机肥的施用，做到有机无机科学合理使用，氮、磷、钾和微量元素肥料平衡施用，提升地力，实现中低产田耕地资源的永续利用。

（三）加强农田水利设施建设，改善灌排条件

灌排条件与耕地的基础地力有着密切的关系。实现自然降水的空间聚集，推广节水灌溉技术，能改善区域农田的土壤水分状况和扩大灌溉面积。南部山地丘陵区着重增加水库塘坝蓄水灌溉能力，完善现有水库塘坝的配套改造，健全排灌系统，整平土地，科学用水，使有限水源发挥更大效益。中部平原区地下水质良好，水源丰富，健全灌溉工程，改善灌区输水、配水设备，加强灌溉作业管理，改进地面灌溉技术，发展喷灌、滴灌及膜下微喷等先进灌溉技术，提高引灌水的利用率。北部盐碱地充分利用大、中、小型蓄水池、塘等蓄水体系，人工富集天然降水，拦截径流，在作物需水的关键时期进行灌溉。

六、发挥区位优势、大力发展生态农业

在潍坊现有的农业资源和产业发展优势下，根据农业发展的特点，在产业优化、产品优质思路指导下，以农业可持续发展、农业收入增加为目标，通过农业结构再调整，突出地方产业特色，实现产业升级。利用先进的科学技术和生态优先的农业生产理念，不断优化农业内部结构，促进高效、生态农业现代发展。

当前要以科技为支撑，全面提高农产品品质。加大对农产品企业自主创新能力的引导与支持，拓展品牌产品功能作用，促进产品更新换代，建立良好的品牌运营机制。目前，全市已建立农民专业合作社、家庭农场、科技示范园等生产经营主体近 2 万家，优质农产品品牌 1 604个，初步建成了品牌引领、示范带动、全面发展的高效农业生产新格局。

第三节　耕地资源合理的利用对策

合理利用耕地资源是实现农业可持续发展的基础，通过分析潍坊市耕地资源现状与特征，针对不同等级耕地地力，充分考虑全市农业生产的地域性，将障碍因素相近，改良措施相似，利用方向一致的耕地划为一类，并适当保持地域上集中、连片，以便于统筹规划，合理安排，将全市耕地划为五大农业生产利用区域：即潍南粮油烟种植区、潍东高产粮田种植区、潍中粮菜果种植区、潍西设施农业种植区、潍北粮棉种植区。并针对每个区域特点及耕地养分状况进行了详细分析，提出了合理有效的改良利用对策。

一、潍南粮油果种植区

（一）耕地资源概况

该区主要包括临朐县，青州、诸城、安丘及昌乐等市县的南部，主要有诸城市的密州街道、林家村镇、皇华镇、桃林镇及枳沟镇 5 个镇街；青州市的王府街道、云门山街道、弥河镇、王坟镇、庙子镇、邵庄镇、文化产业园及云驼风景区 8 个镇街；安丘市的柘山镇、吾山镇、大盛镇、辉渠镇及石埠子镇 5 个镇；昌乐县的红河镇、鄌郚镇、乔官镇及营丘镇 4 个镇。粮食作物以小麦、玉米为主，油料作物以花生为主，果树以干果为主，主要有板栗、核桃、山楂和柿子等。耕地面积 197 619.03hm^2，占全市耕地总面积的 25.23%。土壤类型主要有棕壤、淋溶褐土、潮褐土和砂姜黑土。土壤 pH 值众数为 6.9，有机质平均含量为 12.8g/kg、全氮为 0.93g/kg、碱解氮为 87mg/kg、有效磷为 31.0mg/kg、速效钾为 132mg/kg、有效硫为 39.5mg/kg、有效锌为 0.92mg/kg、有效硼为 0.45mg/kg、有效铜为 1.31mg/kg、有效铁为 21.32mg/kg、有效钼为 0.12mg/kg、有效锰为 20.46mg/kg、交换性钙为 2 908mg/kg、交换性镁为 351mg/kg。

该区的养分含量特点是有机质、全氮、碱解氮、速效钾、有效锌含量中等；有效

磷、有效硫、有效硼、有效钼含量偏低；有效铜、有效铁、有效锰含量较高；中量元素含量中等。大量元素和中量元素基本不缺，微量元素养分含量不均衡，是潍坊市的低磷少硫缺硼缺钼区。

该区多为丘岭坡地、沟谷梯田和坡麓梯田，地形部位较高，地块小而分散、坡度大，水土流失严重，土壤瘠薄，保水蓄水能力差；水源无保障，水利设施较差，主要靠降雨囤水浇灌；机械化程度低，耕作比较困难。种植方式以旱作为主，是潍坊市的旱作粮食、干鲜果品生产区。耕地地力水平较低，产量低而不稳。改良主攻方向是通过工程、生物、农艺、化学等综合措施，消除或降低影响农业产量的各种障碍因素，提高耕地基础地力。

（二）改良利用对策

1. 大力实施农田基础设施，新建、改造水利工程，保障水源，提高灌溉保证率

积极争取中央和地方财政支持，同时组织农民以投工、投劳及经费自筹方式，加大农田基础设施投入，对原有蓄水、输水等设施进行加固、整修；修筑田埂、坝沟，防止水土流失；在有水源的地方建造蓄水、囤水设施，解决农田基本旱情。

2. 实施测土配方施肥技术，平衡施用肥料

增施含磷较高的硫酸钾型复合肥料和含硼、钼的微量元素肥料，增加和平衡土壤养分，培肥地力。针对该区磷素缺乏、微量元素含量低的情况，要结合测土配方施肥项目，安排土壤养分监测点，因地、因作物施肥，做到缺啥补啥，平衡施肥。

3. 增施有机肥料，提倡秸秆还田或过腹还田，改良土壤结构

因山区丘陵地土壤瘠薄，稳定性差，通过增施有机肥或秸秆还田等技术措施，增加土壤有机质，改善土壤的团粒结构，增强其稳定性，提高土壤的保肥保水能力。

4. 推广有机旱作农业生产技术，发展有机农产品种植

该区季节性干旱严重，地下水源贫乏，但降雨相对较多，夏季高温多雨。粮食生产以小麦、玉米、地瓜、杂粮等抗旱作物为主，同时应发挥花生、黄烟等经济作物及柿子、核桃、桃子等干鲜果品区位优势，提高农民经济效益。该区基本无工矿企业，土壤基本未受污染，耕作制度较原始，应充分利用当地原生态自然生产条件，建立有机农业示范园，以临朐为主发展早熟大樱桃，以安丘、诸城为主发展花生、黄烟，以青州为主发展谷子、高粱等有机小杂粮。通过合理种值结构，标准化生产，规模化经营，区域化管理，变荒山为金岭，提高该区的经济、社会和生态效益。

二、潍东粮食高产区

（一）耕地资源概况

该区包括高密市，诸城市的北部及昌邑市的南部。主要有诸城市的龙都街道、舜王街道、贾悦镇、石桥子镇、相州镇、昌城镇、百尺河镇和辛兴镇等 8 个镇街；昌邑市的饮马镇、围子街道、都昌街道、奎聚街道和北孟镇等 5 个镇街。粮食作物以小麦、玉米一年两季为主，经济作物主要种植生姜、马铃薯，果树主要种植苹果、梨、杏、桃等水果。该区面积 217 724.28hm^2，占全市耕地总面积的 27.79%。土壤类型以潮

土、褐土为主，有部分为砂姜黑土和棕壤，是潍坊市粮食高产、稳产区。土壤pH值多数为7.0，有机质平均含量为13.6g/kg、全氮为0.92g/kg、碱解氮为90mg/kg、有效磷为32.2mg/kg、速效钾为142mg/kg、有效硫为38.7mg/kg、有效锌为0.80mg/kg、有效硼为0.45mg/kg、有效铜为1.32mg/kg、有效铁为16.09mg/kg、有效钼为0.16mg/kg、有效锰为18.82mg/kg、交换性钙为3 072mg/kg、交换性镁为312mg/kg。

养分含量特点是有机质含量中等偏上，大部分速效养分含量中等；微量元素中的有效硼、有效铜含量偏低，有效铁、有效锰含量较高；中量元素含量中等。

该区地势平坦，大部分土壤土层深厚，土层结构较好，通透性好，保水保肥。该区粮食种植方式以小麦—玉米一年两作为主，粮田复种指数较高，单产高；大田蔬菜作物以生姜、马铃薯为主，另有白菜、甘蓝、菠菜、萝卜等露天菜地零星分布。

（二）改良利用对策

1. 加大农田基础设施保护力度，稳定粮田面积

该区农田基础设施良好，但使用频繁，常年失修，应组织机械、人力对灌溉井、输水渠、田埂、坝头进行维护，确保浇灌面积和保证率。

2. 深耕和旋耕相结合

由于土壤连续多年旋耕导致耕层变浅，犁底层加厚变硬，耕层土壤量减少、养分的有效性降低，因此，应每2～3年实施25cm以上机械深耕一次，疏松活土层。同时，要推广秸秆还田，改良土壤性状，有效预防板结。

3. 推广测土配方施肥技术

协调氮磷钾比例，做到有机与无机、大量元素与中微量元素配合施用，缺什么补什么、缺多少补多少，充分利用施肥专家系统提高施肥精度，平衡土壤养分，提高肥料利用率。

4. 增施有机肥及生物菌肥，活化土壤

该区复种指数高，养分消耗极大，土壤易板结，要增施有机肥、生物菌肥，创造良好的土壤微生物环境，增强土壤活性，提高土壤肥力水平。同时要结合土壤有机质提升项目的实施，加大有机肥推广力度，力争基施有机肥全覆盖。

5. 积极推广小麦精播、半精播、小麦氮肥后移、玉米“一增四改”、玉米适当晚收等高产高效栽培技术

实施区域化管理，逐步建成粮、菜优质高产区。

三、潍北粮棉种植区

（一）耕地资源概况

该区包括寿光市、昌邑市及寒亭区的北部，主要有寿光市的羊口镇、台头镇、营里镇和侯镇等4个乡镇；昌邑市的卜庄镇、柳疃镇和龙池镇等3个乡镇；潍坊市寒亭区的固堤街道、高里街道及潍坊市滨海经济开发区和潍北农场，面积80 602.37hm^2，占全市耕地总面积的10.24%。土壤类型主要为潮土和盐土，是潍坊市粮食增产潜力

区，棉花集中种植区。土壤 pH 值多数为 7.5，有机质平均含量为 12.8g/kg，全氮为 0.90g/kg、碱解氮为 89mg/kg、有效磷为 22.3mg/kg、速效钾为 164mg/kg、有效硫为 38.4mg/kg、有效锌为 1.01mg/kg、有效硼为 0.73mg/kg、有效铜为 1.31mg/kg、有效铁为 14.15mg/kg、有效钼为 0.17mg/kg、有效锰为 12.94mg/kg、交换性钙为 2 919mg/kg、交换性镁为 394mg/kg。

养分含量特点是：除速效钾外的速效养分含量普遍较低，速效钾含量较高；中、微量元素含量中等偏上。是缺磷低硫区。

该种植区部分粮田土层深厚，地势平坦，但土壤物理性状差，部分土壤存在有浅位黏土层或沙漏层等不良性状，是潍坊市中、低产田重点改造区。该区棉田种植区，土壤 pH 值较高，大部分耕地受盐碱威胁较大，土壤黏、盐、旱、薄是阻碍农业生产发展的主要因素。

（二）改良利用对策

1. 实施作物秸秆直接还田和覆盖还田，增加土壤养分含量

在水源较好地区推行作物秸秆直接还田，省工省时。在水源困难地区，将秸秆粉碎，覆盖于田间，在后茬作物播种前耕地时翻入土壤，提高土壤蓄水保墒能力，调节土壤温度，改善土壤结构。

2. 加强田间基础设施建设

有条件的地方多打机电井，增加有效灌溉面积。加强田间水利工程管理，合理利用有限的水资源，适期推广以淡压盐技术，改良盐碱地，提高耕地质量。

3. 推广测土配方施肥技术，协调氮磷钾养分，补施微肥，提高肥料利用率

结合配方施肥技术的推广普及，增加施用配方肥面积，平衡土壤养分。

4. 用地养地结合

粮食作物、经济作物及绿肥进行轮作换茬，增加有机肥源，用地与养地相结合，培肥地力，改良土壤的性状。

5. 结合全国新增千亿斤粮食生产能力规划项目

改造中低产田，对土地进行整理和复垦开发，挖沟台田压盐，蓄淡压盐，增加耕地面积，提高耕地质量。

四、潍西设施瓜菜种植区

（一）耕地资源概况

该区包括寿光市的南部、青州市和昌乐县的北部，主要有寿光市的圣城街道、文家街道、洛城街道、古城街道、孙家集街道、稻田镇、上口镇、田柳镇、化龙镇和纪台镇等 10 个镇街；青州市的益都街道、高柳镇、何官镇、东夏镇、谭坊镇、黄楼街道和经济开发区等 7 个镇街；昌乐县的开发区、朱刘街道、宝城街道、城关街道、五图街道和城南街道等 6 个街区。寿光市的设施农业以多品种的蔬菜为主，青州市以银瓜、甜瓜为主，昌乐县以西瓜为主，三县市作物布局合理、优势互补，设施农业生产的区位优势明显。该区面积 135 241.52hm^2，占全市耕地总面积的 17.26%。土壤类型主要

为褐土、潮土和砂姜黑土。土壤 pH 值多数为 7.2，有机质平均含量为 15.4g/kg，全氮为 1.40g/kg、碱解氮为 126mg/kg、有效磷为 61.5mg/kg、速效钾为 246mg/kg、有效硫为 96.0mg/kg、有效锌为 1.56mg/kg、有效硼为 0.80mg/kg、有效铜为 2.13mg/kg、有效铁为 19.94mg/kg、有效钼为 0.28mg/kg、有效锰为 15.53mg/kg、交换性钙为 3 103mg/kg、交换性镁为 381mg/kg。

养分含量特点是：有机质及速效性养分含量普遍丰富，微量元素含量较高，中量元素含量中等偏高，是养分富余区。

该种植区地势平坦，农田基础设施良好，水浇条件好，绝大部分土壤熟化程度高，土壤保水保肥性能好，是潍坊市的设施瓜菜集中种植区。由于设施栽培封闭的环境及栽培管理上的高集约化、高复种指数、高施肥量、高灌水量以及连作重茬，重化肥、轻有机肥，特别是高碳有机肥料的投入量相对不足，都会引起土壤养分失衡、土壤板结、盐分积累和土传病害加重等土壤退化现象，设施土壤退化已成为该区农业生产的限制因素。

（二）改良利用对策

1. 强化测土配方施肥技术的推广

按作物需肥规律采用“以需定量、少量多次”的施肥方法，协调有机质、大量元素及中微量元素养分，提高肥料利用率。

2. 推广水肥一体化技术，减少肥水用量

在该区日光温室和塑料大棚中，根据地块面积、形状等规划设计和配置微灌和施肥系统设备，按照作物及其生长条件确定合理的灌溉和施肥制度，定量、定时将肥料随水均匀、准确地直接输送到作物根部附近的土壤表面或土层中，精确控制灌水量和施肥量，显著提高水肥利用率。

3. 实施轮作倒茬和隔年深耕，防止土壤板结

日光温室蔬菜种植品种少，茬数多，通过不同科属蔬菜 2～3 年的间隔期进行轮作倒茬和隔年进行深耕，充分发挥土壤养分释放能力，减少某种养分过度消耗或富集，预防土壤板结，更有利于减少土传病虫害。

4. 增施有机肥料及微生物菌肥，活化土壤

增施有机肥料特别是高碳有机肥料，有效防止土壤板结，增加土壤团粒结构，改善土壤通透性。施用微生物肥料调节根际微生物菌群，促进根系发育和对养分的吸收，从而提高肥料利用率，减少次生盐渍化的发生。

5. 实施作物秸秆堆沤还田，减少重复污染，保护生态环境

该区瓜菜面积大，瓜菜收获后，秸秆堆积成山，不仅污染环境、阻碍交通，更重要的是造成病虫源的再次污染，堆沤还田和过腹还田不仅消化了秸秆，而且可以增加土壤养分、改良土壤。

五、潍中粮菜种植区

（一）耕地资源概况

该区包括潍城区、奎文区、坊子区及安丘市的北部、寒亭区的南部，安丘市主要

有兴安街道、新安街道、景芝镇、凌河镇、石堆镇、金冢子镇、官庄镇、大汶河开发区和经济开发区等 9 个镇街；寒亭区主要有朱里街道、寒亭街道、开元街道和潍坊经济开发区等 4 个镇街。该区面积 152 589.8hm^2，占全市耕地总面积的 19.48%。土壤类型主要为褐土、潮土、棕壤和砂姜黑土。土壤 pH 值多数为 7.1，有机质平均含量为 13.2g/kg，碱解氮为 86mg/kg、有效磷为 39.6mg/kg、速效钾为 131mg/kg、有效硫为 36.7mg/kg、有效硼为 0.46mg/kg、有效铜为 1.54mg/kg、有效铁为 20.62mg/kg、有效钼为 0.12mg/kg、有效锰为 18.63mg/kg、交换性钙为 3 477mg/kg、交换性镁为 383mg/kg。

养分含量特点是：有机质及速效性养分含量中等，微量元素含量不均衡，中量元素含量中等，是低硫缺硼少钼区。

该种植区地势较平坦，农田基础设施良好，水浇条件好，绝大部分土壤熟化程度较好，土壤保水保肥性能较好，是潍坊市露地蔬菜集中种植区。露天菜地栽植品种主要有葱、姜、蒜，韭菜、白菜、甘蓝、菠菜零星分布；粮食生产区域也相对集中。由于露天菜在栽培管理上的高集约化、用养结合差、或只用不养，造成了各种养分不协调，现已成为该区农业生产的限制因素。

（二）改良利用对策

1. 普及测土配方施肥技术，协调氮磷钾养分，补施中量元素肥料，平衡微量元素，提高肥料利用率

结合配方施肥技术的推广普及，全区推广施用配方肥，平衡土壤养分，注意在蔬菜上结合喷药合理添加硼、钼等微肥。

2. 加大有机肥投入量，改善土壤结构，提高作物产量

在蔬菜上增施有机肥料，减少化肥施用量，增加土壤团粒结构，提高土壤保肥供肥性能。

3. 深耕和旋耕相结合，增加活土层，预防土壤板结

在粮食种植区深耕和旋耕相结合，每 2～3 年要深耕 1 次，疏松活土层，同时，要结合机收实施秸秆还田，增加土壤有机质含量，改良土壤，有效预防土壤板结。

4. 加强轮作换茬，减少土传病害

该区应在蔬菜的不同科属间或蔬菜同粮食作物间进行轮作换茬，以改变土壤微环境，有效地降低土传病害的传播。

第八章　耕地资源管理信息系统

第一节　系统概述

人多地少，耕地后备资源不足是我国基本国情之一，同时耕地存在质量退化以及农田环境污染问题。合理利用现有的耕地资源，保护耕地的生产能力、治理退化或被污染的土壤是我国农业可持续发展乃至整个国民经济发展的基础和保障。加入 WTO 以后，我国农业面临更大的挑战。如何调整农业结构，以满足国内市场对农产品多样化的需求，应对国际市场的竞争？如何保证农产品的产地环境要求，生产优质、安全的产品？如何合理施肥，在提高产量的同时减少对环境的负面影响？这些问题的解答都依赖于对耕地资源的充分了解。科学的管理耕地资源，为农业决策者、农民提供技术支持，已成为农业生产的重大研究课题，也是当前农业科研的热点问题。

耕地是土地的精华，是农业生产最重要的资源，耕地地力的好坏直接影响到农业的可持续发展和粮食安全。随着工业化的进程加快，我国耕地的危机不仅表现在总量和人均占有量的不断减少方面，同时更反映在耕地质量的退化导致土地生产力下降，耕地保护面临严峻挑战。目前有关耕地土壤的数据大都是第二次土壤普查的数据，资料陈旧，说服力不强，迫切需要对耕地地力进行新的全面调查和评价。因此，开发区域耕地资源管理信息系统，利用层次分析、模糊数学等现代数学统计分析技术，对耕地地力进行评价，是当前耕地资源科学管理的客观需求。

基于江苏省扬州市土壤肥料站以组件式 GIS 技术为基础开发的“耕地资源管理信息系统”软件，将当地的有关空间数据、属性数据、多媒体数据输入计算机，修改模型的相关参数，潍坊市集成建设了全市耕地资源管理信息系统。该系统以潍坊市行政区域内的耕地资源为管理对象，应用地理信息系统（GIS）技术对耕地、土壤、农田水利、农业经济等方面的空间数据与属性数据进行统一管理，并在此基础上集成了模糊分析、层次分析等数理统计程序。应用该系统可进行耕地地力评价、作物适宜性评价、土壤环境质量评价、土壤养分丰缺评价和测土配方施肥方案咨询，为耕地资源的持续利用与管理及农业生产提供决策支持。

第二节　系统总体设计

一、系统目标

引进现代地理信息系统技术、数据库技术和基于 Internet 的信息发布技术，改变长期以来土壤肥料资料储存、管理和分析传统手段的落后面貌，采用现代技术手段提高数据管理、分析的效率和可视化程度，为农业科技人员数据管理和决策提供有力工具；通过施肥辅助决策系统以及面向公众的土壤信息和施肥方案发布系统，真正打破专家与生产者及农户之间信息交流的鸿沟，使专家决策直接服务农民。系统可以实现以下目标：①建立耕地资源基础数据库，实现耕地资源动态管理；②进行耕地资源评价，为农业决策提供支持；③实施地块管理，为农民施肥提供服务；④数据管理与专家系统结合，提供科研成果推广应用平台；⑤分布式网络管理，实现数据共享；⑥多种形式信息发布模式，转变农业技术服务形式。

二、系统设计原则

根据系统工程的设计思想，市域耕地资源管理信息系统设计满足以下原则：

规范化原则：系统的标准化对于数据共享、系统移植改造和系统开发小组分工合作具有重要意义。

科学性原则：系统模型的构建和参数的确定建立在高密度采样调查和长期定位实验基础上，确保了相关模型决策结果的科学性；

实用性原则：系统用户是基层土壤科技工作者和普通农民，因此必须确保系统结构、功能、可视化界面和操作习惯满足用户的要求；

扩展性原则：系统在数据库标准、模型结构和模型参数的设计上为系统数据库和功能保留扩展空间。

可靠性原则：系统设计要强健，错误输入及各种异常突发事件都要做处理，使数据库中的所有数据准确可靠。

三、系统逻辑结构

根据系统的构建目标以及系统设计原则，市域耕地资源管理系统总体结构主要由数据库、专题评价、配方施肥、耕地生产潜力评价、区域配方推荐等构成。其逻辑结构见图 8-1 所示。

四、系统功能

该系统不仅仅是一个简单的数据管理系统，而是在数据管理基础上能够开展地力评价与施肥决策等专业业务功能的辅助决策型系统。它不仅包含一般的空间数据、属性数据，还包括大量的专业知识数据，如由测土配方田间试验得出的区域土壤供肥和

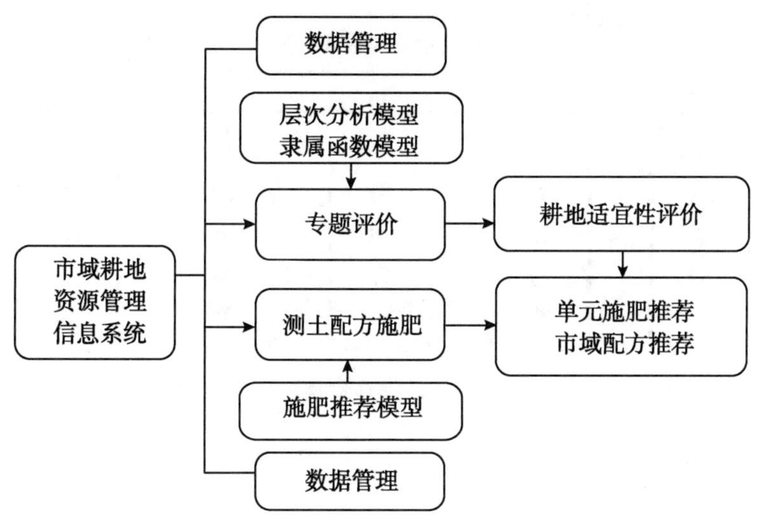

图 8-1　系统结构分析图

作物需肥规律，以及施肥专家经验和各类模型分析方法等（图 8-2）。

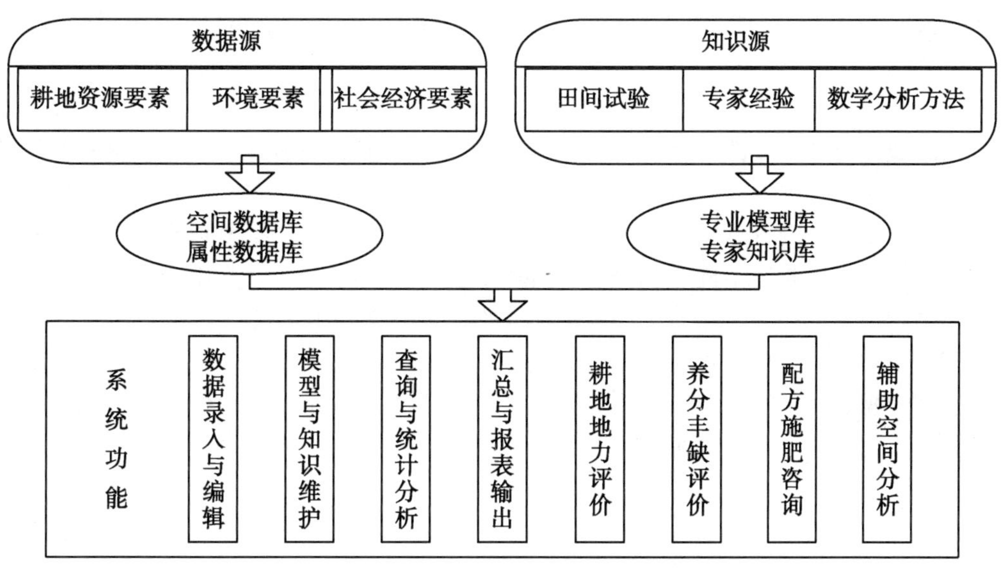

图 8-2　系统功能分析框图

第三节　系统主要功能模块

市域耕地资源管理信息系统主要划分为数据管理、数据分析、耕地评价、配方施肥、系统工具等几个模块，系统架构图见图 8-3 所示。

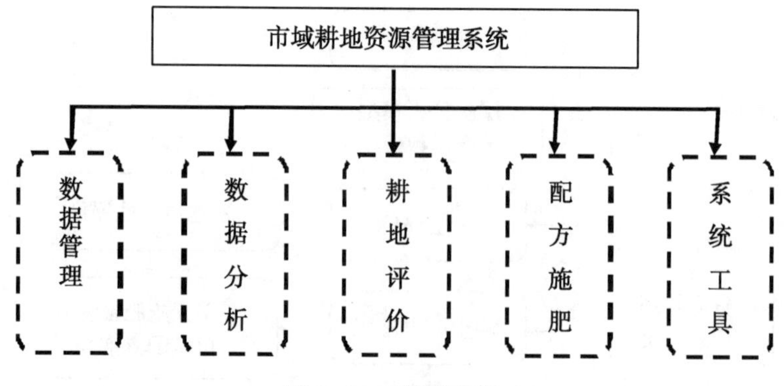

图 8-3 系统架构图

一、数据管理模块

本模块包括地图、图集、图层 3 个子模块。

1. 地图

主要是对目前工作空间的地图进行放大、缩小、平移、漫游之类操作。包括 10 个子菜单：撤消、重做、全局、放大、缩小、漫游、原位放大、原位缩小、定比例尺和刷新。

2. 图集

是本系统中数据工作单位，相当于一个工程。一个图集由一系列图层及相连接的数据表组成，而图集文件本身只记载了各个图层及数据表的名称、地址、设置状态等信息，并不包括数据本身，因此一个图集依附于工作空间而存在，离开工作空间而单独存在的图集文件没有意义。该菜单包括图集操作、图集属性、图集修复工具、打印图集、工作空间维护、空间数据维护、外部数据维护等子菜单，其中，工作空间维护最为主要，工作空间是一个以 .cws 为后缀的特殊的文件夹，可以存于硬盘的任何位置。工作空间以市为单位建立，一般情况下一个市对应一个工作空间。系统运行时所需的空间数据、外部数据、评价模型等都来自工作空间，连接后的多媒体数据、分析和评价结果也保存在工作空间中。

3. 图层

包括图层的添加与移去、关联外部数据表、适量图层导出、图层属性数据、图层属性与符号设置。其中，关联外部数据表是将当前图层与外部数据库中的数据表关联，也可与系统外的数据表（DBF 表或 MDB 表）进行关联，关联关系随图集一起保存和打开。关联成功后，可以在图层上进行查询信息，评价等操作。图层属性数据用于以列表的形式列出当前激活图层的全部属性数据（包括与该图层连接的外部数据表的数据）。对此数据表用户可进行排序、编辑数据、统计、列值计算、数据导出、图层导出、选择集导出和绘制图形操作。

二、数据分析模块

本模块包括编辑、插入图形、查询统计、空间分析 4 个子模块。

1. 编辑

编辑菜单主要是对一些图形要素进行编辑。包括的子菜单有：开始编辑、停止编辑、保存编辑、撤消、重做、添加图元、删除图元、拷贝图元、剪切图元、粘贴图元、线打断、属性数据编辑。在当前图集中添加文字，可以对要插入文字的颜色、字体、字号、旋转、标注位置、水平基准、垂直基准、调整间距等属性进行选择设置。

2. 插入图形

插入图形菜单包括10个子菜单，主要是对当前图集插入图形，这些图形和文字与用户添加的图层中的图形或文字不同，插入的图形保存在一个特殊的图层中并随图集一起保存，并不保存在任何一个用户添加的图层中。其包括的子菜单为：添加文字、添加点、绘制线、绘制多边形、绘制椭圆、绘制矩阵、比例尺、指北针、图例、选取。①添加点对要插入点状图的字体、大小、颜色、使用外框、使用外框的颜色、符号、旋转、一直使用属性进行设置。②绘制线对刚插入的线的填充色、线宽、风格、一直使用属性进行选择设置。③绘制多边形对插入的多边形的填充色、线宽、风格、一直使用属性进行选择。④绘制椭圆对插入的圆形的填充色、线宽、风格、一直使用属性进行选择。⑤绘制矩形对插入的矩形的填充色、线宽、风格、一直使用属性进行选择⑥图例对图例的标题、字体、颜色进行设置。

3. 查询统计

由数据查询图包括简单查询和SQL查询，简单查询就是针对某个字段，给出一个具体的数值，再给出它们之间的逻辑关系，系统根据这些信息将符合的属性数据罗列出来；SQL查询用户把若干个查询条件按照一定的逻辑关系组合起来，系统按照你给出的查询条件（组）把符合要求的数据筛选出来。由图查询数据包括空间选取查询和信息查询，空间选取主要根据空间数据所显示出来的空间实体的位置、大小、形状、方向以及几何拓扑关系等信息来进行选取；信息查询是系统利用多媒体技术的表达能力，使数据的表现形式更加丰富、生动。

4. 空间分析

（1）缓冲区分析：是计算选定图层中图元的缓冲区，缓冲区保存为多边形Shape文件。缓冲区分析窗体主要分为五部分，选择图层、缓冲区半径、结果图层名称、缓冲区类型、缓冲区是否添加到当前图集（图8-4）。选择图层指定当前要进行分析的图层，下拉框中列出了当前图集中的所有图层，同时在下拉框的底部还列出了当前制定分析图层的类型。缓冲区半径有两种设置方法，即固定值和来自属性字段，第一种方法系统允许用户指定，默认值为0，该方法建立的缓冲区每一图元具有相同的缓冲区半径；第二种方法系统允许选择一个数值型字段，该属性值就是本图元的缓冲区半径。结果图层名称不能与当前工作空间中其他图层同名。该图层保存在当前工作空间中。缓冲区类型主要有两种，第一种是分别建立，就是将各个图元当成一个独立的对象来建立；第二种是整体建立，就是将所有图元当成一个整体来建立。添加到当前图集，系统默认值是“是”，因为这样在做过缓冲区分析后可以立即看到效果；如果选择“否”，则看不到分析后的效果，如果需要浏览该结果，则需要将新建缓冲区文件加入到当前图集。

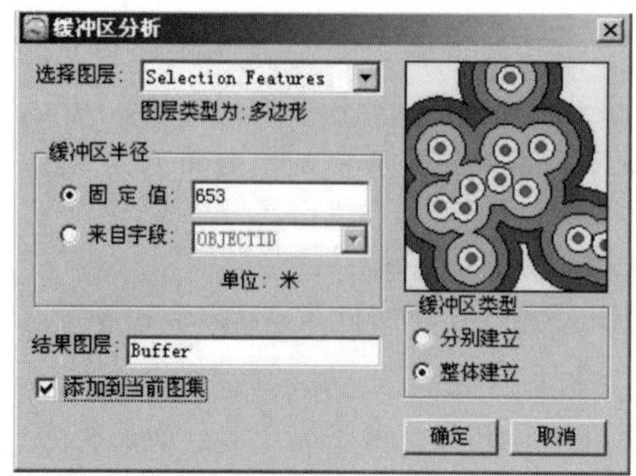

图 8-4　缓冲区分析图

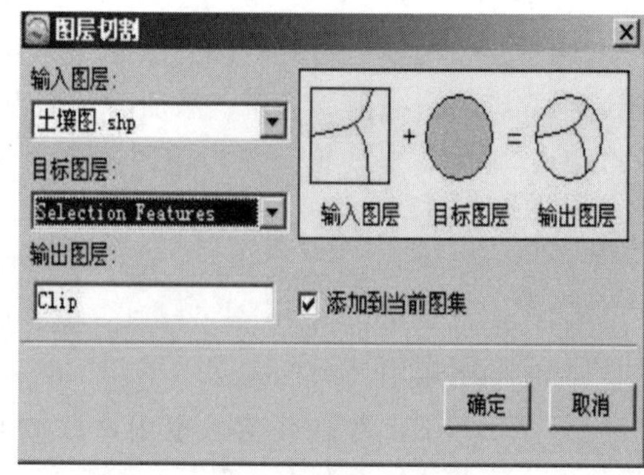

图 8-5　图层切割图

（2）图层切割：是用目标图层的图去切割输入图层，输出图层是输入图层中在目标图层之内的部分，之外的部分被删除。图层切割分为四部分，输入图层、目标图层、输出图层、添加到图集（图 8-5）。输入图层列出了当前图集中所有图层，从这些图层中选择一个准备切割的图层，目标图层列出当前图集中所有图层，用户从这些图层中选择一个图层，最常用的是行政边界图层。输出图层不能与当前工作空间中其它图层同名，该图层保存在当前工作空间中。添加到当前图集选中此复选框，保存后的输出图层将自动加入到当前图集，否则不加入。

（3）叠加求交：是对输入图层与目标图层进行叠加运算，输出图层是输入图层与目标图层相交的部分，属性表中字段是两个图层中的全部或选定部分的字段（图 8-6）。

（4）属性提取：也可称为属性统计，是用一个矢量图层（称为目标图层）统计另一个多边形矢量图层（称为输入图层）中的一个或多个属性数据。其输出图层的空间数据仍为目标图层，属性表中追加了输入图层属性字段（输入图层字段列表）中选定的字段的统计结果（图 8-7）。

（5）以点代面：是用目标图层（多边形）统计输入图层（点）中的属性数据，结

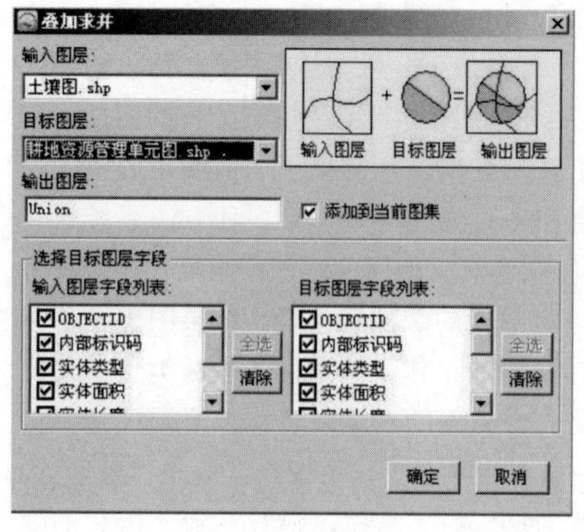

图 8-6　叠加求并

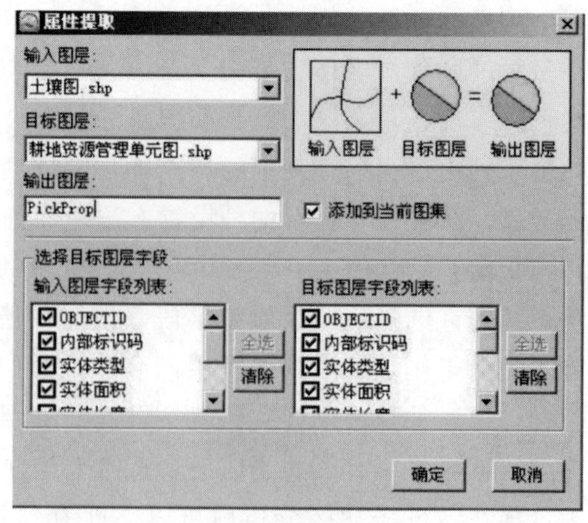

图 8-7　属性提取

果保存为输出图层。输出图层单元的形状、大小、个数与目标图层完全一样，属性数据来自输入图层和目标图层中被选中字段（图 8-8）。

（6）合并小多边形：是将指定图层中的指定面积小于一定范围的多边形与相邻的具有某个共同性质的面积最大的多边形合并，旨在合并一些图层叠加后形成的一些小多边形，改善图面效果，减小数据量（图 8-9）。

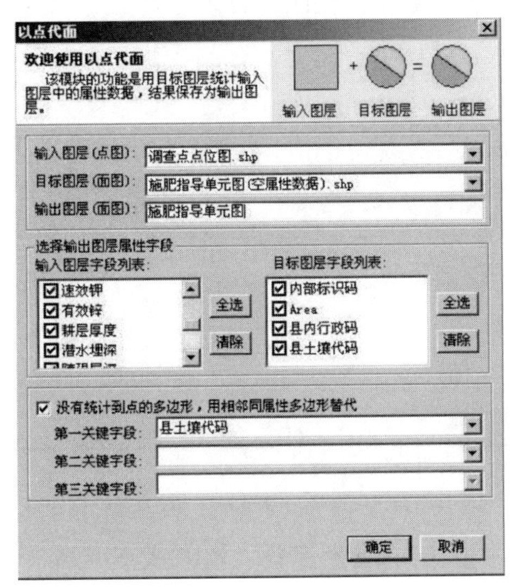

图 8-8　整合图层

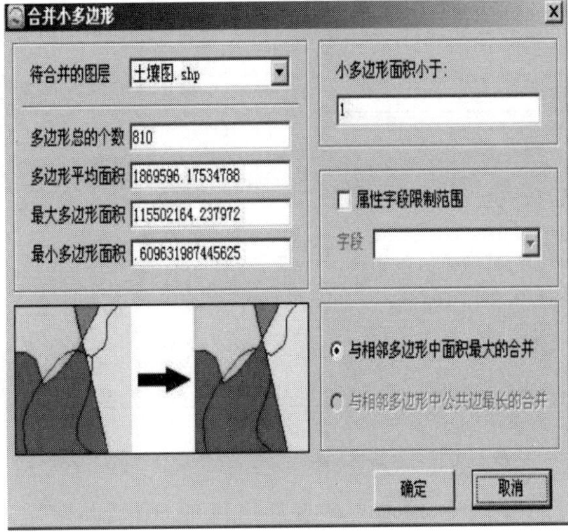

图 8-9　合并小多边形

三、耕地评价

本模块包括耕地生产潜力评价、耕地适宜性评价、土壤环境质量评价、土壤养分状况评价、层次分析模型编辑、隶属函数模型编辑、隶属函数拟合 7 个菜单，可为农业产业结构调整、作物布局等提供决策支持。

1. 耕地生产潜力评价

是根据用户提供的相应层次分析模型和隶属函数模型，对每一个耕地资源管理单元的农业生产潜力（指粮食生产潜力）进行评价，再根据聚类分析的原理对评价结果进行分级，从而产生耕地地力等级，并将地力等级以不同的颜色在耕地资源管理单元图上表达。①评价单元图层显示了当前图集中所有多边形图层，图层必须包含评价所需的全部属性数据。②评价结果图层在输入文件名，由字母或汉字开头、只能由字母，汉字，数字和下画线组成、不能超过 8 个字符（一个汉字为两个字符）、不能与当前工作空间中其它图层同名。③层次分析模型列出了当前模型库中所有能够与指定评价单元图层相匹配的层次分析模型（即模型中所有指标都包含在评价单元图层的属性表中）。如果没有模型列出，则说明当前模型库中没有与当前评价单元图所匹配的模型，系统也就不能对该图层进行评价。④隶属函数模型列出了当前模型库中所有能够与指定的层次分析模型相配套的隶属函数模型（即层次分析模型中所有指标都包含在隶属函数模型中），如果没有模型列出，则表示当前模型库中没有与选定层次分析模型所匹配的隶属函数模型，系统也就不能对指定图层进行评价。⑤导入到外部数据库，评价结果数据表将自动导入到当前工作空间的外部数据库中成为正式存档数据。只有在确认本次评价为最终评价时才选中本功能。

2. 耕地适宜性评价

是评估土地针对某种用途适宜程度的过程，即通过对影响土地利用的自然因素和社会经济因素的综合分析，将土地按其对指定利用方式的适宜性划分若干等级，以表明其作为各种用途的适宜程度与限制程度，见表 8-1 所示。

表 8-1　耕地适宜性评价层次表

目标层	适宜性评价		
准则层	化学性状	物理性状	立地条件
指标层	有机质 有效磷 速效钾 有效锌 有效硼	耕层质地 土体构型 有效土层 障碍层 盐渍化	灌溉保证率 坡度（矿化度） 地形地貌

3. 土壤环境质量评价

用于耕地地力调查点、耕地资源管理单元的土壤环境质量评价、灌溉水质量评价或土壤及灌溉水的综合环境质量评价。①评价范围包括土壤评价、灌溉水评价和水土综合评价。只有当评价图层属性数据表中包括所有该评价方式所需的全部评价因子时该评价方式才可用。②评价图层可以对点、多边形图层进行评价，评价图层列表框中列出了当前图集中全部点及多边形图层。③导入到外部数据表，选中该选项系统在评价完成后，把评价结果数据表导入到当前工作空间的外部数据库中。④连接到评价图层，选中该选项系统在评价完成后，评价结果数据表与评价图层自动关联。⑤评价结果表设置指设置评价结果表的存放名称，由字母或汉字开头、只能由字母，汉字，数字和下划线组成、不能超过 8 个字符（一个汉字为两个字符）、不能与当前工作空间中其它表同名。该表保存在当前工作空间中 Table 文件夹下。⑥导入到外部数据表，选中该选项系统在评价完成后，把评价的结果数据表保存到导入到当前工作空间的外部数据库中而成为最终结果。⑦连接到评价图层，选中该选项系统在评价完成后，评价结果数据表与评价图层自动关联。

4. 土壤养分状况评价

土壤中某种营养元素的丰缺状况可以通过该元素的测定值反映，但还与土壤性质和所种植的作物密切相关，因此不同的作物有不同的临界值指标，本项评价即根据不同作物、不同元素的临界值指标对土壤中各种养分含量的丰缺状况进行评价，评价结果分为高、中、低、极低四个等级，并在评价单元图上以不同的颜色表示。分级标准以全国测土配方施肥技术规范为依据。

5. 层次分析模型编辑

层次分析是把复杂问题中的各个因素按照相互之间的隶属关系排成从高到低的若

干层次，根据对评估对象的判断就同一层次相对重要性相互比较的结果，决定层次各元素重要性先后次序（图 8-10）。用层次分析法作系统分析，首先要把问题层次化，根据问题的性质和达到的总目标，将问题分解为不同的组成因素，并按照因素间的相互关联影响以及隶属关系将因素按不同层次聚合，形成多层次的分析结构模型，并最终把系统分析归结为最低层（供决策的方案、措施等），相对最高层（总目标）的相对重要性权值的确定或相对优劣次序的排序问题。

图 8-10　层次分析模型

6. 隶属函数模型编辑

层次分析的主要任务是确定各个评价指标的组合权重，而隶属函数模型的主要任务是确定单项指标的“评语”。通过隶属函数将不同量纲的数据转换成无量刚的、界于 0～1 的标准数据，即隶属度（图 8-11）。该值的大小反映了该指标对于目标贡献的大小。

7. 隶属函数拟合

是根据测定的多组数据，确定求拟合方程的参数。本模块主要针对正直线、负直线、峰型、戒上型、戒下型这 5 种类型隶属函数拟合。①数据预览窗口是对数据的编辑，用户可以直观的添加、删除以及编辑数据对。②拟合结果窗口，数据拟合后结果将在此窗口呈现给用户，若是直线方程将显示最终参数结果；若是非直线方程将会显示每一步迭代的过程。该窗口可以看到最终参数结果也可以看到参数拟合的 R2、RSS 以及 S 等参数。③拟合图形窗口，在数据拟合完毕后，此窗口将绘制拟合的直（曲）线以及原始数据点。用户可以直观的察看拟合情况。

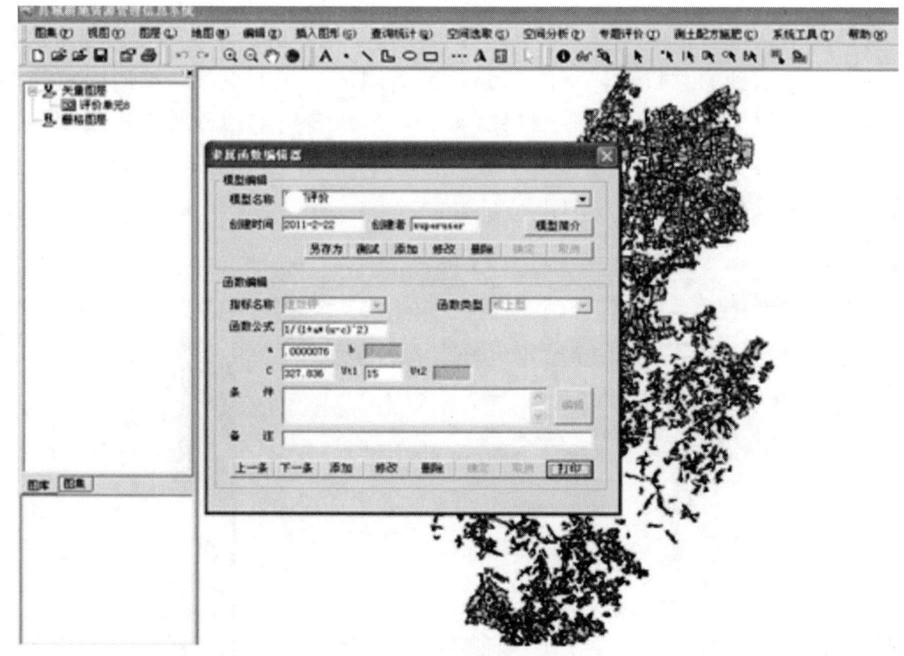

图 8-11　隶属函数编辑器

四、配方施肥

测土配方施肥是以田间试验和土壤测试为基础，根据作物需肥规律、土壤供肥性能和肥料效应，在合理施用有机肥的基础上，提出氮、磷、钾及中、微量元素等肥料的施用品种、数量、施肥时期和施用方法。测土配方施肥包括单元施肥推荐、区域配方推荐、作物缺素诊断、施肥参数编辑 4 个菜单。

1. 单元施肥推荐的功能

是应用系统内存储的土壤测定数据、作物信息、肥料信息以及施肥知识库、施肥模型库为辖区内每一个耕地单元推荐以配方肥为基础的施肥方案。①管理单元图层必须包含施肥所需的全部属性数据，至少包含有效磷、速效钾、质地、县内行政码、县土壤代码等数据。②管理单元施肥推荐，耕地资源管理单元，由土地利用现状图、土壤图及行政区划图叠加形成。③指导单元施肥推荐，施肥指导单元，由土壤图与行政区划图叠加形成，其图单元大于管理单元。

2. 区域配方推荐的功能

是应用系统内存储的土壤测定数据、作物信息、肥料信息以及施肥知识库、施肥模型库预测区域内每一个单元的氮、磷、钾肥料用量，应用聚类分析的方法，形成指定作物品种的配方系列，生成区域配方分区图。

3. 作物缺素诊断根据作物出现的缺素症状

采用逐步搜索的方法判断作物所缺乏的营养元素，并给出处理或预防方案。

4. 施肥参数编辑

用于编辑单元施肥推荐、区域配方推荐及土壤养分丰缺评价中用到的相关参数。①公用参数包括“作物品种特征表”“化肥品种特征表”、“肥料运筹方案”。②土壤养分丰缺指标法包括“土壤养分丰缺评价标准”、“化肥施用标准”。养分平衡法包括“作物养分吸收量”和“土壤养分校正系数”。③地力差减法包括“作物养分吸收量”和“土壤基础地力产量比例表”。④精确施氮模型包括“基础地力产量表”、“施肥区作物吸氮量表”和“无氮区作物吸氮量表”。

五、系统工具模块

本模块包括用户权限设置、清空历史记录、在线升级 3 个子模块，主要是对系统进行必要设置和清理以及维护和升级。

1. 用户权限设置

只有系统管理员才能使用该功能。该菜单的作用是设置用户访问系统的权限。系统采用了权限设置，访问权限共分为三级：一级是系统管理员；二级是编辑用户；三级是查询用户。其中“系统管理员”为最高级用户，能够进行系统的所有操作，包括用户授权和更改用户资料，但不能查询密码；“编辑用户”为受限用户，不能进行用户授权或更改用户资料；“查询用户”级别最低，只能进行查询、浏览操作，不能进行任何修改操作。

2. 清空历史记录

每次打开一个图集时，系统都记录下最近打开过的 5 个图集显示在图集菜单中。该功能用来清空系统的该项记录。

3. 在线升级

运行该命令后系统退出主程序，弹出在线升级向导界面。确保网络连接正常，所有有关市域耕地资源管理信息系统的程序都关闭后，按照升级向导操作，即可更新当前系统。

第四节　系统数据库的建立

一、项目来源及前期准备

（一）项目来源及目的意义

潍坊市耕地资源信息系统数据库建设工作，是测土配方施肥工作的重要组成部分；是国家实现农业科学种田，促进粮食稳定生产，实现农业科学施肥经常化、普及化的重要工作；是实现农业耕地地力评价成果资料统一化、标准化的重要计划；是实现综合农业信息资料共享的技术手段。潍坊市耕地资源信息系统数据库建设工作，是利用潍坊市最新的土地利用现状调查成果，第二次土壤普查的土壤、地貌成果，潍坊市所辖县域的耕层质地及土体构型，以及本次耕地地力评价工作中采集的土壤化学分析成果、灌溉分布图等成果进行汇总，而建立的一个集空间数据库和属性数据库的存储、管理、查询、分析、显示为一体的数据库，为实现下一步三年一轮回数据的实时更新，快速、有效地检索，为决策部门提供信息支持，大大地提高耕地资源的管理水平，为科学施肥、农业可持续发展、深化农业科学管理工作服务。

（二）建库单位组成

为加快潍坊市耕地地力评价及耕地资源信息系统数据库建设，依据农业部耕地资源信息系统数据库建设要求，由多年来一直承担测土施肥管理、研究、耕地地力评价、数据库建设等工作的单位组成联合工作组。

潍坊市土壤肥料工作站：负责耕地地力评价及建库工作组织、协调、标准制定、土壤图成果资料的归属核查处理等。

山东农业大学资源与环境学院：负责耕地地力评价图、土壤化学微量元素系列图及研究报告编制等。

山东天地亚太国土遥感有限公司：负责土地、土壤、坡度、地貌、灌溉分区等图件扫描矢量化及几何校正处理等编图工作，耕地地力评价所有建库资料统一化、标准化处理，空间数据库和属性数据库建设，耕地地力评价成果图件修改编辑及图件输出、数据库建设报告编制等工作。

（三）数据库建立流程

1. 资料收集阶段

为满足建库工作的需要，收集了潍坊市数字地理底图、土地利用现状图、地貌图、土壤图、潍坊市所辖项目县灌溉资料、采样点位及相应的点位属性表资料等。

2. 资料整理与预处理阶段

为提高数据库建设的质量，按照统一化和标准化的要求，首先对收集的资料进行了规范化检查与处理。

第一步：对潍坊市电子版资料检查是否符合区域汇总和建库的要求，对符合要求的资料进行统一符号库和色标库处理。按照区域汇总和数据库建设的要求规范化处理点、线、面内容。将电子版资料全部配准到潍坊市 1∶15 万数字地理底图上。

第二步：对图片格式的资料全部配准到潍坊市 1∶15 万数字地理底图上。图片格式的资料均为第二次土壤普查的土壤图、地貌图等资料。

第三步：对潍坊市点位属性表中的属性内容，在潍坊市系统甄别养分异常值的基础上，重点对采样点位重号、采样点位图中的点位数与点位属性表中的点位数，是否一致等内容进行了系统检查和处理。为使图上县域的点位编号（3 位数）合并到市级后不重复，在每个县域的编号前增加一个字母，编号变为一个字母和 3 位数。

第四步：按照国家编图的坐标系要求，潍坊市采用高斯—克吕格，西安 1980 坐标系。

（1）数据采集阶段：一是对电子版资料首先配准到潍坊市地理底图上，再按建库要求分层编辑点、线、面文件。二是对图片格式的资料全部配准到潍坊市地理底图上，按照数据库建设要求，分层矢量化点和线的内容。

(2) 拓扑关系建立阶段：对所有数据采集的线内容，进行拓扑检查处理，形成自动拓扑处理的成果图。

(3) 属性数据输入阶段：依据县域耕地资源管理信息系统数据字典等资料，对所有成果图按照统一数据字典等有关资料，输入属性代码和相关的属性内容。

(4) 数据入库阶段：在所有矢量数据和属性数据质量检查和有关问题处理后，进行属性数据库与空间数据库链接处理，按照有关要求形成所有成果的数据库。

(四) 建库的依据及平台

潍坊市数据库建设主要是依据和参考县域耕地资源管理信息系统数据字典、耕地地力评价指南以及有关区域汇总技术要求完成的。

建库前期工作是采用 MAPGIS 平台对电子版资料进行点、线、面文件的规范化处理和拓扑处理，将所有建库资料首先配准到潍坊市 1：15 万地理底图上。对纸介质或图片格式的资料进行扫描处理，将所有资料配准到潍坊市 1：15 万地理底图上，进行点、线、面分层矢量化处理和拓扑处理，最后配准到潍坊市 1：15 万地理底图框上。空间数据库成果为 MAPGIS 点、线、面格式的文件，属性数据库成果为 Excel 格式。将 MAPGIS 格式转为 Shapel 格式，在 ArcGIS 平台上进行数据库规范化处理，最后将数据库资料导入江苏扬州开发的耕地资源信息管理系统中运行，或在 ArcGIS 平台上运行。

二、数据库标准化

(一) 标准引用

1. GB 2260—2002 《中华人民共和国行政区划代码》
2. NY/T 309—1996 《全国耕地类型区、耕地地力等级划分标准》
3. NY/T 310—1996 《全国中低产田类型划分与改良技术规范》
4. GB/T 17296—2000 《中国土壤分类与代码》
5. 全国农业区划委员会 《土地利用现状调查技术规程》
6. 国土资源部 《土地利用现状变更调查技术规程》
7. GB/T 13989—1992 《国家基本比例尺地形图分幅与编号》
8. GB/T 13923—1992 《国土基础信息数据分类与代码》
9. GB/T 17798—1999 《地球空间数据交换格式》
10. GB 3100—1993 《国际单位制及其应用》
11. GB/T 16831—1997 《地理点位置的纬度、经度和高程表示方法》
12. GB/T 10113—2003 《分类编码通用术语》
13. 农业部 《全国耕地地力调查与评价技术规程》
14. 农业部 《测土配方施肥技术规范（试行）》
15. 农业部 测土配方施肥专家咨询系统编制规范（试行）》
16. 中国农业出版社 县域耕地资源管理信息系统数据字典

(二) 建库资料的核查

1. 数据资料核查

主要是对潍坊市所有县域的属性表中的属性结构、属性内容、土样化验数据的极限值进行核查修正。技术依托单位重点核查修正土壤采样点位编号有否重号，采样点位图编号与采样点位属性表编号是否点位数量一致等。通过地市和技术依托单位二次核查修正工作，进一步提高了数据资料的质量。核查原则主要依据农业部测土配方施肥基础数据审查标准和有关数据甄别要求进行。

2. 图件资料核查

图件资料包括原始图件坐标系是否符合潍坊市的编图坐标系要求，图件内容是否符合地市汇总和数据库建设的要求。为满足潍坊市汇总和数据建设的要求，依据地理底图编制和区域汇总的有关要求，首先由潍坊市尽量提供满足地市汇总要求基础图件资料，由建库单位组织由多年有编图经验的技术人员，对所有的图件均打印输出成纸介质图进行核查，对发现的问题，依据有关技术标准能处理的就及时处理，不能处理的技术依托单位与潍坊市土肥站协商处理有关问题。核查后的图件资料满足了地市汇总和数据库建设的要求。

（三）数据库结构

1. 空间数据库内容

潍坊市空间数据库建设基础图件包括土地利用现状图、土壤图、地貌图、耕地地力调查点位图、耕地地力评价等级图、土壤养分系列图等，见表 8-2 所示。

表 8-2　潍坊市空间数据库成果表

序号	成果图名称	备注
1	潍坊市土地利用现状图	
2	潍坊市地貌图	
3	潍坊市土壤图	
4	潍坊市灌溉分区图	
5	潍坊市耕地地力调查点点位图	
6	潍坊市土壤 pH 值分布图	
7	潍坊市土壤缓效钾含量分布图	
8	潍坊市土壤碱解氮含量分布图	
9	潍坊市土壤交换性钙含量分布图	
10	潍坊市土壤交换性镁含量分布图	
11	潍坊市土壤全氮含量分布图	
12	潍坊市土壤速效钾含量分布图	
13	潍坊市土壤有机质含量分布图	
14	潍坊市土壤有效磷含量分布图	
15	潍坊市土壤有效硫含量分布图	
16	潍坊市土壤有效锰含量分布图	
17	潍坊市土壤有效钼含量分布图	

（续表）

序号	成果图名称	备 注
18	潍坊市土壤有效硼含量分布图	
19	潍坊市土壤有效铁含量分布图	
20	潍坊市土壤有效铜含量分布图	
21	潍坊市土壤有效锌含量分布图	
22	潍坊市耕地地力评价等级图	

2. 空间数据库图层划分

按照空间数据库建设的分层原则，严格按照耕地资源信息系统数据字典要求分层，每层只反映属性相同的内容，其地理底图和成果空间数据库分层见表 8-3 所示。

表 8-3　潍坊市地理底图空间数据库点、线、面分层名称

图件名称	层数	数据库分层名称	备 注
地理底图	6	底图 . WP 底图 . WL 底图 . WT 底图 TL. WP 底图 TL. WL 底图 TL. WT	
点位图	8	底图 . WP 底图 . WL 底图 . WT 点位 . WT 点位注释 . WT 点位 TL. WP 点位 TL. WL 点位 TL. WT	
土地利用现状图	6	现状 . WP 现状 . WL 现状 . WT 现状 TL. WP 现状 TL. WL 现状 TL. WT	
地貌图	9	地貌 . WP 地貌 . WL 地貌 . WT 底图 . WP 底图 . WL 底图 . WT 地貌 TL. WP 地貌 TL. WL 地貌 TL. WT	

（续表）

图件名称	层数	数据库分层名称	备注
土壤图	9	土壤.WP 土壤.WL 土壤.WT 底图.WP 底图.WL 底图.WT 土壤 TL.WP 土壤 TL.WL 土壤 TL.WT	
耕地地力评价图	9	耕地评价.WP 耕地评价.WL 耕地评价.WT 底图.WP 底图.WL 底图.WT 耕地评价 TL.WP 耕地评价 TL.WL 耕地评价 TL.WT	
土壤养分图	9	土壤养分.WP 土壤养分.WL 土壤养分.WT 底图.WP 底图.WL 底图.WT 土壤养分 TL.WP 土壤养分 TL.WL 土壤养分 TL.WT	
灌溉分区图	11	灌溉分区.WP 灌溉分区.WL 灌溉分区.WT 底图.WP 底图.WL 底图.WT 灌溉分区 TL.WP 灌溉分区 TL.WL 灌溉分区 TL.WT	

（四）属性数据库结构

1. 属性数据库内容

由于地市汇总的点位数据全部是采用县域评价的点位数据，其属性内容均是按照县域耕地资源管理信息系统数据字典和有关专业的属性代码标准填写。在县域耕地资源管理信息系统数据字典中属性数据库的数据项，包括字段代码、字段名称、字段短名、英文名称、释义、数据类型、数据来源、量纲、数据长度、小数位、取值范围、备注等内容。所以属性数据库内容全部按照县域数据字典的属性代码和专业术语标准填写。

2. 属性数据库录入

主要采用外挂数据库的方法，通过关键字段进行属性连接。在具体工作中，是在编辑或矢量化空间数据时，建立线要素层和点要素层的统一赋值的 ID 号，在 Excel 表中第一列 ID 号，其他列按照属性数据项格式内容填好后，利用命令统一赋属性值。

3. 属性数据库格式

由于属性数据库内容均填写在 Excel 表中，空间数据库与属性数据库连接均采用外挂数据库的方法，Excel 表在不同的数据库平台上是通用的，虽然潍坊市建库工作是在 MAOGIS 平台上，但在 MAOGIS 平台上将空间数据库转为 Shapel 格式，在 ArcGIS 平台上空间数据库与 Excel 表重新连接后就可以了。

4. 属性数据结构

属性数据结构内容，是严格按县域耕地资源管理信息系统数据字典编制的，其地理及专业成果属性数据库结构，见表 8-4 所示。

表 8-4 潍坊市耕地资源信息系统属性数据库结构表

图 名	属性数据结构	字段类型
行政区划图	内部标识码：系统内部 ID 号 实体类型：point，polyline，polygon 实体面积：系统内部自带 实体长度：系统内部自带 县内行政码：根据国家统计局“统计上使用的县以下行政区划代码编制规则”编制	长整型，9 文本型，8 双精度，19，2 长整型，10 长整型，6
县乡村位置图	内部标识码：系统内部 ID 号 实体类型：point，polyline，polygon X 坐标：无，Y 坐标：无 县内行政码：根据国家统计局“统计上使用的县以下行政区划代码编制规则”编制 标注类型：村标注，乡标注，县标注	长整型，9 文本型，8 双精度，19，2 长整型，6 字符串，6
行政界线图	内部标识码：系统内部 ID 号 实体类型：point，polyline，polygon 实体长度：系统内部自带 界线类型：根据国家基础信息标准（GB13923—92）填写	长整型，9 文本型，8 长整型，10 文本型，40
辖区边界图	内部标识码：系统内部 ID 号 实体类型：point，polyline，polygon 实体面积：系统内部自带 实体长度：系统内部自带 要素代码：依据《国家基础地理信息数据分类与代码》编制要素代码 要素名称：依据《国家基础地理信息数据分类与代码》编制要素名称 行政单位名称：单位的实际名称填写	长整型，9 文本型，8 双精度，19，2 长整型，10 长整型，5 文本型，40 文本型，20

（续表）

图 名	属性数据结构	字段类型
装饰边界图	内部标识码：系统内部 ID 号	长整型，9
面状水系图	内部标识码：系统内部 ID 号 实体类型：point，polyline，polygon 实体面积：系统内部自带 实体长度：系统内部自带 要素代码：依据《国家基础地理信息数据分类与代码》编制要素代码 要素名称：依据《国家基础地理信息数据分类与代码》编制要素名称 面状水系码：自定义编码 面状水系名称：依据 2006 年 10 月版山东省地图册编制 湖泊贮水量：依据 1∶5 万地形图	长整型，9 文本型，8 双精度，19，2 长整型，10 长整型，5 文本型，40 字符串，5 字符串，20 字符串，8
线状水系图	内部标识码：系统内部 ID 号 实体类型：point，polyline，polygon 实体长度：系统内部自带 要素代码：依据《国家基础地理信息数据分类与代码》编制要素代码 要素名称：依据《国家基础地理信息数据分类与代码》编制要素名称 线状水系码：自定义编码 线状水系名称：依据 2006 年 10 月版山东省地图册编制 河流流量：无	长整型，9 文本型，8 长整型，10 长整型，5 文本型，40 长整型，4 文本型，20 长整型，6
道路图	内部标识码：系统内部 ID 号 实体类型：point，polyline，polygon 实体长度：系统内部自带 要素代码：依据《国家基础地理信息数据分类与代码》编制要素代码 要素名称：依据《国家基础地理信息数据分类与代码》编制要素名称 公路代码：根据国家标准 GB 917.1—89《公路路线命名编号和编码规则命名和编号规则》编制 公路名称：根据国家标准 GB 917.1—89《公路路线命名编号和编码规则命名和编号规则》编制	长整型，9 文本型，8 长整型，10 长整型，5 文本型，40 文本型，11 文本型 20
地貌类型分区图	内部标识码：系统内部 ID 号 实体类型：point，polyline，polygon 实体面积：系统内部自带 实体长度：系统内部自带 地貌类型：数据引用自“中国科学院生物多样性委员会　地貌类型代码库”(四类码)	长整型，9 文本型，8 双精度，19，2 长整型，10 文本型，18
灌溉分区图	内部标识码：系统内部 ID 号 实体类型：point，polyline，polygon 实体面积：系统内部自带 实体长度：系统内部自带 灌溉水源：县局提供数据 灌溉水质：无 灌溉方法：县局提供数据 年灌溉次数：县局提供数据 灌溉条件：无 灌溉保证率：无 灌溉模数：无 抗旱能力：无	长整型，9 文本型，8 双精度，19，2 长整型，10 文本型，10 文本型，4 文本型，18 文本型，2 文本型，4 长整型，3 双精度，5，2 长整型，3

（续表）

图 名	属性数据结构	字段类型
土地利用现状图	内部标识码：系统内部 ID 号 实体类型：point，polyline，polygon 实体面积：系统内部自带 实体长度：系统内部自带 地类号：国土资源部发布的《全国土地分类》三级类编码 平差面积：无	长整型，9 文本型，8 双精度，19，2 长整型，10 长整型，3 双精度，7，2
土壤图	内部标识码：系统内部 ID 号 实体类型：point，polyline，polygon 实体面积：系统内部自带 实体长度：系统内部自带 土壤国标码：土壤类型国标分类系统编码	长整型，9 文本型，8 双精度，19，2 长整型，10 长整型，8
地下水矿化度等值线图	内部标识码：系统内部 ID 号 实体类型：point，polyline，polygon 实体长度：系统内部自带 地下水矿化度：依据县级矿化度图实际数据填写	长整型，9 文本型，8 长整型，10 双精度，5，1
耕地地力调查点点位图	内部标识码：系统内部 ID 号 实体类型：point，polyline，polygon X 坐标：北京 54 坐标系 Y 坐标：北京 54 坐标系 点县内编号 AP310102：自定义编号	长整型，9 文本型，8 双精度，19，2 双精度，19，2 长整型，8
行政区基本情况数据表	县内行政码 SH110102：根据国家统计局“统计上使用的县以下行政区划代码编制规则”编制 省名称：山东省 县名称：××市，××区，××县 乡名称：××乡，××镇，××街道 村名称：××村，××委员会 行政单位名称：××市，××区，××县，××乡，××镇，××街道，××村，××委员会 总人口：无 农业人口：无 非农业人口：无 国民生产总值 GNP：无	长整型，6 字符串，6 字符串，8 字符串，18 字符串，18 字符串 20 字符串 7 字符串 7 字符串 7 双精度，11，2 字符串，20
县级行政区划代码表	行政单位名称：××市，××区，××县，××乡××镇××街道××村××委员会 县内行政码 SH110102：根据国家统计局“统计上使用的县以下行政区划代码编制规则”编制	长整型，6 长整型 9
土地利用现状地块数据表	内部标识码：系统内部 ID 号 地类号：国土资源部发布的《全国土地分类》三级类编码 地类名称：国土资源部发布的《全国土地分类》三级类名称 计算面积：无 地类面积：无 平差面积：无 报告日期：无	长整型 9 字符串，3 字符串，20 双精度，7，2 双精度，7，2 双精度，7，2 日期型，10

（续表）

图 名	属性数据结构	字段类型
土壤类型代码表	土壤国标码：土壤类型国标分类系统编码	字符串，8
	土壤国标名：土壤类型国标分类系统名称	字符串，20
耕地地力调查点基本情况及化验结果数据表	灌溉水源：县提供数据	字符串，10
	灌溉方法：县提供数据	字符串，18
	调查点国内统一编号：自定义编号	字符串，14
	调查点县内编号：自定义编号	字符串，8
	调查点自定义编号 AP310103：自定义编号	字符串，40
	调查点类型：耕地地力调查点	字符串，20
	户主联系电话：区号—本地电话号码	字符串，13
	调查人联系电话：区号—本地电话号码	字符串，13
耕地地力调查点基本情况及化验结果数据表	调查人姓名：××××	字符串，8
	调查日期：采集当天日期	日期型，10
	≥0℃积温：无	字符串，5
	≥10℃积温：无	字符串，5
	年降水量：县提供数据	字符串，4
	全年日照时数：无	字符串，4
	光能辐射总量：无	字符串，4
	无霜期：县提供数据	字符串，3
	干燥度 CW210107：无	双精度，4，2
	东经：县提供数据	双精度，9，5
	北纬：县提供数据	双精度，8，5
	坡度：地形坡度海拔：海拔高度	双精度，6，1
	坡向：缺少数据	双精度，4，1
	地形部位：数据引用自 NY/T 309—1996《全国耕地类型区、耕地地力等级划分》和 NY/T 310—1996《全国中低产田类型划分与改良技术规范》	字符串，4
	田面坡度：依据田面实际坡度	字符串，50
	灌溉保证率：无	双精度，4，1
	排涝能力：无	字符串，3
	梯田类型：无	字符串，2
	梯田熟化年限：无	字符串，10
	保护块面积：无	字符串，3
	土壤侵蚀类型：无	双精度，7，2
	土壤侵蚀程度：无明显侵蚀，轻度侵蚀	字符串，8
	污染源企业名称：无	字符串，20
	污染源企业地址：无	字符串，50
	液体污染物排放量：无	字符串，50
	粉尘污染物排放量：无	双精度，6，1
	污染面积 LE220105：无	双精度，6，1
	污染物类型：无	双精度，9，2
	污染范围：无	字符串，20
	污染造成的损害：无	字符串，40
	距污染源距离：无	字符串，30
	污染物形态：无	字符串，5
	污染造成的经济损失：无	字符串，4
	省名称：山东省	字符串，9
	县名称：××市，××区，××县	字符串，8
	乡名称：××乡，××镇，××街道	字符串，18
	村名称：××村，××委员会	字符串，18
	户主姓名	字符串，8
	土壤类型代码（国标）：根据县提供数据填写	字符串，8
	土类名称（县级）：县提供数据	字符串，20

（续表）

图名	属性数据结构	字段类型
耕地地力调查点基本情况及化验结果数据表	亚类名称（县级）：县提供数据	字符串，20
	土属名称（县级）：县提供数据	字符串，20
	土种名称（县级）：县提供数据	字符串，20
	剖面构型：土层符号代码表、土层后缀符号代码表、剖面构型数据编	字符串，10
	码表是根据《中国土种志》整理	字符串，8
	质地构型：无	字符串，2
	耕层厚度：县提供数据	字符串，10
	障碍层类型：无	字符串，3
	障碍层出现位置：无	字符串，3
	障碍层厚度：无	字符串，30
	成土母质：数据引用于《土壤调查与制图》（第二版），农业出版社	字符串，6
	质地：中壤土，重壤土，砂壤土	双精度，4，2
	容重：县提供数据	字符串，2
	田间持水量：县提供数据	双精度，4，1
	pH 值：依据土壤化学分析 pH 值耕地地力等级评价成果填写	双精度，4，1
	CEC：依据土壤化学分析 CEC 值耕地地力等级评价成果填写	双精度，5，1
	有机质：依据土壤化学分析有机质值耕地地力等级评价成果填写	双精度，6，3
	全氮：依据土壤化学分析全氮值耕地地力等级评价成果填写	字符串，5
	全磷：依据土壤化学分析全磷值耕地地力等级评价成果填写	双精度，5，1
	有效磷：依据土壤化学分析有效磷值耕地地力等级评价成果填写	字符串，4
	缓效钾：依据土壤化学分析缓效钾值耕地地力等级评价成果填写	字符串，3
	速效钾：依据土壤化学分析速效钾值耕地地力等级评价成果填写	双精度，5，2
	有效锌：依据土壤化学分析有效锌值耕地地力等级评价成果填写	双精度，4，2
	水溶态硼：依据土壤化学分析水溶态硼值耕地地力等级评价成果填写	双精度，6，2
	有效硅：依据土壤化学分析有效硅值耕地地力等级评价成果填写	双精度，4，2
	有效钼：依据土壤化学分析有效钼值耕地地力等级评价成果填写	双精度，5，2
	有效铜：依据土壤化学分析有效铜值耕地地力等级评价成果填写	双精度，5，1
	有效锰：依据土壤化学分析有效锰值耕地地力等级评价成果填写	双精度，6，1
	有效铁：依据土壤化学分析有效铁值耕地地力等级评价成果填写	双精度，6，1
	交换性钙：依据土壤化学分析交换性钙值耕地地力等级评价成果填写	双精度，5，1
	交换性镁：依据土壤化学分析交换性镁值耕地地力等级评价成果填写	双精度，5，1
	有效硫：依据土壤化学分析有效硫值耕地地力等级评价成果填写	双精度，5，1
	盐化类型：无	字符串，20
	1m 土层含盐量：无	双精度，5，1
	耕层土壤含盐量：无	双精度，5，1
	水解性氮：依据土壤化学分析水解性氮值耕地地力等级评价成果填写	双精度，5，3
	旱季地下水位：无	字符串，3
	采样深度：县提供数据	字符串，7
耕层土壤有机质等值线图	内部标识码：系统内部 ID 号	长整型，9
	实体类型：point，polyline，polygon	文本型，10
	实体长度：系统内部自带	长整型，10
	有机质：依据土壤化学分析有机质值耕地地力等级评价成果填写	双精度，5，1
耕层土壤全氮等值线图	内部标识码：系统内部 ID 号	长整型，9
	实体类型：point，polyline，polygon	文本型，10
	实体长度：系统内部自带	长整型，10
	全氮：依据土壤化学分析全氮值耕地地力等级评价成果填写	双精度，4，2
耕层土壤有效磷等值线图	内部标识码：系统内部 ID 号	长整型，9
	实体类型：point，polyline，polygon	文本型，10
	实体长度：系统内部自带	长整型，10
	有效磷：依据土壤化学分析有效磷值耕地地力等级评价成果填写	双精度，5，1

（续表）

图 名	属性数据结构	字段类型
耕层土壤速效钾等值线图	内部标识码：系统内部 ID 号 实体类型：point，polyline，polygon 实体长度：系统内部自带 速效钾：依据土壤化学分析速效钾值耕地地力等级评价成果填写	长整型，9 文本型，10 长整型，10 长整型，3
耕层土壤缓效钾等值线图	内部标识码：系统内部 ID 号 实体类型：point，polyline，polygon 实体长度：系统内部自带 缓效钾：依据土壤化学分析缓效钾值耕地地力等级评价成果填写	长整型，9 文本型，10 长整型，10 长整型，4
耕层土壤有效锌等值线图	内部标识码：系统内部 ID 号 实体类型：point，polyline，polygon 实体长度：系统内部自带 有效锌：依据土壤化学分析有效锌值耕地地力等级评价成果填写	长整型，9 文本型，10 长整型，10 双精度，5，2
耕层土壤有效钼等值线图	内部标识码：系统内部 ID 号 实体类型：point，polyline，polygon 实体长度：系统内部自带 有效钼：依据土壤化学分析有效钼值耕地地力等级评价成果填写	长整型，9 文本型，10 长整型，10 双精度，4，2
耕层土壤有效铜等值线图	内部标识码：系统内部 ID 号 实体类型：point，polyline，polygon 实体长度：系统内部自带 有效铜：依据土壤化学分析有效铜值耕地地力等级评价成果填写	长整型，9 文本型，10 长整型，10 双精度，5，2
耕层土壤有效硅等值线图	内部标识码：系统内部 ID 号 实体类型：point，polyline，polygon 实体长度：系统内部自带 有效硅：依据土壤化学分析有效硅值耕地地力等级评价成果填写	长整型，9 文本型，10 长整型，10 双精度，6，2
耕层土壤有效锰等值线图	内部标识码：系统内部 ID 号 实体类型：point，polyline，polygon 实体长度：系统内部自带 有效锰：依据土壤化学分析有效锰值耕地地力等级评价成果填写	长整型，9 文本型，10 长整型，10 双精度，5，1
耕层土壤有效铁等值线图	内部标识码：系统内部 ID 号 实体类型：point，polyline，polygon 实体长度：系统内部自带 有效铁：依据土壤化学分析有效铁值耕地地力等级评价成果填写	长整型，9 文本型，10 长整型，10 双精度，5，1
耕层土壤 pH 值等值线图	内部标识码：系统内部 ID 号 实体类型：point，polyline，polygon 实体长度：系统内部自带 pH 值：依据土壤化学分析 pH 值耕地地力等级评价成果填写	长整型，9 文本型，10 长整型，10 双精度，4，1
耕层土壤交换性钙等值线图	内部标识码：系统内部 ID 号 实体类型：point，polyline，polygon 实体长度：系统内部自带 交换性钙：依据土壤化学分析交换性钙值耕地地力等级评价成果填写	长整型，9 文本型，10 长整型，10 双精度，6，1

（续表）

图 名	属性数据结构	字段类型
耕层土壤交换性镁等值线图	内部标识码：系统内部 ID 号 实体类型：point，polyline，polygon 实体长度：系统内部自带 交换性镁：依据土壤化学分析交换性镁值耕地地力等级评价成果填写	长整型，9 文本型，10 长整型，10 双精度，5，1
耕层土壤有效硫等值线图	内部标识码：系统内部 ID 号 实体类型：point，polyline，polygon 实体长度：系统内部自带 有效硫：依据土壤化学分析有效硫值耕地地力等级评价成果填写	长整型，9 文本型，10 长整型，10 双精度，5，1
耕层土壤水解性氮等值线图	内部标识码：系统内部 ID 号 实体类型：point，polyline，polygon 实体长度：系统内部自带 水解性氮：依据土壤化学分析水解性氮值耕地地力等级评价成果填写	长整型，9 文本型，10 长整型，10 双精度，5，3
耕地地力评价等级图	内部标识码：系统内部 ID 号 实体类型：point，polyline，polygon 实体面积：系统内部自带 等级（县内）：‘120’	长整型，9 文本型，10 双精度，19，2 文本型，2
耕层土壤有效硼等值线图	内部标识码：系统内部 ID 号 实体类型：point，polyline，polygon 实体长度：系统内部自带 有效硼：依据土壤化学分析有效硼值耕地地力等级评价成果填写	长整型，9 文本型，10 长整型，10 双精度，4，2
土壤全盐含量分布图	内部标识码：系统内部 ID 号 实体类型：point，polyline，polygon 实体长度：系统内部自带 全盐：依据土壤化学分析全盐值耕地地力等级评价成果填写	长整型，9 文本型，10 长整型，10 双精度，4，1
耕层土壤有效镁等值线图	内部标识码：系统内部 ID 号 实体类型：point，polyline，polygon 实体长度：系统内部自带 有效镁：依据土壤化学分析有效镁值耕地地力等级评价成果填写	长整型，9 文本型，10 长整型，10 长整型，2
耕层土壤有效钙等值线图	内部标识码：系统内部 ID 号 实体类型：point，polyline，polygon 实体长度：系统内部自带 有效钙：依据土壤化学分析有效钙值耕地地力等级评价成果填写	长整型，9 文本型，10 长整型，10 长整型，2

三、建库成果应用

潍坊市数据库成果包括土地、土壤、土壤采样点位、地貌、灌溉、土壤养分、耕地地力评价、管理单元等空间数据库和属性数据库集成在一起的工作空间。是运用全国农业技术推广服务中心开发的耕地资源管理信息系统，以 .CWS 后缀的文件夹，其运行时所需要的空间数据、外部数据、评价模型都来自工作空间。

1. 建立工作空间

按照全国农业技术推广服务中心编著的耕地地力评价指南要求，在耕地资源管理信息系统中，首先打开图集—工作空间维护—新建功能，创建一个潍坊市工作空间。

2. 设置当前工作空间

耕地资源管理信息系统启动时默认系统开发测试时打开的一个工作空间，即为当前工作空间。所以在图集—工作空间维护—通过文件夹操作，在工作空间的列表中，选择潍坊市工作空间，设置为当前工作空间按钮。这样系统每次启动时默认潍坊市工作空间。

3. 导入空间数据

耕地资源管理信息系统仅能识别符合工作空间要求的数据进行操作，所以按照系统要求通过系统的图集—空间数据维护中，导入潍坊市工作空间中的空间数据库的矢量图层。

4. 导入属性数据

潍坊市的属性数据库是与空间数据紧密相关的数据，与空间数据一起管理。其属性数据导入通过图集—外部数据维护—数据表功能导入潍坊市 MDB 数据。

5. 构建图集

耕地资源管理信息系统是以图集的形式应用潍坊市的属性数据和空间数据，构建了潍坊市图集才能进行数据查询、统计分析、专题评价和配方施肥咨询等。潍坊市图集由多个图层构成，1 个图层与 1 个或多个属性数据表关联，构建一个图集通过添加图层、关联属性数据、保存图集 3 个步骤实现。

添加图层：在当前工作空间中，通过图层—添加矢量图层功能完成。

关联属性数据：通过图层—关联外部数据表功能完成。

保存图集：图集编辑完成后（检查无误），保存潍坊市图集名。

6. 数据应用

潍坊市图集构建完成后，在耕地资源管理信息系统中可以进行数据查询、统计分析、汇总、空间分析、测土配方施肥方案咨询等。

四、建库说明

潍坊市耕地资源管理信息系统数据库建设，包括空间数据库和属性数据库二部分内容，空间数据库全部是按照耕地资源管理信息系统数据字典要求进行的。属性数据库由于部分资料难以收集到（如土地平差面积等），属性数据仅按照耕地资源管理信息系统数据字典要求编制了部分内容。再者，例如耕地地力评价土壤采样点位图，利用 GPS 坐标展绘到地理底图上点与实际点位误差较大，达不到精度要求，所以耕地地力评价土壤调查采样点位图是依据野外采样点位图经扫描矢量化后形成，属性挂接为 GPS 定点的坐标。

第五节 系统实现

一、系统软硬件配置

系统应用 Windows 计算机操作系统和常用数据库管理、文字及图像处理等软件，以通用“市域耕地资源管理信息系统”软件为平台，硬件配置主要包括高性能微机、大容量存储器、大幅面工程扫描仪和彩色喷墨绘图仪等。

二、系统集成

以全国农业技术推广中心《全国耕地地力调查与质量评价技术规程》为技术依据，以全国耕地地力调查与质量评价项目采用的“耕地资源管理信息系统数据字典”为数据依据，以 Microsoft Visual Basic 6.0 为开发语言，以 ESRI 公司组件式 GIS 产品——MapObjects 为空间数据显示、编辑、分析工具，以 Access MDB 数据库和 GIS 无缝集成，编辑和存储各类耕地资源信息，构建县域耕地资源数据库，整合应用相关专业模型，集成市域耕地资源管理信息系统。

三、系统界面

系统采用人机交互的友好型界面样式，主界面包括：图集、视图、图层、地图、编辑、插入图形、查询统计、空间选取、空间分析、专题评价、测土配方施肥、系统工具和帮助（图 8-12 和图 8-13）。

图 8-12 系统登陆界面

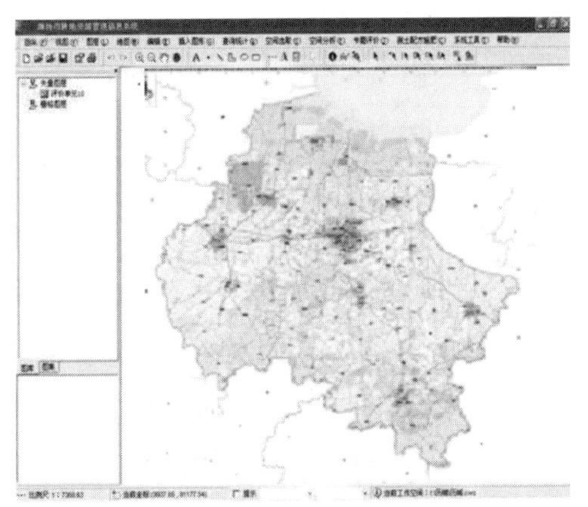

图 8-13 系统主界面

四、系统特点

1. 该系统可单机独立运行，也可接入全国耕地资源管理信息网络运行

通过网络访问远程 SDE、SQL、Server 数据库，与省级数据中心和国家数据中心

交换数据，实现数据共享与同步。

2. 系统对空间数据、属性数据实行标准化管理

可完成全国统一格式的县域、选择集数据统计、汇总、分析等操作；通过网络系统可完成省级、流域及全国数据统计、汇总、分析。

3. 集空间数据、属性数据的采集、管理、输出为一体

可独立完成图件数字化、编辑、坐标定义、专题制图、打印、数据库建立、统计分析、表格输出等功能。

4. 支持多种方式的显示与查询功能

如全景显示、放大、缩小、漫游、全图层信息查询、SQL查询、空间选取、数据集及图形导出等。

5. 支持多种空间分析

如缓冲区分析、图形切割、叠加求交、叠加求并、合并小多边形、属性提取、以点代面等。

6. 耕地评价模块集成了层次分析、模糊分析、隶属函数拟合等专用统计分析程序，支持多种专题评价

耕地地力评价、作物适宜性评价、土壤环境质量评价、土壤养分丰缺评价等，为农业产业结构调整、作物布局、肥料规划等提供决策支持。

总之，系统实现了对土壤资源信息的管理、查询、分析、评价、多种作物的施肥推荐方案，并实现网络共享，基本满足了农业管理和生产的需求。数据通用性强、界面友好、操作简便，对软硬件要求低，运行稳定。系统所有模型实现了构建化，模型参数全部保存在参数数据库，便于模型的修正，可以满足不同层次用户的要求，便于在生产中推广应用。

专题一　潍县萝卜产地土壤属性分析与品质提高

第一节　潍县萝卜生产状况

潍县萝卜又称“青萝卜”，或“高脚青”，既是潍县著名特产，也是山东省著名萝卜优良品种，民间有“烟台苹果莱阳梨，比不上潍坊的萝卜皮”之说。潍县萝卜既可做蔬菜，也可生食。做菜炒、拌、炖、腌均可，为当地秋、冬、春三季主要蔬菜之一。当地人喜爱生食，家中来客常以烟、茶、萝卜招待。经常食用有去痰、清热解毒、健脾理气、助消化等功能。当地有“吃萝卜喝茶，不用医生把药拿”之说，潍县萝卜含有大量维生素，具有保健作用。潍县萝卜已有300多年的栽培历史，经过菜农和科技人员的长期培育，形成了大缨、小缨和二缨3个品系。3个品系的特征基本相似，叶均属花叶型，每叶有裂叶8～10对，叶色深绿。肉质根均呈圆柱形，地上部占全长3/4，为青绿色，地下部占1/4，为白色。大缨萝卜长势较强，肉质白绿色，质松味淡，辣味轻，宜做熟食和腌渍。小缨萝卜长势较弱，皮色深绿，皮薄质脆，味甜带香、品质佳，宜生食。二缨萝卜特征介于大缨和小缨之间，肉质紧密、翠绿，脆、甜、多汁、生食如水果，故又称水果萝卜。在国内外享有盛誉，远销我国香港地区、东南亚诸国及国内各主要大城市。

潍坊是潍县萝卜的原产地，具有悠久的种植历史，原主要分布在“潍县”，现主要分布在寒亭、潍城等“老潍县”境内，目前全市种植面积已达 4 000hm^2，其中寒亭区3 200hm^2、潍城区700hm^2。寒亭区已成为潍县萝卜的主产地，为此，我们以寒亭区潍县萝卜产地为切入点，对潍县萝卜产地的土壤属性进行了专题研究，并针对属地土壤特性提出了品质提高建议。

寒亭区为做大做强潍县萝卜这一品牌，于1999年11月向国家商标总局申请注册了“潍县牌”潍县萝卜商标，2004年10月又被中国绿色食品发展中心认定为绿色食品A级产品。为加快潍县萝卜这一地方名优特产品的开发，已成功举办了六届潍县萝卜文化节，带动了潍县萝卜的产业发展和升级，生产也由单一的秋种冬收，发展为周年栽培，拉长了产业链，提高了附加值，增加了产地农民收入。2014年潍县萝卜总产量达到12万t，产值3.6亿元。为摸清适宜潍县萝卜生长的土壤属性，推进潍县萝卜产业升级进程，我们重点对寒亭区潍县萝卜主要产区朱里街道、固堤街道、寒亭街道、开元街道生产基地的土壤属性进行了调查和分析。

第二节 “潍县萝卜”土壤属性分析

“潍县萝卜”耕地土壤理化性状是决定其肥力水平的主要因素，也是生产优质“潍县萝卜”的基础。为此，我们于2012年对潍县萝卜典型产区的土壤理化性状进行全面分析，主要方法有：一是调查其立地条件；二是取土化验分析其主要有效养分；三是进行综合评价。

一、“潍县萝卜”寒亭产区土壤情况

经调查分析，认为适宜“潍县萝卜”生长的土壤主要有3个类型。一是潮土，土壤有机质含量较高，养分丰富，pH值7.0～7.9，宜菜宜粮；分布在海拔5～15m的冲积平原及潍河河谷平原，包括朱里街道、寒亭街道、开元街道、固堤街道。二是褐土，集中于朱里街道、寒亭街道、开元街道及高里街道南部。土体褐色，有黏化层，中性或微碱性反应。三是砂姜黑土，分布在高里街道及寒亭街道。

“潍县萝卜”产区耕地土壤质地有3种，一是轻壤，分布在朱里街道、寒亭街道、开元街道、固堤街道辖区。其耕层土壤容重1.30g/cm^3，总孔隙度50.6%，其中，空气孔隙度12.5%，毛管孔隙度38.1%，质地较松，通透性好，养分含量中等，适宜优质高产“潍县萝卜”生长。二是砂壤，分布在朱里街道，固堤街道辖区。土壤疏松、养分含量低，保水保肥性较差，宜种地下块根、块茎类作物。三是中壤，分布在高里街道、固堤街道辖区。其耕层土壤容重1.33g/cm^3，总孔隙度50.1%，其中，空气孔隙度12%，毛管孔隙度38.1%，土壤养分较丰富，松紧适中，肥力水平较高，适耕期较长，粮菜生长皆宜。

寒亭区中东部潍县萝卜主产区地下水丰富，水位一般在地下6～20m，矿化度小于2g/L，地下水质较好。

寒亭区灌溉水pH值多数为7.6，变幅7.0～8.3，其中，地下水多数为7.6、河水多数为7.6、库水多数为7.1，均符合国家农田用水pH值5.5～8.5标准。

二、“潍县萝卜”产区耕地养分状况

2012年，从4个街道47个村188个地块取土样，测定土壤有机质、碱解氮、有效磷、速效钾及中微量元素含量，分析土壤有效养分供应保存能力。

土壤有效养分各街道均值及变幅为：土壤有机质含量平均12.8g/kg，变幅10.9～16.9g/kg。其中，高里街道16.9g/kg，含量最高；寒亭街道12.9g/kg；固堤街道12.7g/kg；开元街道12.3g/kg；朱里街道最低为12.1g/kg。碱解氮含量平均为82mg/kg，变幅61～87mg/kg；其中，固堤街道最高，高里街道、开元街道、寒亭街道居中，朱里街道最低。有效磷含量，平均为39.5mg/kg，变幅21.8～56.8mg/kg，其中，固堤街道最高为52.4mg/kg，朱里街道次之为46.7mg/kg，寒亭街道、开元街道、高里街道相对较低。速效钾含量，平均为186mg/kg，变幅130～251mg/kg，其中，高里街道

最高为251mg/kg、固堤街道次之为238mg/kg，开元街道、朱里街道、寒亭街道相对较低。与2004年测定结果有机质含量平均11.8g/kg、碱解氮74mg/kg、有效磷36.2mg/kg、速效钾163mg/kg相比，4种养分含量分别增加9.4%、10.5%、9.1%和13.98%。近8年寒亭区蔬菜产量稳产高产，稳中有增，表明土壤有效养分供过于耗，肥力水平逐年提高。

三、“潍县萝卜”产地区域

萝卜食用品是肉质根，最适宜肉质根生长的土壤性状为：总孔隙度较大，容重较小，有机质含量较丰富，质地比较疏松，肥、水、气、热变化缓冲能力较强，耕性好；土壤pH值中性或弱酸、弱碱性；碱解氮、速效磷、速效钾等有效养分相对丰富；土壤含盐量低于0.02%，重金属元素含量符合国家规定标准。据本次调查结果，寒亭发展“潍县萝卜”宜选固高路以南、高里街道—双杨社区间路以东，潍坊经济技术开发区玄武街以北，潍河以西的地势平坦、水源充足、比较肥沃且成方连片的轻壤土地域。建议各街道政府统筹规划，鼓励发展潍县萝卜种植基地及专业化合作组织，走品牌农业引领现代农业的路子，做大做强“潍县萝卜”这一地理标志产品。

寒亭区之所以产出风味独特的“潍县萝卜”，主要是受当地独特的地理环境和自然条件的影响。这里地势平坦、土层深厚，土壤及水中可溶性钾含量高，且四季分明，特别是种植初期的八九月份气候适宜、昼夜温差较大、光照充足、降雨适中，只有这样独特的土壤、气候条件，才能产出正宗的潍县萝卜，其他地方栽植的品味都会发生变异。

第三节　当前潍县萝卜生产中存在的问题及原因

“潍县萝卜”有着多年的种植历史，但是随着长年重茬种植，以及不合理施肥和栽培管理粗放等原因，潍县萝卜常规生产中，产品和质量出现了一些问题。

一、萝卜出现裂根及歧根（杈根）

秋萝卜生长的中后期，在菜田中常见到其肉质根开裂的现象。造成这种现象的主要原因是水分供应不均匀。如果在萝卜生长前期出现高温干旱而又供水不足，将导致肉质根周皮层组织老化；在肉质根生长的中后期，温度适宜，水分充足，肉质根木质部薄壁细胞便再度膨大，但周皮细胞已不能相应地生长，结果就出现了裂根现象。

肉质根破裂，有的沿着肉质根纵向开裂，有的在靠近叶柄处横裂，也有的在根头处呈放射状开裂。萝卜若是栽培在重壤地块，再加上供水不均，就容易出现裂根。裂根现象不仅降低产量和品质，而且容易腐烂，不耐储藏。防止肉质根破裂的措施主要是均衡供水，使土壤保持一定的湿度，勿使过干过湿。

歧根（杈根）是由于主根生长点被破坏或生长受阻，致使侧根膨大。在歧根中，因侧根肥大程度的不同，可分为两种：一种是主根被2～3个肥大的侧根所代替，或主根和几个侧根同时肥大；另一种是保留主根而侧根稍有肥大。发生歧根的原因：土质过于坚硬或土中有石块，肉质根不能逐渐下扎，而在侧根着生处生出突起，此突起膨大发育成歧根（杈根）。

另外，施用未腐熟肥料，肉质根的先端扎在肥料上，发生烧根损伤，不能继续伸长生长，因而形成歧根。土壤害虫的侵害及种子生活力弱等，也会发生歧根的现象。防止歧根的主要方法是：整地时，将土层深翻，加深活土层，并且整平整细，不留坷垃，清除石块；施用农家肥一定要充分腐熟；播种前采取防治地下害虫等措施，也可减少歧根（杈根）的发生。

二、萝卜糠心

萝卜糠心的主要原因是水分失调。在肉质根生长盛期，正值植株吸收作用和蒸腾作用旺盛之时，水分消耗量大，如果温度过高，湿度过低，会使肉质根中一部分薄壁细胞缺乏营养物质和水分而造成糠心。早期抽薹、开花或延迟收获，贮藏时覆土过干、坑内湿度过低，贮藏时间过长，都会使萝卜失去大量水分而糠心。萝卜糠心与品种、播种期及栽培季节也有关系，凡是生长速度快、肉质松软的大型品种均易糠心。播种过早，水肥供应不及时或者不足，均易造成糠心。为防止萝卜糠心，要适时播种与收获；选择不易糠心的品种；合理追肥，均匀供水；贮藏期不要过长，贮藏时覆土湿度适宜。

三、萝卜辣味及苦味较重

萝卜肉质根的细胞中含有挥发性芥子油，因而有辣味。芥子油含量的多少，决定了肉质根的辣味大小。肉质根辣味与栽培技术和气候条件也有密切关系。常规生产中，因气候干旱，播种过早，肥水不足，病虫害较重等，使肉质根未能充分肥大，芥子油含量提高，加重了辣味，降低了萝卜的品质。辣味与品种也有一定的关系，在种植时，选用优良品种，合理肥水供应，及时防治病虫害，就可减少芥子油的形成和积累，减轻辣味，甚至被甜味取代。

萝卜的肉质根中含有苦瓜素，因而产生苦味。苦瓜素是一种含氮的碱性化合物，常规生产中因氮肥过多，磷、钾肥相对不足，提高了苦瓜素的含量。采用测土配方施肥技术，按萝卜的需肥规律施用氮、磷、钾肥料，就可减少苦瓜素的含量，提高萝卜的口感。

第四节　萝卜增产提质技术分析

经土壤属性分析，种植潍县萝卜宜选择轻壤、中壤和砂壤土，pH 值中性，有机质比较丰富，保水，保肥，排灌方便的耕地。选择茬口时，最好选用前茬是西瓜、黄瓜、大葱、大蒜、菜豆等菜田；在粮、菜产区，可用小麦或春玉米作前茬；注意不要与十字花科作物连作。前茬作物收获后，适时施肥、整地。中等肥力的地块上种植潍县萝卜，每亩应施用充分腐熟的优质圈肥 4000～5000kg，以增加土壤有机质，改善土壤的理化性质。同时可配合施用 40～50kg 的饼肥。土壤肥力较差的地块，特别是前茬施肥较少时（如前茬为粮食作物）应适当增加有机肥的施用量。施肥后旋耕两遍，然后整平，耙细，做成平畦。

一、潍县萝卜的需肥特点

潍县萝卜是根菜类蔬菜，每生产 1 000kg肉质根产量需 N 2.6～4kg、P_2O_5 1.7～2.5kg、K_2O 5～7kg，对钾需要量较大，氮次之，磷最少。

萝卜在不同生育期中对氮磷钾吸收量的差别很大，幼苗期吸氮量较多，磷钾的吸收量较少；进入肉质根膨大前期，植株对钾的吸收量显著增加，其次为氮和磷；肉质根膨大盛期是养分吸收高峰期，此期吸收的氮占全生育期吸氮总量的 77.3%，吸磷量占总吸磷量的 82.9%，吸钾量占总吸钾量的 76.6%。因此，保证这一时期的营养充足是萝卜丰产的关键。

微量元素对萝卜的生长发育极其重要，其生理作用与三要素同等重要，缺少时会严重影响萝卜的生长发育、减少产量、降低品质。因此，潍县萝卜生产中在施用大量元素肥料的同时，还要根据作物的需肥规律和土壤中微量元素的丰缺状况，配合施用微量元素肥料。

二、增施有机肥料，培肥地力

潍县萝卜生产对土壤肥力要求较高，一般应选择高肥力土壤，同时应注重培肥改良。培肥土壤的主要措施是增施有机肥，提高土壤有机质的含量，提升土壤水、肥、气、热的协调能力。有机肥料不仅能为农作物提供全面营养物质，促进生长，而且进入土壤后经过分解与合成，生成的有机胶体与土壤的无机胶体结合形成良好的土壤团粒结构，增强土壤的水肥供应和保持能力。有机肥与化肥配合施用，可提高化肥利用率，减少化肥用量，降低面源污染。

目前，寒亭区大力发展高产、高效、优质农业，产业结构有了明显的改善。产业结构的改变和农作物产量的大幅度提高，对耕地的要求更高。通过调查，潍县萝卜产区耕地的有机质含量普遍较低。近几年来，产区内虽然有机肥施用量比以前有所增加，但由于施用量不均衡、质量偏低等原因，致使土壤有机质含量提高幅度不大，仍不能满足萝卜生长和培肥地力的需要。针对这一问题，应遵守有机和无机相结合的原则培肥耕地，增施有机肥，提高土壤有机质是培肥地力的主要措施。土壤有机质的转化，取定于两个因素，一是有机质的腐殖化，二是有机质的矿质化。当增施有机肥料的数量超过矿化量时，有机质才会出现积累，才能达到培肥地力的目的。

三、合理施用化肥，协调土壤中氮、磷、钾的比例

根据萝卜生长规律，采用测土配方施肥技术，控制氮肥用量，适当增加磷钾肥的施用量，配合施用微肥，做到因缺补缺，合理施肥结构。根据多年施肥经验，一般萝

卜田，推荐基肥施用硫酸钾复合肥（18－12－18）40～60kg/667m^2 和硫酸钾 10～15kg/667m^2。

四、平衡使用微量元素肥料

据对寒亭区萝卜产地土壤微量元素的调查，铜、氯含量丰富，钼含量中等，铁、锰处于临界值，锌、硼含量缺乏。土壤中的铜、氯含量丰富，钼含量基本能满足作物需求，因此，铜、氯、钼都不提倡施用；铁、锰在弱碱性土上缺乏，应加强铁、锰肥使用方法和使用量的研究；土壤中缺乏锌、硼素需要通过施肥补充，锌、硼在试验的基础上要强化技术推广，推荐施肥量为：一般锌肥用量为 1kg/667m^2，最大用量不能超过 2kg/667m^2；硼肥用量为 0.5kg/667m^2，最大用量不超过 1kg/667m^2，且要隔年施用。

第五节　优质萝卜生产技术规程

一、耕地土壤选择

种植潍县萝卜宜选择土层深厚、肥沃，质地为轻壤、中壤或砂壤土的壤质土；pH 值呈中性，以 6.5～7.5 为宜；有机质比较丰富，含量在 14g/kg 以上；保水，保肥，排灌良好的耕地。土壤氮、磷、钾最佳比例为 $N:P_2O_5:K_2O=1:0.7:1.5$。

二、茬口选择

首先前茬作物最好是瓜类蔬菜，其次是葱蒜类、豆类蔬菜及其小麦等粮食作物。不宜与小白菜、小油菜、甘兰、萝卜等十字花科蔬菜连作，但可隔 2～3 年轮作 1 次。

三、整地施肥、作畦

1. 整地施肥

在前茬作物收获后，深翻土壤 30～40cm，整平耙实。结合整地，撒施充分腐熟的优质圈肥 4 000～5 000kg/667m^2、腐熟的饼肥 75kg 或生物有机肥 500～800kg/667m^2，三元复合肥（18－10－20）50kg/667m^2 作基肥，同时施用锌肥 1.0kg/667m^2、硼肥 0.5kg/667m^2。

2. 作畦

本区域多采用平畦栽培，畦长 30m 左右，宽 1.6～1.75m，畦埂宽 20～30cm，高 15cm 左右。

四、播种

1. 播期

秋萝卜播期以 8 月 17 日至 8 月 26 日为宜；秋延迟保护地栽培 9 月上中旬播种。

2. 播量

播种量：0.4～0.8kg/667m^2。

3. 播种方法

应足墒精细播种。播种前3～5d畦内浇水造墒，若来不及浇水，可在开沟、播种、覆土镇压后，随即浇水。但浇水要均匀，防止大水冲出种子。播种多采用条播，行距30cm，播深1.5cm左右，将种子均匀撒入沟内，然后搂平畦面。

五、田间管理

（一）间苗定苗

苗出齐后，子叶展开，应及时第一次间苗，苗间距4～5cm；3～4片真叶时第二次间苗，苗间距10～12cm；5～6片真叶时定苗，苗间距25～30cm，每667m^2以6 000～8 000株为宜。间苗时除去弱苗、病苗，并注意每次间苗后在幼苗周围撒薄薄细土固定幼苗。

（二）水分管理

浇水掌握土壤湿润，先控后促的原则。

发芽期保持土壤有效含水量80%左右；幼苗期一般不浇水，特别干旱时浇水，也要小水勤浇，保持土壤湿润；叶片生长盛期适量浇水，肉质根生长前期掌握“地不干不浇，地皮发白才浇”的原则，但浇水不易过多；肉质根生长盛期供给充足的水分，保持土壤湿润，一般5～7d浇1次水，最好傍晚浇；收获前6～7d停止浇水。

（三）肥料管理

施肥原则是重施有机肥、控施氮肥、增施钾肥。

在施足基肥的前提下，萝卜生长前期一般不追肥。播种时，随播随施。肉质根生长盛期，追施硫酸钾10kg/667m^2。收获前20d，叶面喷施含氨基酸水溶肥料100ml/667m^2，5～7d 1次，喷2次。

（四）除草

可采用中耕除草和除草剂除草。

中耕除草要浅，按先近后远的原则实施，封行后停止中耕。注意不要伤苗、伤根。

（五）病虫害防治

坚持“预防为主，综合防治”的植保方针，针对不同防治对象及其发生情况，根据萝卜生育期，分阶段进行综合防治，优先采用农业措施、生物措施和物理措施，科学、合理使用化学农药。严格农药安全间隔期用药。

1. 播种期有害生物综合防治

（1）选用抗病品种：宜选用抗病抗逆性强的优质、丰产品种。

（2）提前深耕晒土：深耕30cm，消灭部分蛹，减少虫源。

（3）合理轮作：2～3年轮作1次，最好与瓜类蔬菜轮作，其次是葱蒜类、豆类蔬菜及小麦等粮食作物；不宜与十字花科蔬菜连作。

（4）生物防治：用5亿PIB/g甘蓝夜蛾核型多角体病毒颗粒剂1～1.5kg/667m^2与

细土 3～5kg 拌在一起，傍晚撒在幼苗附近的地面上或均匀撒在沟里诱杀地老虎。

（5）化学防治：用 90％敌百虫晶体 0.15kg 拌豆饼 5kg，制成毒饵，1.5～2.5kg/667m^2 于傍晚撒在幼苗附近的地面上，或用 50％辛硫磷 EC250g/667m^2，加水 10 倍喷于 25～30kg 细土上拌匀制成毒土，顺垄条施，防治地下害虫。

2. 生长期有害生物综合防治

（1）农业防治：清除菜地残枝落叶，铲除杂草，消灭其越冬场所和食源。

（2）物理防治：一是用黄板或蓝板诱杀蚜虫、白粉虱、潜叶蝇和蓟马等。黄板规格 20cm×30cm，蓝板规格 25cm×40cm。悬挂于植株上方 10～15cm 处，每 20～30 块/667m^2，及时更换。二是用电子杀虫灯，2～3hm^2 安置 1 盏电子杀虫灯（220v，15w），高度离地面 1.2～1.5m，诱杀甜菜夜蛾、地老虎、小菜蛾等害虫。

（3）防虫网：选用 30～50 目银灰色防虫网，直接罩在萝卜上，或搭水平棚架覆盖，防止蚜虫、潜叶蝇、甜菜夜蛾等害虫为害。

（4）生物防治：选用 10.3％BT（15 000IU/mg）WG50g/667m^2，或 20 亿 PIB/ml 甘蓝夜蛾核型多角体病毒 90ml/667m^2，对水 40～50kg，于卵孵化盛期喷雾，防治甜菜夜蛾，兼治小菜蛾、菜青虫。

（5）化学防治：针对不同时期的防治对象，选择适合的农药品种，适期用药，交替轮换使用。每种农药连续施用不宜超过 3 次。多种病虫混发时，宜混合用药。施药过程中，应最大限度地减少对有益生物的杀伤，避免对邻近作物产生药害。

霜霉病　发病初期用 50％烯酰吗啉 WP40g/667m^2，或用 25％嘧菌酯 SC34g/667m^2、68.75％氟吡菌胺·霜霉威盐酸盐 SC60ml/667m^2、20％氟吗啉 WP40g/667m^2，对水 50kg 喷雾。7～10d 喷 1 次，连续防治 2～3 次。兼治萝卜黑斑病、疫病。

黑腐病　发病初期用 37.5％氢氧化铜 SC125ml/667m^2，或用 3％中生菌素 WP100g/667m^2、20％噻菌铜 160ml/667m^2，对水喷雾。施药间隔 7～10d，喷 2～3 次。兼治软腐病。

白粉虱　用 24％噻虫嗪 WG3g/667m^2，或用 22.4％螺虫乙酯 SC20ml/667m^2、20％呋虫胺 SG40g/667m^2、20％啶虫脒 SP10g /667m^2，对水 50kg 喷雾。7～10d 喷 1 次，连续防治 2～3 次。兼治蚜虫、蓟马等。

六、采收贮藏

秋萝卜一般于 11 月上旬气温降至 6℃以下，肉质根停止膨大时收获。保护地栽培的萝卜，按客商要求，及时分批采收。

贮藏：秋萝卜收获后先放入 30cm 深，1～1.2m 宽浅沟内预冷，预冷时，一层萝卜培一层湿土，防霜冻，6～7d 后可散尽热量。预冷后的萝卜再倒入深 60～80cm、宽 1～1.2m 的沟窖内贮藏，排放一层萝卜，覆盖一层湿土。贮藏期间，窖温度最好保持在 5℃左右，不低于 0℃。沟窖内覆土含水量保持在 14％左右为宜。如有条件最好用恒温库贮藏，将萝卜用塑料袋装好，留通气孔，库温保持 0～1℃。

专题二　蔬菜地地力评价与合理利用专题报告

随着人民生活水平的提高，对农产品的质量和安全提出了更高的要求，营养价值高、风味好、无残留的蔬菜越来越受到青睐。近几年，潍坊市积极调整种植业结构，大力推广“优质高效农业”，蔬菜生产已成为农业第一支柱产业。同时，调查中也发现：盲目施肥、过量施肥等传统的生产方式，带来了耕地污染、农产品品质下降等一系列问题。为保障蔬菜质量安全，提高蔬菜竞争能力，开展了针对蔬菜耕地的地力评价及成果应用研究，为指导无公害、绿色、有机蔬菜标准化生产，提高蔬菜产品的市场竞争力提供科学依据，对农业增效、农民增收具有重要意义。

潍坊市地域广阔，现有耕地 78 3381hm^2，蔬菜种植面积达 227 984hm^2，蔬菜在各县市区均有分布，但蔬菜种植方式和结构差异较大，为提高专题研究的精准性和合理利用的针对性，以县域为单位，分别对 12 个县市区开展了蔬菜耕地的地力评价及成果应用专题研究，潍坊市在寒亭区进行了重点研究。

通过对寒亭区 302 个蔬菜地利用情况调查和取土分析，基本摸清了寒亭区蔬菜地土壤养分、耕地质量现状和肥料、农药的使用情况，在此基础上，结合实际提出了蔬菜地合理利用的建议。

第一节　蔬菜生产历史及现状分析

寒亭区处于暖温带半湿润季风气候区，四季分明，气候温和，温度适宜，光热资源比较充足，光资源十分充沛，年辐射总量 51.91 万 J/cm^2，近 20 年年平均日照时数 2 453.8h，年日照百分率为 55%，属北方长日照型。全年平均气温 12.5℃，大于 0℃ 的积温平均 4 671.9℃，雨热同步，这些有利的气候条件适宜于多种蔬菜的生长。冬春季节，阴雨雪天气少，日照较为充足，对发展保护地蔬菜生产提供了良好的气候条件。

一、蔬菜生产历史

寒亭区蔬菜生产从 1984 年（撤潍县，划为潍坊市一个行政区）设区以来就纳入特色农业产业化思路，政府为了发展农村经济，采取以科技为先导、市场为引领的发展战略，引导农民积极进行产业结构调整，逐步推广了地膜覆盖、小拱棚、塑料大棚、日光温室等先进的生产设施和先进的栽培技术，并配套引进优良蔬菜品种，使寒亭区产业结构逐步优化，蔬菜产业迅速发展，农业收入持续增长。1985 年蔬菜播种面积仅为 1 119.1hm²，总产 5.2 万吨。1990 年蔬菜播种面积 1 257.5hm²，总产 5.94 万 t。2012 年蔬菜播种面积达到 4 200hm²，总产 45.35 万 t，产值 13.61 亿元。

二、蔬菜生产现状及特点

（一）种植类型全，结构合理

蔬菜的种植类型主要有日光温室、塑料大棚和露天栽培三种种植类型，日光温室、塑料大棚为保护地蔬菜生产设施，其中，日光温室占地面积 700hm²，塑料大棚占地面积 2 000hm²，露天菜占地面积 1 500hm²，3 种种植方式的结构为 1∶2.9∶2.1，基本符合蔬菜市场结构需求。

（二）种植品种多，搭配科学

目前，蔬菜品种约 50 多个，种植面积比较大的主栽品种有：潍县萝卜、西瓜、大姜、甜瓜、马铃薯、草莓、番茄、茼蒿、黄瓜、辣椒、茄子、芦笋、大白菜等 17 个品种。近几年新引入的有芦笋、樱桃番茄、七彩椒、袖珍西瓜、朝鲜白萝卜和台湾南瓜等 20 多个瓜菜新、优、特品种。

（三）生育期延长，实现周年栽培

保护地蔬菜生产的发展打破了传统的“只在无霜期进行蔬菜生产”的常规，形成了常年不分季节播种，四季按需生产的周年生产模式。

（四）特色农业快速发展，区域生产规模扩大

通过政策扶持，示范引导，全区已形成了 5 大特色农业产业发展基地。

1. 西瓜生产基地

以固堤街道、朱里街道为中心，种植面积 1 587hm²。

2. 潍县青萝卜生产基地

以朱里街道、固堤街道为中心，种植面积 2 867hm²。

3. 甜瓜生产基地

以高里街道、固堤街道为中心，种植面积 400hm²。

4. 大姜生产基地

以朱里街道为中心，种植面积 1 000hm²。

5. 草莓生产基地

以朱里街道为中心，种植面积 1 113hm²。

（五）标准化生产程度提高，品牌农业发展壮大

根据蔬菜地地力调查及质量评价结果，依照现状，寒亭区先后制定了“潍县青萝卜”、“大姜”、“芦笋”、“西瓜”、“甜瓜”等作物的产品质量标准和栽培技术规范。蔬菜生产基本实现了标准化，提升了产品质量。同时，规范了农资市场，将蔬菜上禁用的 52 种高剧毒农药清除市场，堵住了源头，做到了梳堵结合，确保了蔬菜生产的健康发展。目前，已建成市级标准化农产品生产基地 966hm²，无公害农产品基地面积 5 906hm²，国家级绿色农产品基地 3 780hm²。寒亭区为促进农业增效、农民增收，确定了以品牌农业引领现代农业的发展思路。到目前，已发展了“潍县萝卜”、“潍禾”

牌蔬菜系列，“郭”字牌西瓜，“志军”牌西瓜，“鸢伊红”洋香瓜 5 个国家级品牌，其中“潍禾”牌蔬菜被国际风筝联合会指定为专用“精品蔬菜”，“鸢伊红”牌洋香瓜被评为 2001 中国国际农业博览会“名牌产品”，2011 年 9 月“俊青”有机潍县萝卜产品获中国著名品牌，品牌农业的引领效果逐年增大。

第二节　蔬菜生产效益及成本分析

寒亭区蔬菜地有日光温室、塑料大棚和露天栽培 3 种种植类型，3 种类型的产量、效益和成本均有较大差异，现不同种植类型进行分类分析。

一、蔬菜生产效益及成本构成

调查结果表明：蔬菜地平均每 667m^2 年产量 7 198.1kg，产值 16 529.4元，年生产成本合计为 3 156.5元，年纯效益 13 372.9元。生产成本由化肥、有机肥、农药、农膜、种苗、灌溉、人工和其他费用 8 部分组成，平均每 667m^2 年化肥成本 1 140.4元，农膜成本 451.1 元，有机肥成本 446.1 元，其他成本 347.6 元，种苗成本 279.3 元，农药成本 232.0 元，人工成本 143.7 元，灌溉成本 132.1 元（表 1）。

表 1　蔬菜不同种植类型产量产值及成本构成

（成本单位：元/667m^2）

种植类型		露天菜地	日光温室	塑料大棚	平均值
年产量（kg/667m^2）		5 020.3	10 918	5 655.9	7 198.1
年产值（元/667m^2）		5 522.3	32 754	11 311.8	16 529.4
年效益（元/667m^2）		3 979.2	25 379.5	8 645	13 372.9
生产成本	小计	1 543.1	7 374.5	2 666.8	3 156.5
	化肥	703.6	2 606	734	1 140.4
	有机肥	231.9	1 024.1	359.2	446.1
	农药	111.3	540.7	196.5	232
	种苗	162	630	204.4	279.3
	灌溉	86.3	265.2	113.1	132.1
	农膜	95.9	1 041.6	594.1	451.1
	人工	92.6	281.6	123	143.7
	其他	59.5	985.3	342.5	347.6

3 个蔬菜种植类型间产量、产值、成本、效益差异较大。露天菜地的产量、产值、效益最低，分别是 5 020.3kg/667m^2、5 522.3 元/667m^2、3 979.2 元/667m^2；投入成本也最小，平均为 1 543.1 元。塑料大棚居中，产量、产值、效益分别为 11 311.8 元/667m^2、5 655.9kg/667m^2、8 645 元/667m^2；其成本平均为 2 666.8元。日光温室产量、产值、效益均为最高，成本也最大。年平均产量为 10 918.0kg/667m^2，分别是露天菜地、塑料大棚产量的 2.17 倍和 1.93 倍；年产值为 32 754元/667m^2；年

效益为 25 379.5元/667m^2。其成本平均为 7 374.5元，成本最高（表 1）。

二、蔬菜生产肥料成本分析

在蔬菜生产中肥料的贡献率最高，同时肥料的成本也最高，不同种植方式和不同种植制度间肥料的施用也有较大差异，摸清施肥量、施肥结构，可为合理施肥提供科学依据。

（一）不同种植类型肥料用量分析

调查结果表明：蔬菜生产总体上，有机肥年平均施用 4 155.9kg/667m^2，品种主要有鸡鸭粪、人畜粪、土杂肥及商品有机肥。其中，鸡粪用量最大，平均施用 3 382.9kg/667m^2，占有机肥总量的 81.4%；其次为人畜粪。平均施用实物化肥 301.3kg/667m^2，折纯 N、P_2O_5、K_2O 分别为 48.9kg、48.4kg、38.9kg，N：P_2O_5：K_2O 比为 1：0.99：0.80（表 2）。在各类化肥中，复合（混）肥用量最大，平均为 226.8kg/667m^2，占化肥总用量的 75.3%；其次是磷酸二铵，用量为 27.3kg/667m^2，占 9.1%；再次为尿素；过磷酸钙等肥料用量较少。

表 2　不同种植类型肥料用量表　　（单位：kg/667m^2/年）

种植类型		露天菜地	日光温室	塑料大棚	蔬菜地平均
有机肥	鸡鸭粪	2 315.4	6 924.1	3 535.9	3 696.6
	人畜粪	487.9	375.0	388.2	434.4
	其　他	19.1	64.4	3.4	24.9
	小　计	2 822.4	7 363.5	3 927.5	4 155.9
化肥	复合（混）肥	144.5	500.3	152.3	226.8
	尿　素	17.4	22.8	21.7	19.8
	碳酸氢铵	—	—	2.6	0.7
	磷酸二铵	10.2	68.3	24.3	27.3
	过磷酸钙	1.7	58.3	2.9	14.8
	硫酸钾	0.9	21.6	5.8	6.9
	其　他	0.5	21.1	—	5.0
	小　计	175.2	692.4	209.6	301.3
折纯量	纯　氮	31.6	101.2	37.4	48.9
	五氧化二磷	26.6	115.1	33.4	48.4
	氧化钾	23.5	89.1	25.9	38.9

不同种植类型的肥料施用状况如下。

1. 露天菜地

露天菜地是三种种植类型中肥料施用量最小，据对 149 个蔬菜种植户调查，年平均施用有机肥 2 822.4kg/667m^2，其中鸡鸭粪使用量最大，占有机肥总量的 82.0%，其次为人畜粪，占 17.3%。施用实物化肥 175.2kg/667m^2，折纯 N、P_2O_5、K_2O 分别为 31.6kg、26.6kg、23.5kg，N：P_2O_5：K_2O 比为 1：0.84：0.74。所用化肥品种中复合（混）肥用量居第 1 位，占化肥投入总量的 82.4%，尿素、磷酸二铵用量分别为 10.0%、5.8%，其他品种使用量较少。

2. 塑料大棚

塑料大棚肥料施用量在 3 个种植类型中居中。对 85 户调查结果分析，每 667m² 年施用有机肥 3 927.5kg，品种以鸡鸭粪为主，占有机肥用量的 90.0%。每 667m² 年平均投入实物化肥 209.6kg，折纯 N、P_2O_5、K_2O 分别为 37.4kg、33.4kg、25.9kg，N：P_2O_5：K_2O 比为 1：0.9：0.7。化肥品种以复合（混）肥为主，占 72.7%；其次为二铵和尿素，分别占化肥施用总量的 11.6%和 10.3%。

3. 日光温室

日光温室的肥料施用量最大。据对 68 个日光温室调查统计，每 667m² 年平均施用有机肥 7 363.5kg，品种以鸡鸭粪为主，占 94.0%。平均 667m² 年施用实物化肥 692.4kg，折纯 N101.2kg、P_2O_5 115.1kg、K_2O 89.1kg。N：P_2O_5：K_2O 比为 1：1.14：0.88。化肥品种以复合（混）肥为主，占 72.2%。其次为二铵和过磷酸钙分别占总量的 9.9%、8.4%，各种品种的化肥施用量也是 3 种类型中最多的。日光温室施肥明显区别于其他类型的是水溶肥料的用量明显增加。

从 3 种种植类型蔬菜地肥料施用情况来看，露天菜地施肥量最小，塑料大棚居中、日光温室最多，3 种类型施肥中都存在化肥用量偏大和磷肥用量过大、氮肥和钾肥用量相对偏小的问题。

（二）不同种植制度肥料施用状况

为摸清不同种植制度下肥料的施用状况，按种植制度分类进行了调查和统计分析，结果见表 3 所示。

表 3 不同种植制度施肥量 （单位：kg/667m²/年）

设施类型		露天菜地		日光温室		塑料大棚	
种植制度		一年二作	一年一作	一年二作	一年一作	一年二作	一年一作
有机肥用量	合计	2 245.5	3 336	7 848.1	8 086.5	4 078.7	3 956.8
	鸡粪	1 603.2	2 724.7	6 859.8	6 763.4	3 188.5	3 022.7
	鸭粪	225.8	23.5	750	538.5	360.7	545.5
	人畜粪	402.4	564.7	193.8	711.5	524.6	388.6
	饼肥	14.1	23.1	44.5	73.1	4.9	0
化肥施用量	合计	327.8	177.8	782.0	590.5	211.4	225.9
	尿素	182.7	11.3	24.2	20.6	21.0	23.4
	复合（混）肥	135.2	150.6	604.6	362.9	155.4	148.4
	磷酸二铵	8.6	11.6	57.3	90.4	21.9	33.2
	过磷酸钙	0	2.4	36.6	96.2	2.5	2.3
	冲施肥	0	0.8	35.75	0.1	3.7	5
	微肥	0	0.04	0.05	1.02	0.05	0
	叶面肥	0	0	0.02	0.06	0	0.02
	其他	1.3	1.04	23.5	20.2	6.8	13.6

（续表）

设施类型		露天菜地		日光温室		塑料大棚	
种植制度		一年二作	一年一作	一年二作	一年一作	一年二作	一年一作
折纯量	N	30.4	30.9	124.3	83.3	37.3	41.0
	P_2O_5	24.4	28.3	130.5	111.4	33.9	37.7
	K_2O	21.1	25.1	204.6	67.8	23.9	29.0

1. 露天菜地

露天菜地共有一年一作型、一年二作型、一年多作型 3 种种植制度。露天菜地一年一作型：据对 85 个露天菜地种植户调查，平均每 667 m^2 年施用有机肥为 3 336kg，主要肥料品种为鸡粪，其次为人畜粪，分别占有机肥施用总量的 81.7%和 16.9%。年平均施用化肥实物量为 177.8kg/667m^2，折纯 N、P_2O_5、K_2O 分别为 30.9kg、28.3kg、25.1kg，N：P_2O_5：K_2O 比为 1：0.9：0.8，施肥品种以复合（混）肥为最多，其他品种较少。一年二作型：调查 62 户，年平均施用有机肥为 2 245.5kg667 m^2，其中鸡粪、人畜粪分别占 71.4%和 17.9%，鸭粪施用量为 225.8kg，占 10.1%。鸭粪的施用量是一年一作中鸭粪施用量的近 10 倍。年平均施用化肥实物量为 327.8kg/667 m^2。折纯 N30.4kg、$P_2O_5$24.4kg、K_2O 21.1kg，N：P_2O_5：K_2O 比为 1：0.8：0.7。所用化肥品种主要是尿素和复合（混）肥，磷酸二铵、K_2SO_4施用量较少。由于一年三熟的调查户数仅为 2 户，没有代表性，故在此不作分析。

2. 日光温室

一年一作型：调查 26 户，年平均每 667m^2 施用有机肥为 8 086.5kg，其中以鸡粪为主，人畜粪、鸭粪次之，三者分别占有机肥施用总量的 83.6%、8.8%、6.6%。其有机肥施用量在所调查的 6 种种植制度中用量最大。年化肥施用量为 590.5kg，折纯 N、P_2O_5、K_2O 分别为 83.3kg、111.4kg、67.8kg，N：P_2O_5：K_2O 比为 1：1.3：0.8。所用化肥品种中以复合（混）肥最高，其次为过磷酸钙和磷酸二铵，磷肥用量明显增大。一年二作型：调查 40 户，年平均施用有机肥 7 848.1kg/667m^2，以鸡粪为主，用量为 6 859.8kg；其次为鸭粪，在 6 种种植制度中，其施用量居第二位；化肥用量 782.0kg/667m^2，居 6 种种植制度的第一位，其中以复合（混）肥为主，占总化肥用量的 77.3%；其次为二铵，冲施肥的用量居 6 种制度的首位，为 35.75kg，微肥、叶面肥用量也较其他类型多。

3. 塑料大棚

一年一作型：调查 22 户，年平均施用有机肥 3 956.8kg/667m^2，化肥施用量为 225.9kg/667m^2，在 6 种种植制度中居中下水平。化肥折纯 N、P_2O_5、K_2O 分别为 41.0kg、37.7kg、29.0kg。N：P_2O_5：K_2O 比为 1：0.9：0.7。有机肥中仍以鸡粪为主。化肥中以复合（混）肥为主，其他用量均较小。一年二作型：调查 61 户，每 667m^2 年平均施用有机肥 4 078.7kg、化肥 211.4kg，属低水平。化肥折纯 N、P_2O_5、K_2O 分别为 37.3kg、33.9kg、23.9kg，N：P_2O_5：K_2O 比为 1：0.9：0.64。化肥施用品种中，以复合（混）肥为主，其次为二铵和尿素。

第三节　蔬菜地理化性状分析

蔬菜地生产广泛分布于除央子街道、大家洼街道外的各街道辖区，土壤涉及 4 个土类的 8 个亚类、10 个土属和 21 个土种。本次调查共采集具有代表性的样点 302 个。

一、蔬菜地物理性状

（一）土壤质地

土壤质地是土壤重要的物理性质之一，对土壤的水、肥、气、热状况，土壤的耕作性能和农业生产都有直接影响。本次土壤调查显示：蔬菜地土壤质地有砂壤土、轻壤土、中壤土和重壤土 4 种，绝大部分是轻壤土。

1. 轻壤土

主要分布在寒亭街道、朱里街道、固堤街道等。该土壤质地较松，耕性良好，通透性好，但耐涝不耐旱，保水保肥性能较弱。适于种植西瓜、甜瓜、生姜、马铃薯、芦笋、萝卜等根菜、瓜类蔬菜。

2. 砂壤土

主要分布在朱里街道。该质地土壤疏松易耕作，但保水保肥能力差。由于其土质砂性、昼夜温差大，利于糖分积累，是种植西瓜、甜瓜等瓜类作物的主要质地类型。

3. 中壤土

分布于高里街道、固堤街道。该土壤不黏不砂，耕性良好，适耕期长，抗旱抗涝，土壤中水、肥、气、热协调，通透性和保肥保水性能较好，适合种植各类蔬菜。

4. 重壤土

分布在高里街道部分地区。该土壤质地偏黏，保肥力强，养分含量高、后劲足，但耕性差、湿黏、干硬、板结，不利于蔬菜生长。

（二）土体构型

土体构型以均壤质为主，其他构型面积较小，部分为均砂质型、夹黏型或夹壤型。

均壤质构型分布于各街道的沿河地带，主要位于朱里、开元、固堤、寒亭四个街道。这种构型土体深厚，质地适中，保水保肥，是蔬菜高产稳产的主要土体。均砂质分布在朱里街道部分区域，这种构型层次分化不明显，土壤养分低，漏肥漏水，盐碱地区易返盐，对作物生长不利。夹黏型主要分布于高里街道的低洼处，表层多为轻壤土，土壤养分含量较高，保水保肥，部分土壤因黏土层出现较浅，影响作物根系下扎，黏土层阻碍水分下渗，低洼地易“溮涝”，对作物生长不利。夹壤型土壤分布于东部平原，表层质地为砂壤，100cm 土体内有一层壤质层，其厚度一般在 30cm 以上，这种土体养分含量低，地力较差。

（三）土壤容重和土壤孔隙度

据 50 个土壤样点测定，耕层土壤容重平均为 1.33g/cm^3，变幅在 1.09～1.48g/cm^3（表 4）。不同种植类型蔬菜地中，日光温室的土壤容重最高，为 1.36g/cm^3；露天菜地的最小，为1.29g/cm³，但露天菜地蔬菜地容重变幅最大。容重与人类耕作密切相关，土壤容重随着有机肥用量的增加而降低。同时表4的结果表明，土壤孔隙度与容重负相关，容重小土壤孔隙度就大，容重高低顺序为日光温室＞塑料大棚＞露天菜地，而土壤孔隙度由高到低的顺序依次为露天菜地＞塑料大棚＞日光温室。

表4　蔬菜地土壤容重、土壤孔隙度

种植类型	容重（g/cm³）		土壤孔隙度	
	平均值	范围值	总孔隙度	毛管孔隙度
露天菜地	1.29	1.09～1.41	50.7	37.5
日光温室	1.36	1.22～1.48	48.1	36.1
塑料大棚	1.34	1.21～1.43	48.6	36.7
蔬菜地平均	1.33	1.09～1.48	49.1	36.8

二、蔬菜地化学性状

（一）土壤有机质及氮磷钾含量状况

耕层土壤有机质、全氮、碱解氮、有效磷、速效钾养分含量状况按露天菜地、日光温室、塑料大棚3种种植类型统计，见表5和表6所示。从表5和表6中可以看出：蔬菜地耕层土壤有机质平均含量10.8g/kg，变幅为5.0～21.0g/kg；土壤全氮平均为0.84g/kg；土壤碱解氮平均为97mg/kg，变幅为19～403mg/kg；土壤有效磷平均为65.2mg/kg，变幅为5～246.7mg/kg，样品间差异较大；土壤速效钾平均为235.0mg/kg，变幅为49～727mg/kg；土壤缓效钾平均为755.2mg/kg。据对粮田土壤养分化验分析统计，土壤有机质、全氮、碱解氮、有效磷、缓效钾、速效钾含量分别为13.1g/kg、0.86g/kg、110mg/kg、27.7mg/kg、590mg/kg和170mg/kg。菜田土壤养分与粮田相比，菜田耕层土壤有机质低于粮田，全氮与粮田差别不大，缓效钾含量略高于粮田，而碱解氮、有效磷、速效钾均明显高于粮田，分别是粮田耕层含量的1.14倍、2.35倍和1.38倍。以上分析说明了蔬菜地有机质分解快、积累慢，氮、磷、钾速效化肥使用量远大于粮田，土壤肥力较高。据本区制定的蔬菜地土壤养分丰缺指标，有机质含量属低水平，碱解氮属中等水平，有效磷、速效钾属高等水平。

表5　蔬菜地有机质及全氮含量状况

设施类型	有机质（g/kg）		全氮（g/kg）
	平均值	范围值	平均值
露天蔬菜	11.5	5.0～17.9	0.77
日光温室	13.6	5.0～20.6	1.00
塑料大棚	13.1	5.0～21.0	0.80
蔬菜地平均	12.8	5.0～21.0	0.84

表 6　蔬菜地氮磷钾含量状况

设施类型	碱解氮（mg/kg）		有效磷（mg/kg）		速效钾（mg/kg）		缓效钾（mg/kg）
	平均值	范围值	平均值	范围值	平均值	范围值	平均值
露天蔬菜	85	43～403	54.6	2.6～163.5	140	48～472	667
日光温室	125	46～352	90.5	5.7～246.7	389	81～727	881
塑料大棚	96	39～262	50.5	2.6～169.0	176	59～713	717
蔬菜地平均	97	19～403	65.2	1.6～246.7	235	49～727	755

不同种植类型有机质及养分状况不同，总的养分水平是日光温室最高，塑料大棚居中，露天菜地最低。耕层土壤有机质、全氮、碱解氮、速效钾、缓效钾的平均含量比较：日光温室＞塑料大棚＞露天蔬菜；有效磷平均含量为：日光温室＞露天蔬菜＞塑料大棚。

（二）土壤微量元素含量状况

耕层土壤微量元素养分状况按露天菜地、日光温室、塑料大棚 3 种种植类型分类统计，见表 7 所示。耕层土壤有效锌，平均为 2.25mg/kg，高于粮田 1.68mg/kg；有效硼，平均为 0.58mg/kg，比粮田低 0.1mg/kg；有效铜、锰、铁、硫、硅、交换性钙、镁的平均含量分别为 1.65mg/kg、12.14mg/kg、14.81mg/kg、75.01mg/kg、476.75mg/kg、0.180mg/kg、3 040mg/kg 和 299mg/kg，并分别比粮田高出 54.2%、64.9%、106.8%、59.4%、-47.7%、328.6%、-20.7%和-2.5%。微量元素含量的总体水平是有效锌为一级，有效硼、铜、硫、铁、钼为二级，有效锰为三级。

不同设施类型微量元素含量状况。塑料大棚的有效硼含量明显高于日光温室和露天菜地的含量；日光温室的有效铜、硫、锌及交换性钙镁含量明显高于塑料大棚和露天蔬菜；有效锰含量：露天蔬菜＞日光温室＞塑料大棚；有效硅、钼含量：日光温室＞塑料大棚＞露天菜地；有效铁含量：日光温室＞露天蔬菜＞塑料大棚。

（三）其他化学属性（表 8）

1. 土壤 pH 值

蔬菜地耕层土壤 pH 值多数为 7.66，略低于粮田，变化范围为 5.09～8.86；不同设施类型 pH 值比较显示：日光温室、塑料大棚 pH 值相同为 7.77，高于露天菜地的 pH 值。这是由于耕作制度、施肥、灌溉等多方面的原因造成的。从范围值来看，露天菜地的变化幅度最大，最小值为 5.09，最高值为 8.86。蔬菜生长的适宜 pH 值一般在 5.5～8.0，因此，蔬菜种植时要在这个范围选择土壤，确保蔬菜正常生长。

2. 土壤全盐量

土壤全盐量是评价土壤盐渍化程度的重要指标。一般情况下土壤全盐量大于 2.0g/kg 的土壤为盐渍化。本次调查结果显示土壤平均全盐量为 0.94g/kg，变幅在 0.4～3.0g/kg，比粮田平均值低 0.22g/kg。其中，露天菜地和日光温室有一部分已超过 2.0g/kg 的警戒线。按不同设施类型统计，露天菜地全盐量平均为 0.92g/kg，日光温室、塑料大棚分别为 1.14g/kg、0.92g/kg。土壤全盐量与施肥量成正相关。日光温室施肥量最大，

表 7　蔬菜地微量元素含量状况

（单位：mg/kg ）

设施类型	有效锌		有效硼		有效铜		有效锰		有效铁		有效硅		有效钼		交换性钙		交换性镁	
	平均值	范围值	平均值	范围值	平均值	范围值	平均值	范围值	平均值	范围值	平均值	范围值	平均值	范围值	平均值	范围值	平均值	范围值
露天蔬菜	1.54	0.347～4.65	0.44	0.18～1.17	1.31	0.644～2.73	16.56	4.09～45.3	17.48	2.86～49.9	419.71	55.8～813.9	0.109	0.001～0.443	2 426	592～9 136	241	103～1 036
日光温室	3.68	0.264～5.53	0.49	0.24～1.15	2.47	0.912～6.07	10.74	4.16～31.5	17.86	4.37～49.2	529.91	308.4～836.5	0.241	0.068～0.646	3 974	1 648～14 436	385	133～694
塑料大棚	1.53	0.371～5.80	0.81	0.17～1.34	1.19	0.676～2.54	9.12	3.26～28.1	9.11	3.37～52	480.63	140.2～758.6	0.191	0.031～1.07	2 926	736～6 372	289	102～958
蔬菜地平均	2.25	0.190～5.80	0.58	0.17～1.34	1.65	0.644～6.07	12.14	3.26～45.3	14.81	2.86～52	476.75	140.2～836.5	0.18	0.001～1.07	3 040	592～14 436	299	102～1 036

全盐量最高。露天菜地、塑料大棚施肥量较少，全盐量较低。从变幅的最高值来看，日光温室最高值已达 3.0g/kg，说明个别日光温室的土壤已经盐渍化；塑料大棚最大值为 2.0g/kg，土质较好；露天菜地最高值为 2.6g/kg，个别地块也有盐渍化的趋势，应引起广大菜农的重视，应增加有机肥、减少化肥用量，改良土壤，减轻盐渍化的危害。

表 8　蔬菜地其他化学属性

设施类型	pH 值		全盐量	
	平均值	范围值	平均值	范围值
露天菜地	7.44	5.09～8.86	0.92	0.4～2.6
日光温室	7.77	6.88～8.70	1.14	0.5～3.0
塑料大棚	7.77	6.84～8.61	0.92	0.4～2.0
蔬菜地平均	7.66	5.09～8.86	0.94	0.4～2.6

(四) 不同种植年限土壤养分变化状况

1. 日光温室土壤养分变化情况

日光温室土壤有机质、大量元素养分、pH 值变化情况见表 9 所示。土壤有机质平均含量随年限增加而缓慢提高，虽然日光温室施用有机肥量较大，但使用品种以鸡粪为主，鸡粪的有机质偏低，同时由于日光温室地温高矿化率高，因而有机质积累缓慢。土壤全氮在 7 年左右以后逐渐稳定，且含量高于种植年限为六年以内的养分含量。碱解氮在 1～3 年内增加速度明显，稳定 1～2 年后，含量又迅速提高，而后又处于稳定阶段；有效磷含量随种植年限增加而明显提高，积累量较大；速效钾含量在 1～3 年内随种植年限增加而提高，之后两年内趋于稳定，而后又迅速增加，种植年限在 10 年以上便趋于稳定；缓效钾含量状况在 1～4 年内随种植年限增加而提高较大，5 年以上含量较为稳定；土壤 pH 值随种植年限增加有逐渐降低的趋势，1～10 年内 pH 值平均每年下降 0.02，说明有酸化趋势。由于 10 年以上种植年限的调查样点较少，结果代表性稍差，下步调查时要增加样点数量。

表 9　日光温室不同种植年限土壤养分含量表（单位：g/kg、mg/kg）

养分	1	2	3	4	5	6	7～8	10 年以上
有机质	8.5	10.3	8.1	11	8.9	10.8	14.3	11.5
全氮	/	0.99	0.88	0.92	0.88	0.57	1.3	1.11
碱解氮	57	87	113	95	119	163	149	115
有效磷	53.4	80.8	69.2	86.0	56.5	96.6	79.8	105.3
速效钾	211	352	341	270	245	412	541	301
缓效钾	/	833	747	1 531	853	723	1 056	865
pH 值	7.89	7.9	7.86	7.85	7.71	7.74	7.82	7.67

2. 塑料大棚不同种植年限土壤养分状况

塑料大棚冬季处于休闲状态，土壤利用时间比日光温室短，同时在施用化肥、农药、浇水量上均少于日光温室。但不同种植年限对土壤养分的影响也有所差异，见表10所示。塑料大棚土壤有机质有随种植年限增加而降低的趋势。这与有机肥用量少于日光温室并以鸡粪为主，有机质矿化量高有关，有效磷、速效钾含量在1～4年后含量相对稳定。

表10 塑料大棚不同种植年限土壤养分 （单位：g/kg、mg/kg）

养分	1	2	3	4～6	7年以上
有机质	9.3	9.9	10.8	10.4	10.0
全氮	0.83	0.75	0.77	0.86	0.83
碱解氮	89	97	89	89	85
有效磷	34.4	40.1	46.1	46.2	46.7
速效钾	134	150	168	185	231
缓效钾	722	667	698	799	743
pH值	7.66	7.8	7.9	7.9	7.51

第四节 蔬菜地地力状况分析

借助耕地地力评价的机会，开展了蔬菜地地力评价，评价是将1：50 000蔬菜地土种图、土地利用现状图、基本农田保护区规划图三种图件叠加形成的图斑作为评价单元。应用模糊综合评判方法对寒亭区蔬菜地进行评价，经评价共划分为四个地力等级。

根据耕地地力评价技术和方法，以2008年寒亭区蔬菜地总面积3 367公顷为基准，按面积比例进行平差，计算各等级面积。

一、一级地

主要分布于高里街道、固堤街道，其中，以高里街道分布面积最大，为1 978.11hm^2。此外，寒亭街道、开元街道、朱里街道等也有少量或零星分布。央子街道和大家洼街道境内没有一级地分布。

一级地土壤类型以河潮土和脱潮土为主，兼有少量盐化潮土。土壤表层质地为轻壤和中壤，土体构型以壤均质、壤质黏心为主，无明显障碍层次。微地貌以缓岗、河间洼地、缓平坡地、倾斜平地为主，土层深厚，土壤理化性状良好，基本无盐渍化现象，耕性强。地下水矿化度为0.5～2g/L的弱矿化度水，农田水利设施较为完善，灌排条件好，灌溉保证率达到100%。土壤养分含量较高。

二、二级地

二级地面积为1 156.9hm^2，二级耕地主要分布在高里、寒亭、朱里、固堤、开元5个街道，潍坊经济开发区也有少量或零星分布。央子和大家洼街道境内没有二级地分布。

二级地土壤类型以河潮土和潮褐土为主，兼有少量盐化潮土。土壤表层质地以轻壤为主，兼有少量砂壤、重壤和中壤。土体构型以壤均质、壤质砂心为主，部分地区含砂姜腰。微地貌以缓平坡地、缓岗、倾斜平地、河间洼地为主。土层深厚，土壤理化性状良好，基本无盐渍化现象，耕性强。地下水矿化度大部分为 0.5～2g/L 的弱矿化度水，农田水利设施较为完善，灌排条件较好，灌溉保证率接近 100%。土壤养分适中。

三、三级地

三级地面积为 158.59hm^2，三级地主要分布在朱里、固堤、高里街道。寒亭街道、开元街道、潍坊经济开发区有少量分布。

三级地土壤主要为黑湿潮土和滨海潮土，含有少量盐化潮土和河潮土。耕层质地以砂壤、轻壤和中壤为主，少量为重壤。土体构型主要为壤均质、壤质砂心、壤质黏心。微地貌类型为浅平洼地、缓平坡地、近海浅平洼地。土壤理化性质较好，农田基础设施良好，灌排能力较好，灌溉保证率在 75%以上。地下水矿化度为 0.5～2g/L 的弱矿化度水，部分为 2～5g/L 的中度矿化度水，有少量轻度和中度盐渍化现象。

四、四级地

四级地面积为 73.4hm^2，四级地主要分布在固堤街道、高里街道。

第五节 蔬菜地合理利用建议

一、目前施肥中存在的主要问题

寒亭区 1984 年开始推广配方施肥技术，通过 20 多年的推广试验、示范，形成了一整套成功经验。配方施肥技术的推广增强了人们对科学施肥的认识，提高了肥料的合理施用水平，增加了农产品产量。随着农业产业结构的调整，蔬菜种植面积逐年增加，蔬菜的高收益，又促进了化肥、农药的高投入，导致肥料施用中存在以下几个问题。

（一）肥料结构不合理

据 68 个日光温室栽培农户调查，年化肥施用量折纯 N101.2kg/667m^2，P_2O_5 115.1kg/667m^2，K_2O 89.1kg/667m^2，N∶P_2O_5∶K_2O 比为 1∶1.14∶0.88。化肥施用比例不合理，磷肥施用严重过量，因菜农有施用磷酸二铵和三元复合肥（15-15-15）的习惯，其中，磷酸二铵使用量占化肥总量的 9.9%，三元复合肥（15-15-15）的用量占三元复合肥总量的 50%以上。

（二）蔬菜地肥料用量偏高

据调查，蔬菜地年平均使用化肥实物量 301.3kg/667m^2，折纯 N48.9kg、P_2O_5 48.4kg/667m^2、K_2O 38.9kg/667m^2，N∶P_2O_5∶K_2O 比为 1∶1∶0.8。粮田年平均使用化肥实物量 101.2kg/667m^2，折纯 N24kg/667m^2、P_2O_5 15.6kg/667m^2、K_2O 11.8kg/667m^2，N∶P_2O_5∶K_2O 比为 1∶0.65∶0.49。蔬菜地化肥施用量是粮田的 3

倍，由于蔬菜地经济效益高，受利益驱动和施肥习惯影响，化肥施用过量现象普遍，菜地土壤养分含量偏高。

（三）施肥方法不当

主要表现在：一是有机肥腐熟不彻底，时常发生烧苗现象；二是连续多次大量冲施化肥，常造成作物肥害和土壤板结；三是为减少劳动强度，地表撒施化肥，降低了肥料利用率。

二、施肥不合理的危害

化肥虽然对农业生产发展起了重大的作用，但施用不合理，特别是近几年来盲目追求高产，致使化肥的施用量不断增加，对土壤的理化性状、环境质量状况带来了很大的危害。

一是对环境造成危害。过量施用氮肥，会增加地下水硝态氮含量，污染了地下水。过量施用磷肥和微量元素肥料，会增加土壤中的重金属含量，长期盲目的过量施用，会使重金属不断积累，从而造成危害。二是加大成本、降低产量。盲目和过量施肥，不但降低了肥料的利用率，增加了生产成本，而且作物产量也会降低。三是降低了农产品品质。氮肥用量过大，施用时期不合理，会造成植株中硝态氮的过度积累，降低了产品品质。施肥结构不合理，土壤中养分失衡，影响了作物对养分的均衡吸收，产品的外观和颜色均会受到很大的影响，固有的风味和口感受影响。四是降低了土壤肥力。过量施肥会造成土壤盐分积累、土壤板结、土壤酸化，有的甚至发生土壤次生盐渍化，破坏土壤结构，影响土壤有益微生物的繁殖，降低了土壤的可持续生产能力。

三、合理利用建议

针对本次蔬菜地土壤普查中发现的问题和地力分析评价结果，对寒亭区蔬菜地的合理利用提出如下建议。

（一）合理布局，深化农业结构调整

蔬菜地在寒亭区除央子街道和大家洼街道以外，其他各街道均有种植。蔬菜地占寒亭区耕地面积的10.51％，蔬菜平均每年总产量为45.35万吨，产值13.61亿元，已成为农村经济的支柱产业。近几年来从蔬菜的栽培效益分析，正处于下滑阶段，主要原因是蔬菜品种老化，不能适应市场的需求。因此，今后蔬菜地生产的发展思路应是：稳定现有面积，开发潜力资源，提高产品质量，为蔬菜的深加工奠定基础。目前工作的重心应是调整种植业内部结构，在品种结构上不断推陈出新，强化名、特、稀、优品种的引进和种植。在生产上重点推广标准化，扩大绿色食品生产规模，并有计划地发展有机食品生产，全面提高产品质量，扩大出口，增加创汇。以质量求生存，以质量谋发展。

（二）平衡施肥，改良土壤

调查结果表明，由于过量施用生理酸性化肥和施肥结构不合理，已有部分蔬菜地pH值降到6.5以下，土壤pH值最低已达5.1，成酸化趋势，应施用生理碱性肥料或客土深翻进行改良。蔬菜地土壤全盐量最高地块已达 3.0g/kg，超过盐碱地的界限值 2.0g/kg，部分土壤已发生轻度盐渍化，影响蔬菜生产，施肥中做到有机无机结合，增加有机肥用量，平衡使用化肥，并适当增加灌水量，以水洗盐，改良盐渍化土壤。

当前蔬菜生产中施肥比例是 N：P_2O_5：K_2O 为 1：0.99：0.80，与 30 种蔬菜平均吸收 N：P_2O_5：K_2O 为 1：0.34：1.23 的比例相比，磷过量而钾严重不足。建议在一般地力条件下，有机肥施肥量为 3 000～4 000kg/667m^2，纯氮为 30～40kg/667m^2、P_2O_5 为 15～20kg/667m^2、K_2O 为 25～35kg/667m^2、$ZnSO_4$ 为 1.5kg/667m^2、硼砂为 1～2kg/667m^2。增施有机肥应以优质农家肥或高碳有机肥料为主，有条件的实施秸秆还田，增加作物秸秆的施用量，使蔬菜地有机质含量稳步提高，提高土壤肥力。

（三）推行标准化生产，建立集约化生产基地

寒亭区目前蔬菜地生产主要是分散经营模式，产品的质量参差不齐，且质量不稳定。要解决这一问题，应建设适度规模的生产基地，提高集约化程度，以出口企业为龙头，推行标准化生产，完善统一供种、统一供肥、统防统治、统一收获、统一加工的“五统一”管理模式，确保产品质量稳步提高。

推行标准化生产，一是制定和完善各种作物生产的质量标准和生产技术规程，使农民在生产过程中有标准衡量，操作过程有据可依；二是加大宣贯力度，使广大农民了解标准，自觉执行标准。三是积极推行市场准入制，实行优质优价，鼓励农民自觉生产优质产品。四是建立完善区、街道、村（企）的检测体系，定期或不定期地对农资、农产品进行抽样监测，达到净化农资市场、农产品市场的目的。

专题三　潍坊市寒亭区耕地改良利用分区专题研究

耕地是最基本的农业生产资料，是农业生产和农业可持续发展的重要基础。耕地维持着作物生产力，影响着环境的质量、动植物的生存及人类的健康。自1981—1983年第二次土壤普查以来，随着农村经营体制、耕作制度、作物品种、种植结构、产量水平和肥料使用等方面的显著变化，耕地利用状况也发生了明显改变。近年来，虽然对部分耕地实施了地力监测，但至今对区域中低产耕地状况及其障碍因素等缺乏系统性、实用性的调查分析，原有耕地利用和改良技术已不适应现代农业生产发展的要求。因此，开展区域耕地地力调查评价，摸清中低产耕地状况及其障碍因素，有的放矢地开展中低产耕地的科学改良利用，挖掘区域耕地的生产潜力，对于潍坊市耕地资源的可持续利用具有十分重要的意义。

潍坊市地域广阔，陆地面积1.61万km^2。市域地貌自北向南，由低到高，形成几个台阶，大体分为潍北滨海低地、洼地、潍中平原、山地丘陵区4个地貌区及14个地貌类型，形成了5个主要土类，土类自身和利用方式的差异，致使区域内耕地土壤理化性状差异较大。为提高耕地改良的针对性，以县域为单位，分别对每个县市区进行了耕地改良利用分区专题研究，并重点对寒亭区改良利用进行了专题研究。

一、耕地改良利用分区原则与分区系统

（一）耕地改良利用分区的原则

耕地改良利用区划的基本原则是：从耕地自然条件出发，做到主导性、综合性、实用性和可操作性相结合。按照因地制宜、因土适用、合理利用的要求配置耕地资源，充分发挥各类耕地的生产潜力，坚持用地与养地相结合，近期与长远相结合的原则进行。以土壤组合类型、肥力水平、改良方向和主要改良措施的一致性为主要依据，同时考虑地貌、气候、水文和生态等条件以及植被类型，参照历史与现状等因素综合进行分区。

（二）耕地改良利用分区系统

根据耕地改良利用原则，将影响耕地利用的各类限制因素归纳为耕地自然环境要素、耕地土壤养分要素和耕地土壤物理要素，将寒亭区耕地改良利用划分为3个改良利用类型区，即：耕地自然环境条件改良利用区、耕地土壤培肥改良利用区、耕地土体整治改良利用区，并分别用大写字母E、N和P表示。各改良利用类型区内，再根据相应的限制性主导因子，续分为相应的改良利用亚类。

二、耕地改良利用分区方法

（一）耕地改良利用分区因子的确定

耕地改良利用分区因子是指参与评定改良利用分区类型的耕地诸属性。由于影响的因素很多，根据耕地地力评价要求，遵循主导因素、差异性、稳定性、敏感性四原则，进行了限制性主导因素的选取。根据与耕地地力评价中评价因素的一致性，各土壤养分的丰缺状况及其相关要素的变异情况，选取耕地土壤有机质、有效磷、速效钾、有效锌和有效硼含量因素作为耕地土壤养分状况的限制性主导因子；选取灌溉保证率、盐渍化水平作为耕地自然环境状况的限制性主导因子；选取耕层质地条件和土体构型条件作为耕地土壤物理状况的限制性主导因子。

（二）耕地改良利用分区标准

依据农业部《全国中低产田类型划分与改良技术规范》，根据潍坊市各县区耕地地力评价资料，综合分析目前潍坊市各耕地改良利用因素的现状水平，同时针对影响寒亭区耕地利用水平的主要因素，邀请具有土壤利用管理经验的相关专家进行分析，制订了耕地改良利用各主导因子的分区及其耕地改良利用类型的确定标准。具体分级标准见表 1 所示。

表 1　耕地改良利用主导因子分区标准

耕地改良利用区划	限制因子	代号	分区标准
耕地土壤培肥改良利用区（N）	有机质（O，G/KG）	NO	＜12
	有效磷（P，MG/KG）	NP	＜15
	速效钾（K，MG/KG）	NK	＜100
	有效锌（ZN，MG/KG）	NZN	＜0.5
	有效硼（B，MG/KG）	NB	＜0.5
耕地自然环境条件改良利用区（E）	灌溉保证（I,%）	EI	灌溉保障率低于 50%
	盐渍化（S）	ES	盐渍化程度轻度以上
耕地土体整治改良利用区（P）	耕层质地（T）	PT	砂土、砂壤
	土体构型（C）	PC	土体中有障碍层次

（三）耕地改良利用分区方法

在 GIS 支持下，利用耕地地力评价单元图，根据耕地改良利用各主导因子分区标准在其相应的属性库中进行检索分析，确定各单元相应的耕地改良利用类型，通过图面编辑生成耕地改良利用分区图，并统计各类型面积比例。

三、耕地改良利用分区专题图的生成

（一）耕地土壤培肥改良利用分区图的生成

根据耕地土壤养分限制因素分区标准把寒亭区耕地有机质分为两类，即有机质改良利用区和有机质非改良利用区，有机质改良利用区以代号 No 标注；同样，有效磷改良利用区用代号 Np 标注，速效钾改良利用区用代号 Nk 标注，有效锌改良利用区用符号 Nzn 标注，有效硼改良利用区用代号 Nb 表示，编辑生成耕地土壤培肥改良利用分区图。结果见图 1 所示。

图 1 耕地土壤培肥改良利用分区图

（二）耕地自然环境条件改良利用分区图的生成

根据耕地自然环境条件限制因素分区标准进行寒亭区耕地改良利用分区。灌溉保证条件分为灌溉保证条件改良利用区和灌溉保证条件非改良利用区，改良利用区用代号 Ei 标注；盐渍化程度分为盐渍化改良利用区和非改良利用区，盐渍化改良利用区以代号 Es 标注。在 GIS 下检索生成耕地自然环境条件改良利用分区图。结果见图 2 所示。

（三）耕地土体整治改良利用分区图的生成

根据耕地土地条件限制因素分区标准，耕层质地条件改良利用区用符号 Pt 标注，

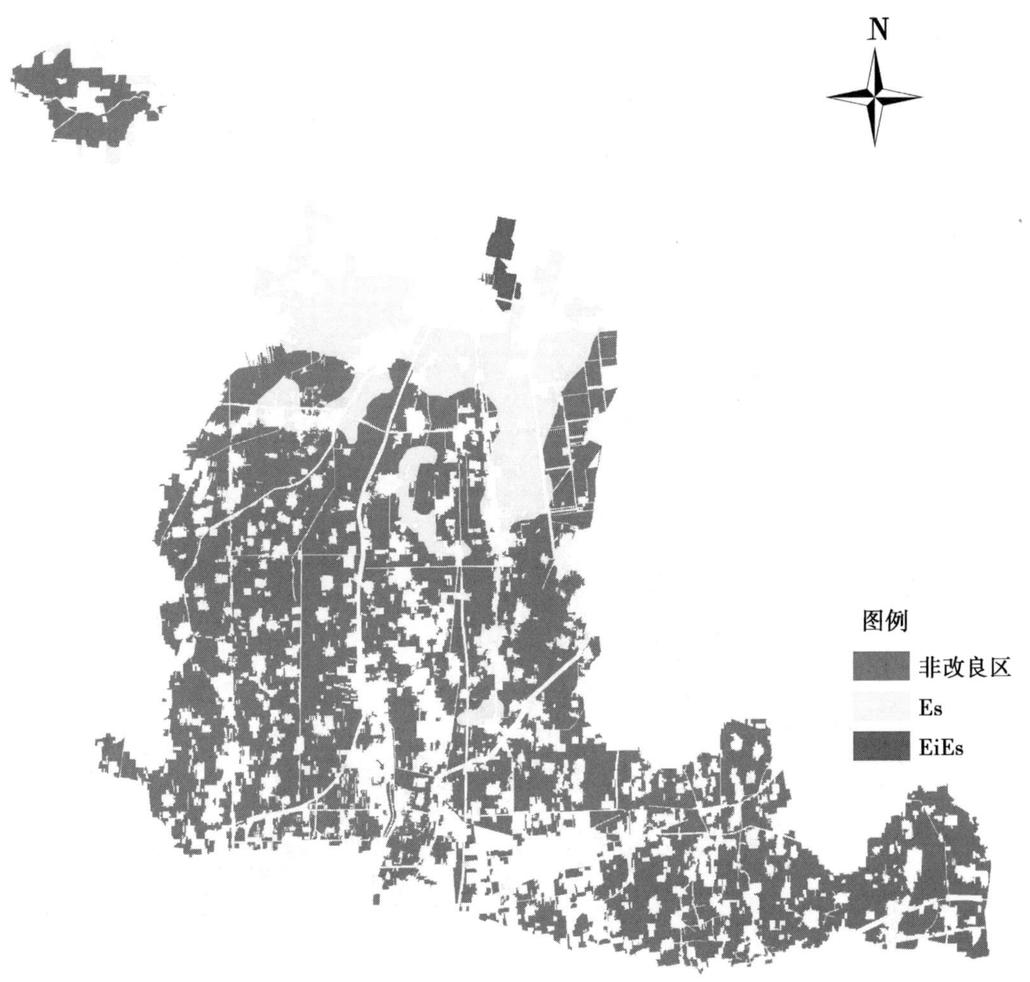

图 2　耕地自然环境条件改良利用分区图

土体构型改良利用区用符号 Pc 标注。在 GIS 下检索生成耕地土体整治改良利用分区图。结果见图 3 所示。

四、耕地改良利用分区结果分析

(一) 耕地土壤培肥改良利用分区面积统计及问题分析

寒亭区耕地土壤培肥改良利用区各改良利用类型面积及其比例见表 2 所示。

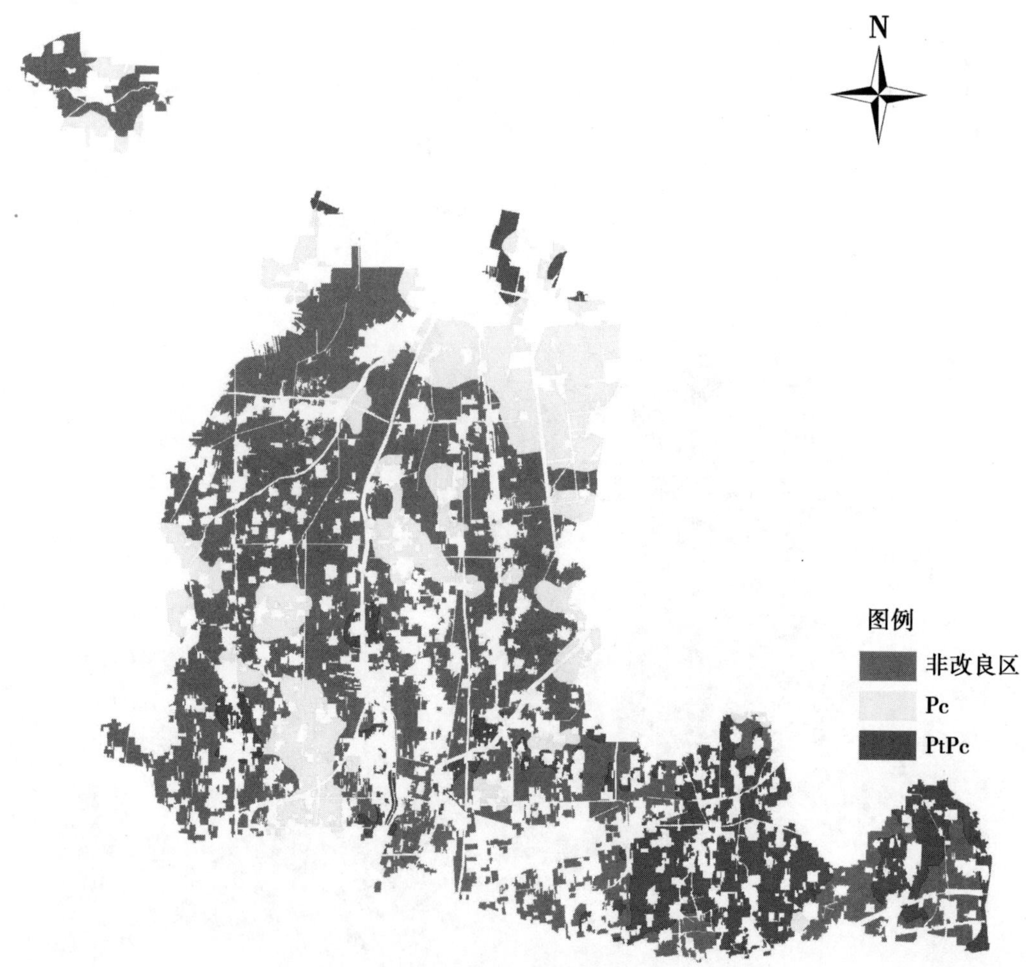

图 3　耕地土体整治改良利用分区图

表 2　寒亭区耕地土壤培肥改良利用分区面积统计表　（单位：hm^2，%）

改良利用分区	NZN	NO	NP	NB	NONP	NONB	非改良区
面积	778.57	11 469.53	2 613.67	1 842.76	3 155.48	905.61	19 191.99
百分比	1.95	28.7	6.54	4.61	7.9	2.27	48.03

由图 1 和表 2 可以看出，寒亭区土壤养分状况较差，土壤养分不需培肥改良的耕地仅占耕地总面积的 48.03%。突出特点是寒亭区缺乏有机质和有效磷，缺乏有机质的耕地面积为 15 530.62hm^2，占耕地总面积的 38.87%；缺磷的耕地面积为 5 769.15hm^2，占耕地总面积的 14.44%；缺硼的耕地面积为 2 748.37hm^2，占耕地总面积的 6.88%；缺锌的耕地面积为 778.57hm^2，占耕地总面积的 1.95%。缺乏单一养分的耕地面积为 16 704.53hm^2，占耕地总面积的 41.80%；缺乏两种养分的耕地面积为 4 061.09hm^2，占耕地总面积的 10.17%。从各类型面积比例看出，寒亭区耕地土壤

培肥改良的主要方向为有针对性的增施有机肥料和磷肥以及硼肥和锌肥等微量元素肥料。寒亭区土壤中钾含量较高，应平衡使用钾肥。

(二) 耕地自然环境条件改良利用分区面积统计及问题分析

寒亭区耕地自然环境条件改良利用区各改良利用类型面积及其比例见表 3 所示。

表 3　寒亭区耕地自然环境条件改良利用分区面积统计表（单位：hm^2,%）

改良利用分区	ES	EIES	非改良区
面积	5763.78	337.49	33 856.34
百分比	14.42	0.84	84.74

由图 2 和表 3 可以看出，寒亭区耕地自然环境条件较好，地形平坦，不需改良的耕地面积达到 33 856.34hm^2，占耕地总面积的 84.74%。需要改良的耕地面积 6 096.86hm^2，占总面积的 15.26%，主要集中在寒亭区的北部。主要障碍因素有两个，一是无灌溉条件，二是土壤盐渍化，其中灌溉条件需要改良的耕地面积是 337.49hm^2，占耕地总面积的 0.84%；土壤盐渍化需要治理的耕地面积为 5 763.78hm^2，占耕地总面积的 14.42%。耕地自然环境条件改良利用的主要方向为减少盐渍化，防止土壤的次生盐渍化。

(三) 耕地土体整治改良利用分区面积统计及问题分析

寒亭区耕地土体整治改良利用区各改良利用类型面积及其比例见表 4 所示。

表 4　寒亭区耕地土体整治改良利用分区面积统计表　（单位：hm^2,%）

改良利用分区	PC	PTPC	非改良区
面积	8 155.61	6 445.82	25 356.18
百分比	20.41	16.13	63.46

由图 3 和表 4 可以看出，寒亭区耕地土体结构比较理想，不需改良的耕地面积为 25 356.18hm^2，占耕地总面积的 63.46%；土体构型需要改良的面积为 14 601.43hm^2，占耕地总面积的 36.54%。需要改良土体的主要是砂均质或含有夹砂层的土体，所以，寒亭区土体整治的重点是改善土体偏砂和含有夹砂层的土体构型，宜采取秸秆还田、增施有机肥料、深耕深松等措施，改良偏砂的土壤表层质地及不良的土体结构。

五、耕地改良利用对策及措施

(一) 增加经济投入，改良土壤，提高耕地质量

农业是既要承担自然风险，又要承担市场风险的弱势产业，保持农业可持续发展是国民经济发展中面临的重大问题。由于调控体制不健全，受比较利益驱使，各层次资金投入重点向非农业倾斜，资金投入不足已成为农业生产发展的主要制约因素。要实现农业增产增收，就要增加耕地投入，加强中低产田改造，不断提高耕地的质量。

寒亭区应进一步增加耕地改良利用方面的投入，通过对耕地的改良，逐步消除耕地生产力的限制因素，培肥地力，改善农业生产条件和农田生态环境。

（二）增施有机肥料，平衡施肥，培肥地力

长期以来，寒亭区在耕地开发利用上重利用、轻培肥，肥料的施用量及施肥结构很不合理，有机肥施用量逐年减少，化肥施用以氮钾肥为主，从而引起了部分区域土壤有机质含量的下降和矿质养分失衡，耕地肥力下降。因此，要持续提高中低产田的基础地力，为农作物高产稳产打好基础，就必须将用地与养地有机结合起来，广辟有机肥源，推广秸秆还田和增施有机肥料、微生物肥料。同时要充分利用中低产田调查评价成果，科学指导化肥施用，注重增施有机肥、磷肥及微肥，不断培肥地力，实现中低产田资源不断提高和持续利用。

（三）加强灌溉管理，改善土壤结构，提高耕地肥力

水是作物生长发育的前提条件，灌排条件与耕地的基础地力有着密切关系，因而可以通过采取自然降水空间聚集的方式，来改善区域农田的土壤水分状况，提高耕地地力。

1. 完善灌溉工程，改善灌区输水、配水设备，加强灌溉作业管理，改进地面灌溉技术

采用增产、增值的节水灌溉方法和灌溉技术，提高灌水利用率，杜绝大水漫灌等加重盐渍化的灌水现象。

2. 改善土壤结构，增加土壤的蓄水能力

通过施用有机肥料、秸秆还田和应用土壤改良剂，改善土壤结构，增强土壤结构的稳定性，提高土壤对降水的入渗速率和持水量。

（四）强化农业措施，改良土壤质地，发展地方名优产品

寒亭区耕地土壤限制因素主要是耕层土壤砂化，可以采用以肥改砂的方法来消除限制因素，增施有机肥，一方面可增加土壤中养分含量，另一方面可增加土壤中的有机胶体，对改良土壤砂化和提高土壤肥力有显著的作用。此外，选择适宜的作物品种，能获得较好的经济效益。因而因地制宜的发展当地名优产品，是适应自然，提高经济效益的有效措施。

（五）集约利用耕地资源，确保农业可持续发展

良好的耕地生态环境质量是保证农作物持续稳产、高产、优质、高效的重要前提。根据寒亭区资源优势以及生态环境的特点，因地制宜地利用耕地资源，通过合理轮作、科学间套种等措施，增加复种指数，努力提高耕地资源的利用率；注重多物种、多层次、多时序、多级质能、多种产业的有机结合，农、林、牧、副、渔并举，建立生态型可持续农业系统，达到经济、生态和社会效益的高度统一。此外，应努力探索建立“公司＋农户”或各种专业化合作组织等耕地规模集约经营模式，提高寒亭区耕地资源的集约经营和经济效益。

附 图

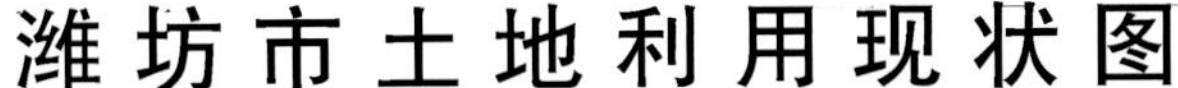

潍坊市土地利用现状图

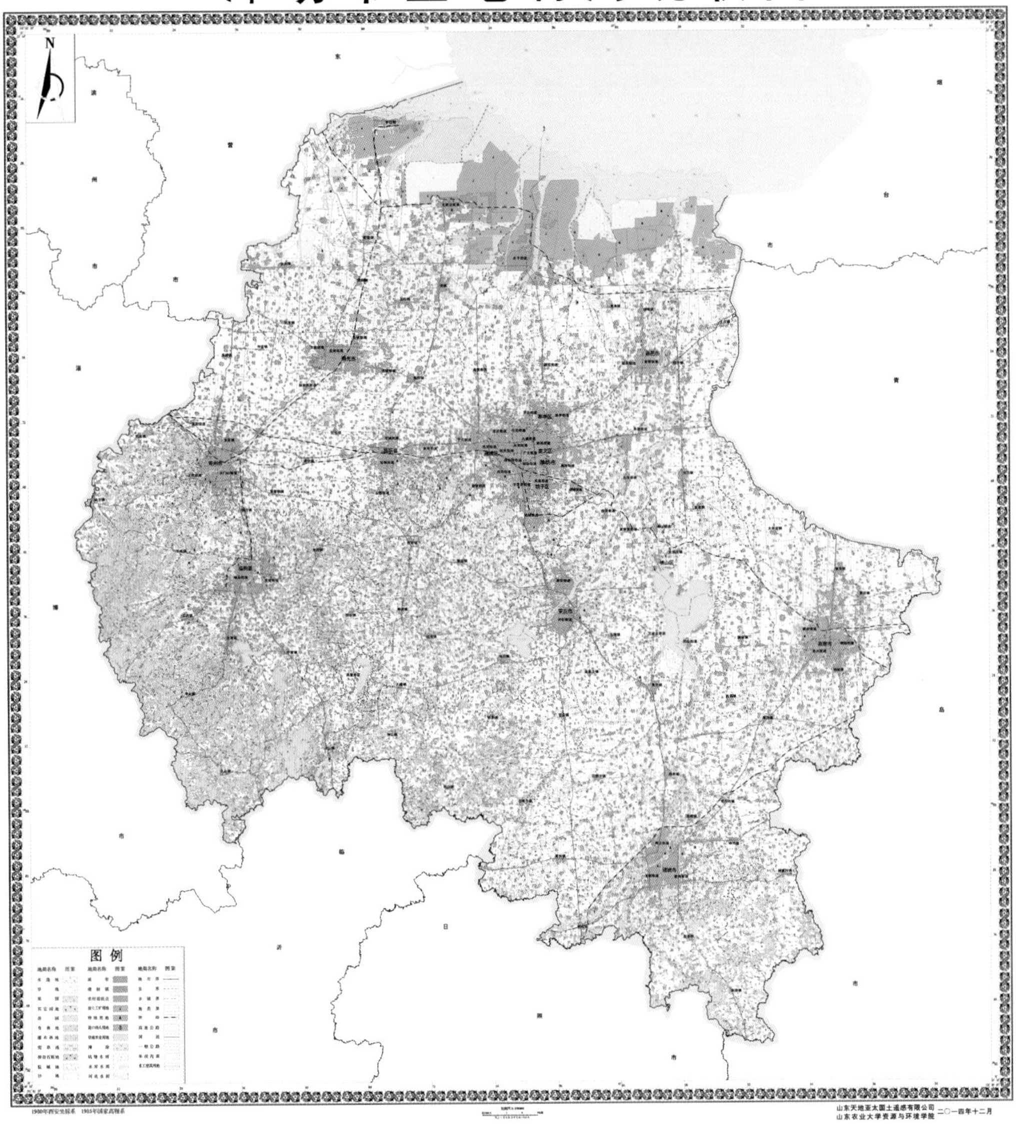

图例
1980年西安坐标系 1985年国家高程系
山东天地亚太国土遥感有限公司
山东农业大学资源与环境学院
二〇一四年十二月

潍坊市地貌图

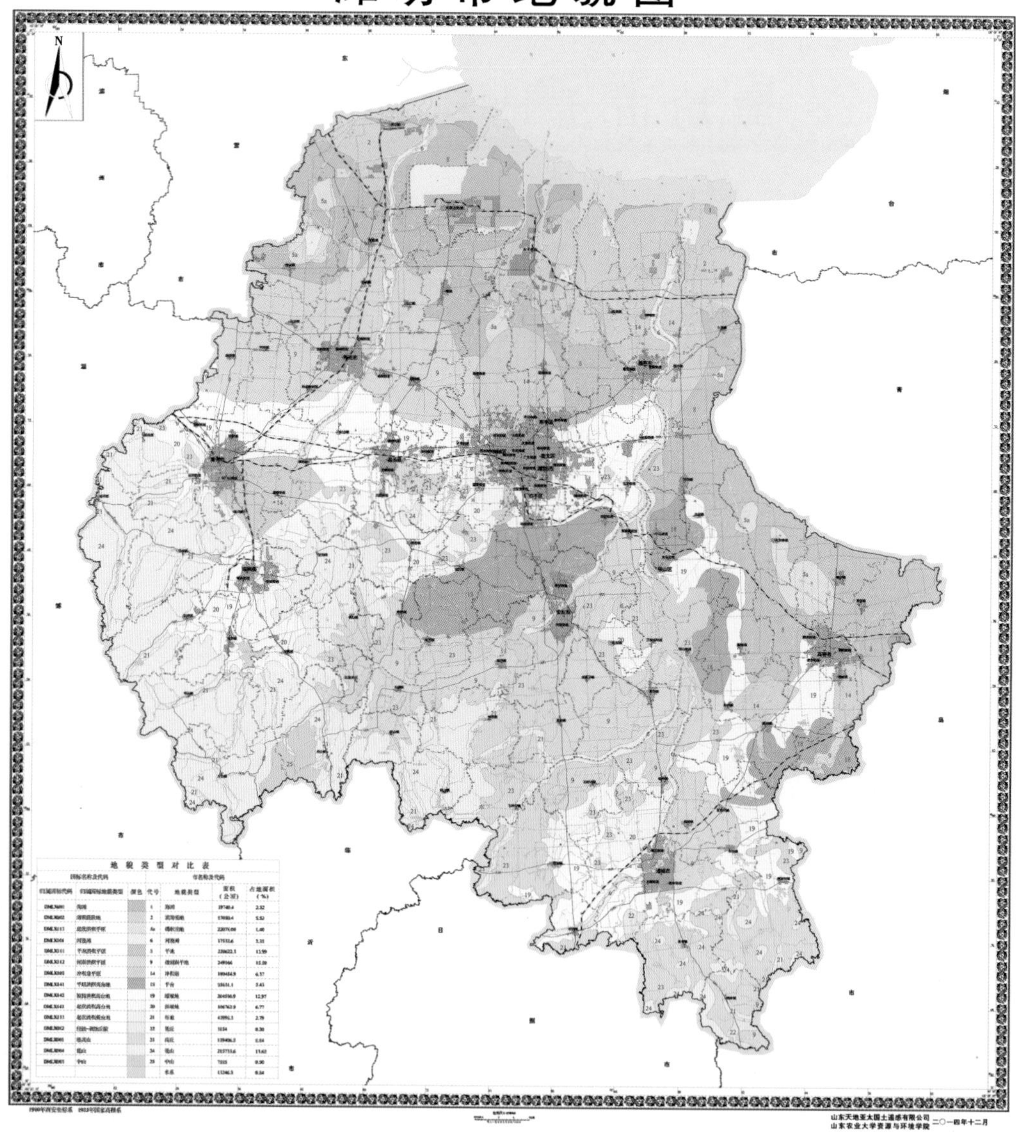

潍坊市土壤图

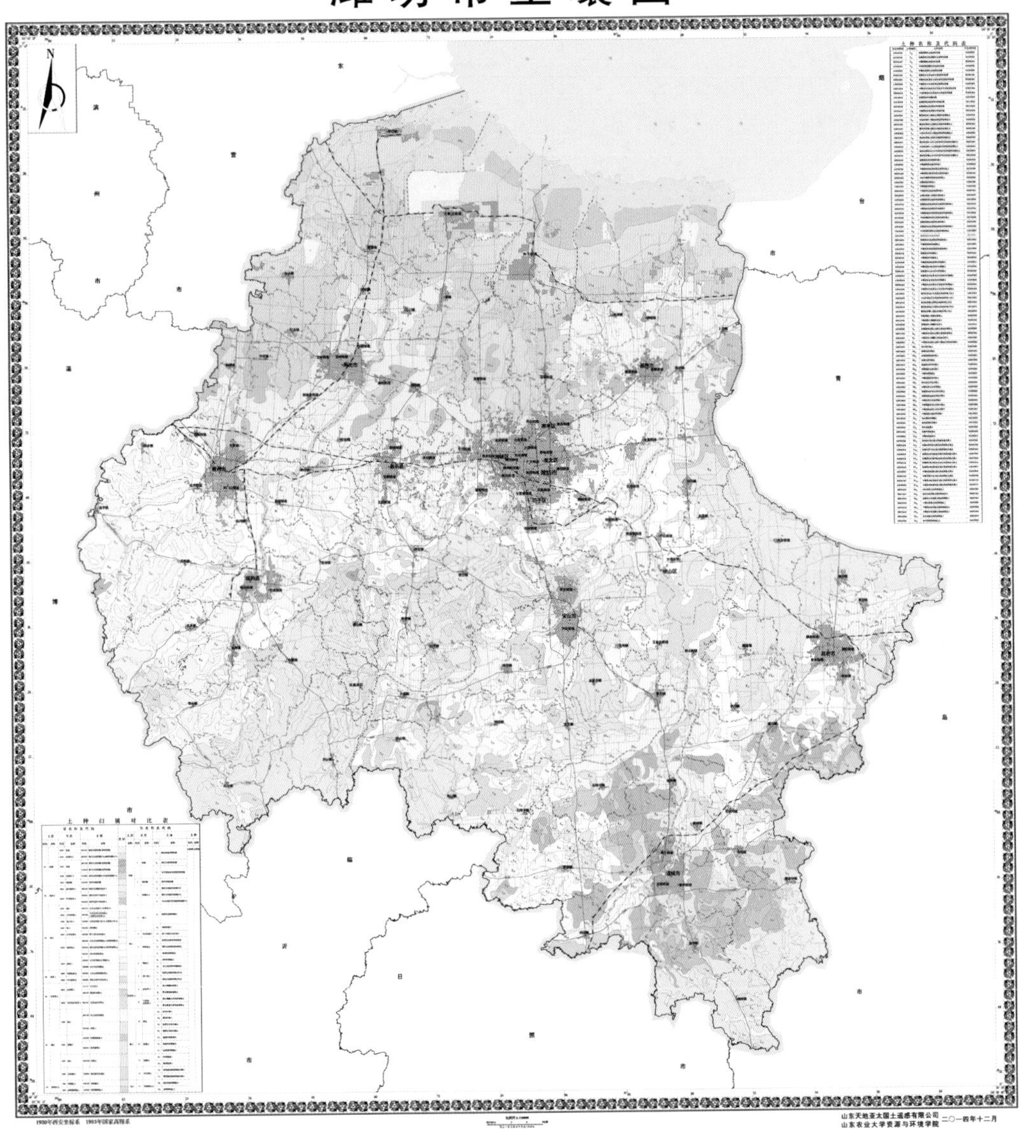
1980年西安坐标系　1985年国家高程系
山东天地亚太国土遥感有限公司
山东农业大学资源与环境学院　二〇一四年十二月

潍坊市耕地地力调查点点位图

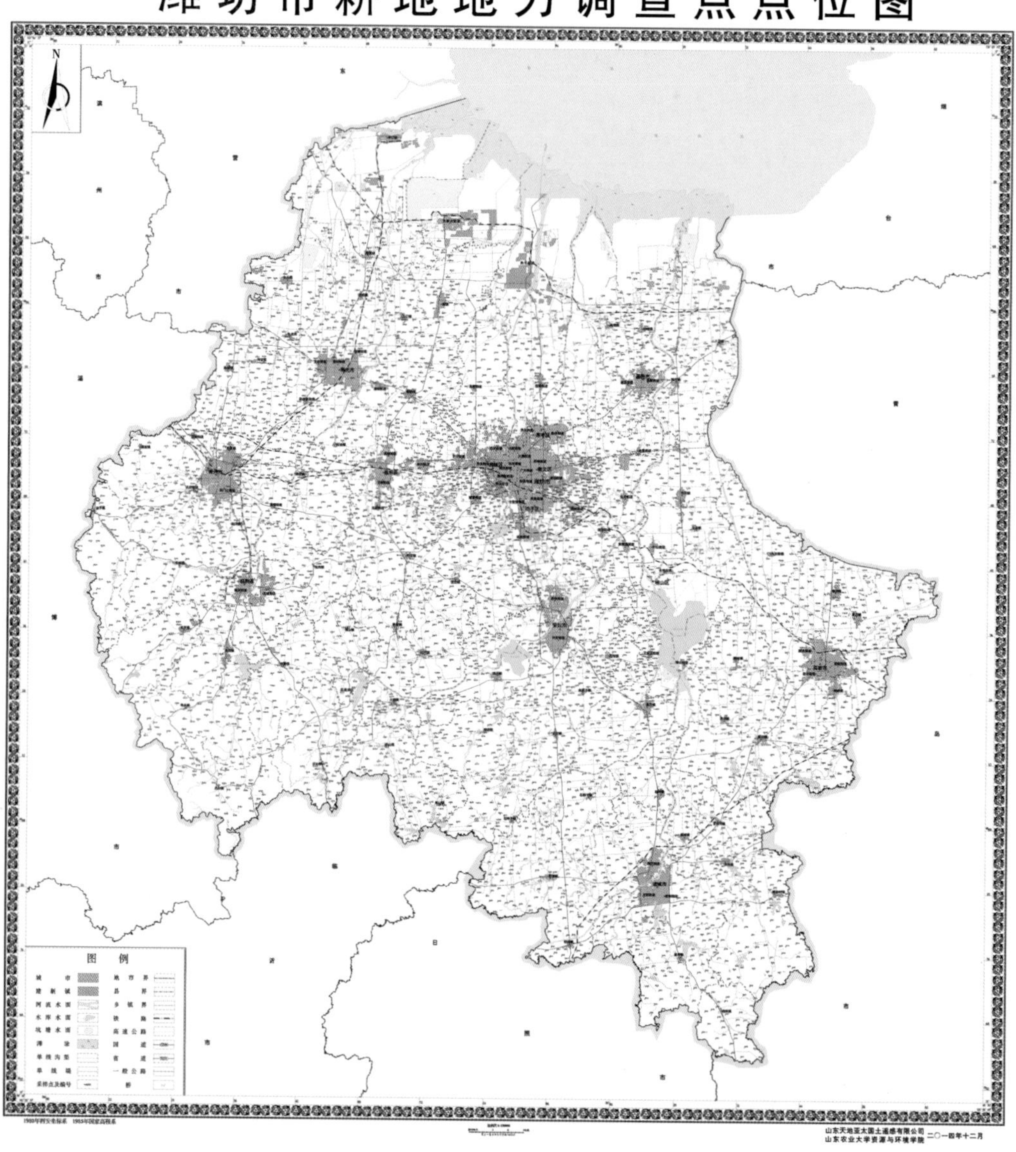

潍坊市灌溉分区图

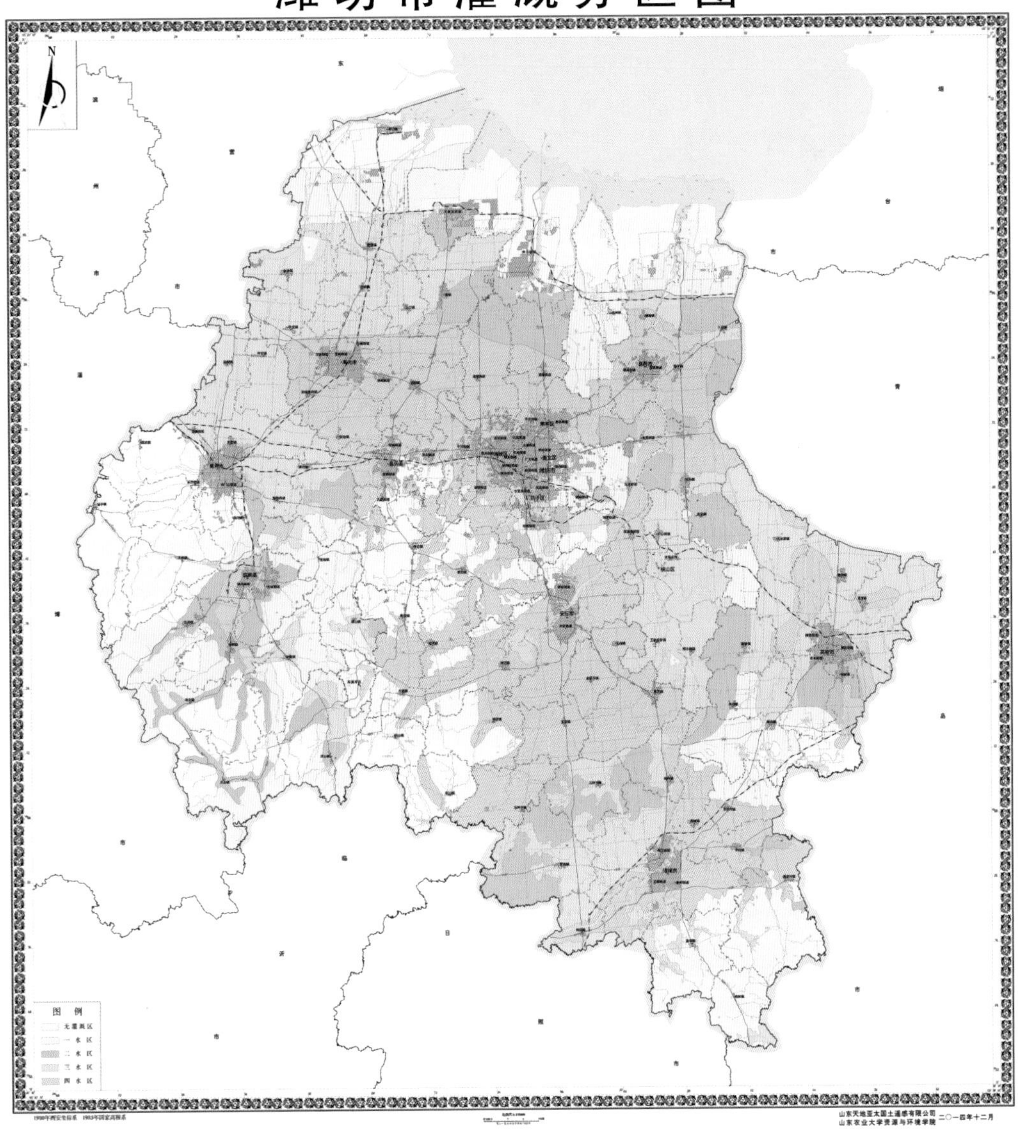
N
图　例
无灌溉区
一　水　区
二　水　区
三　水　区
四　水　区
1980年西安坐标系　1985年国家高程系
山东天地亚太国土遥感有限公司
山东农业大学资源与环境学院
二〇一四年十二月

潍坊市耕地地力评价等级图

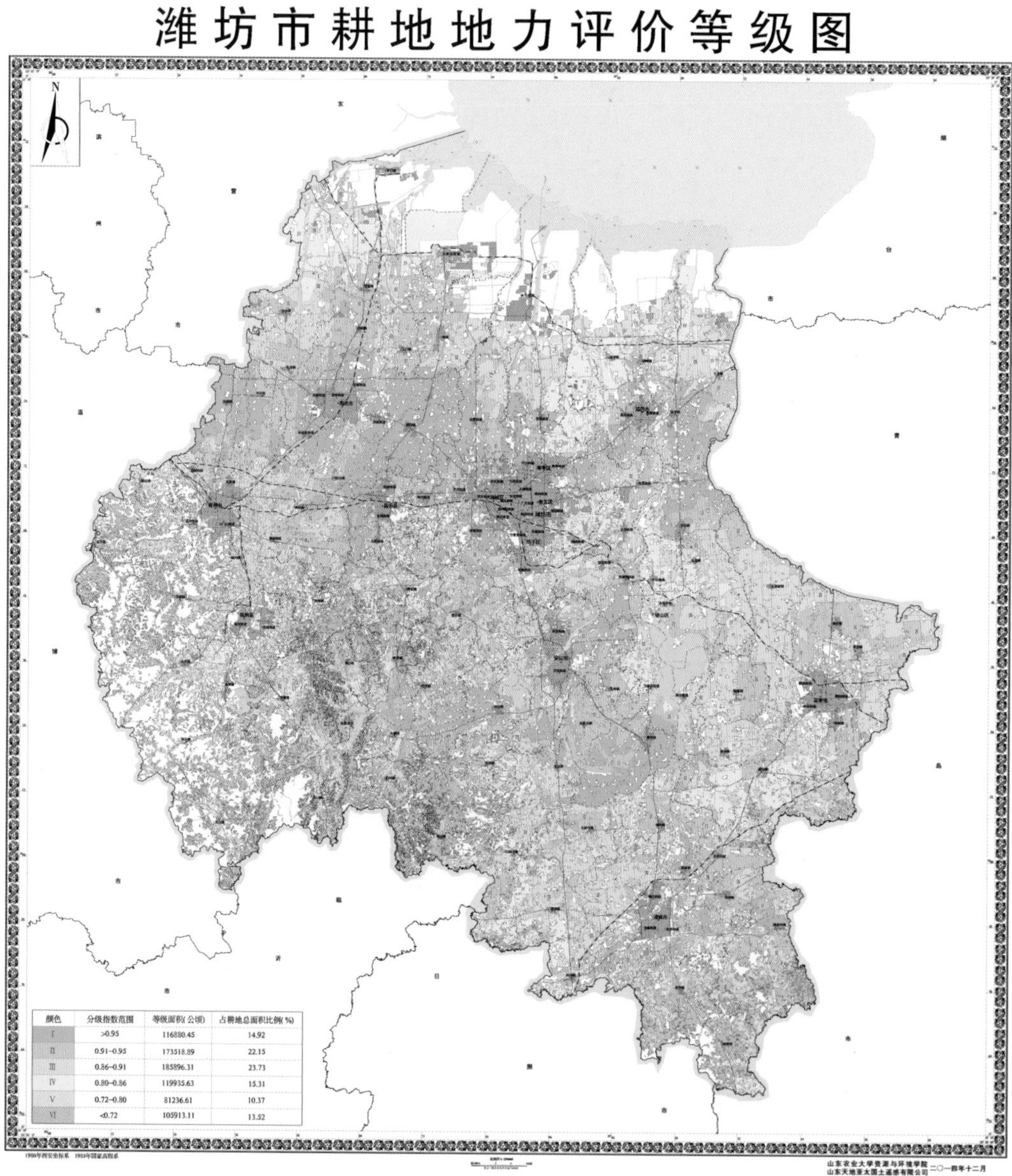

潍坊市土壤pH值分布图

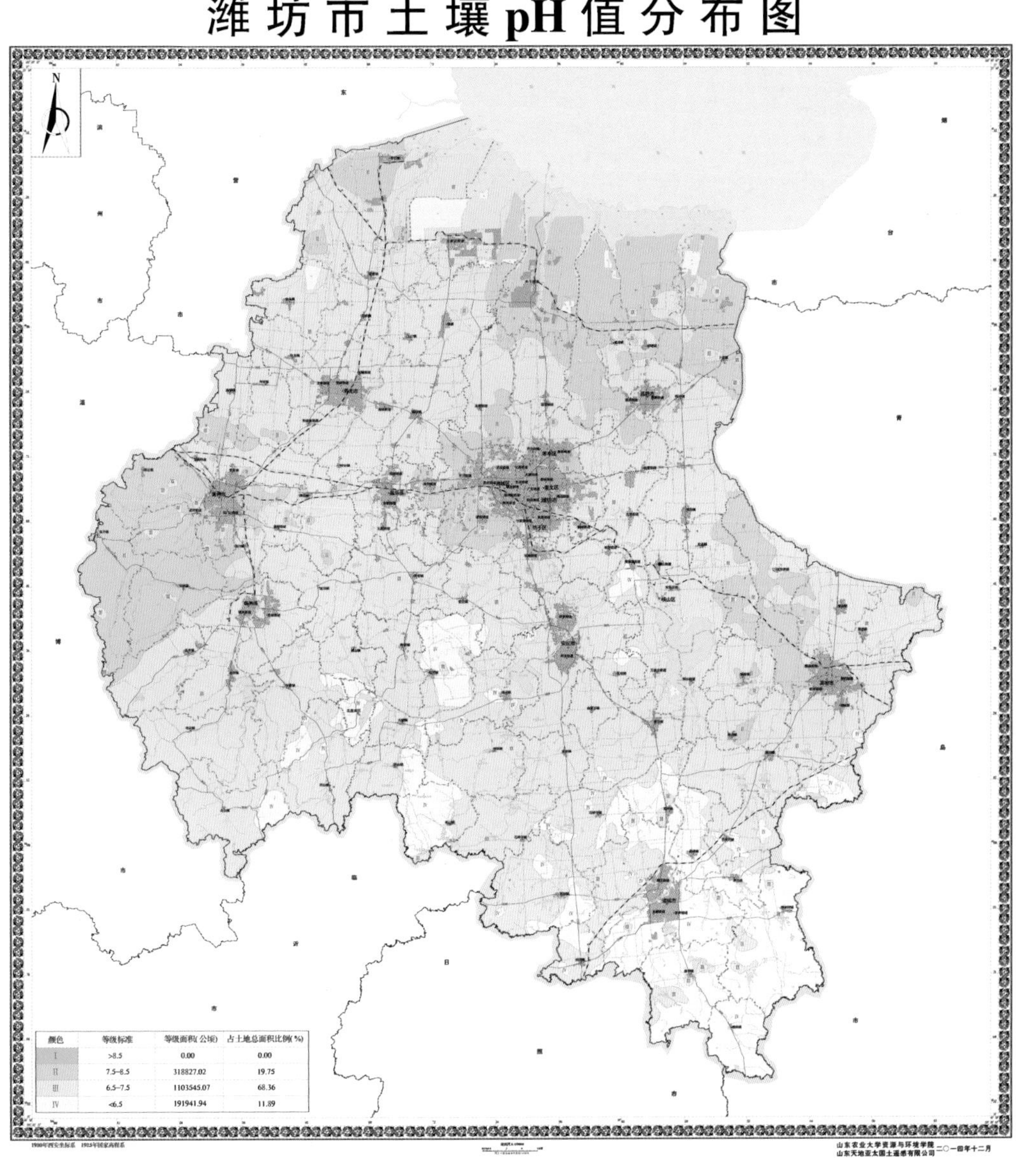

颜色	等级标准	等级面积(公顷)	占土地总面积比例(%)
I	>8.5	0.00	0.00
II	7.5~8.5	318827.02	19.75
III	6.5~7.5	1103545.07	68.36
IV	<6.5	191941.94	11.89

潍坊市土壤有机质含量分布图

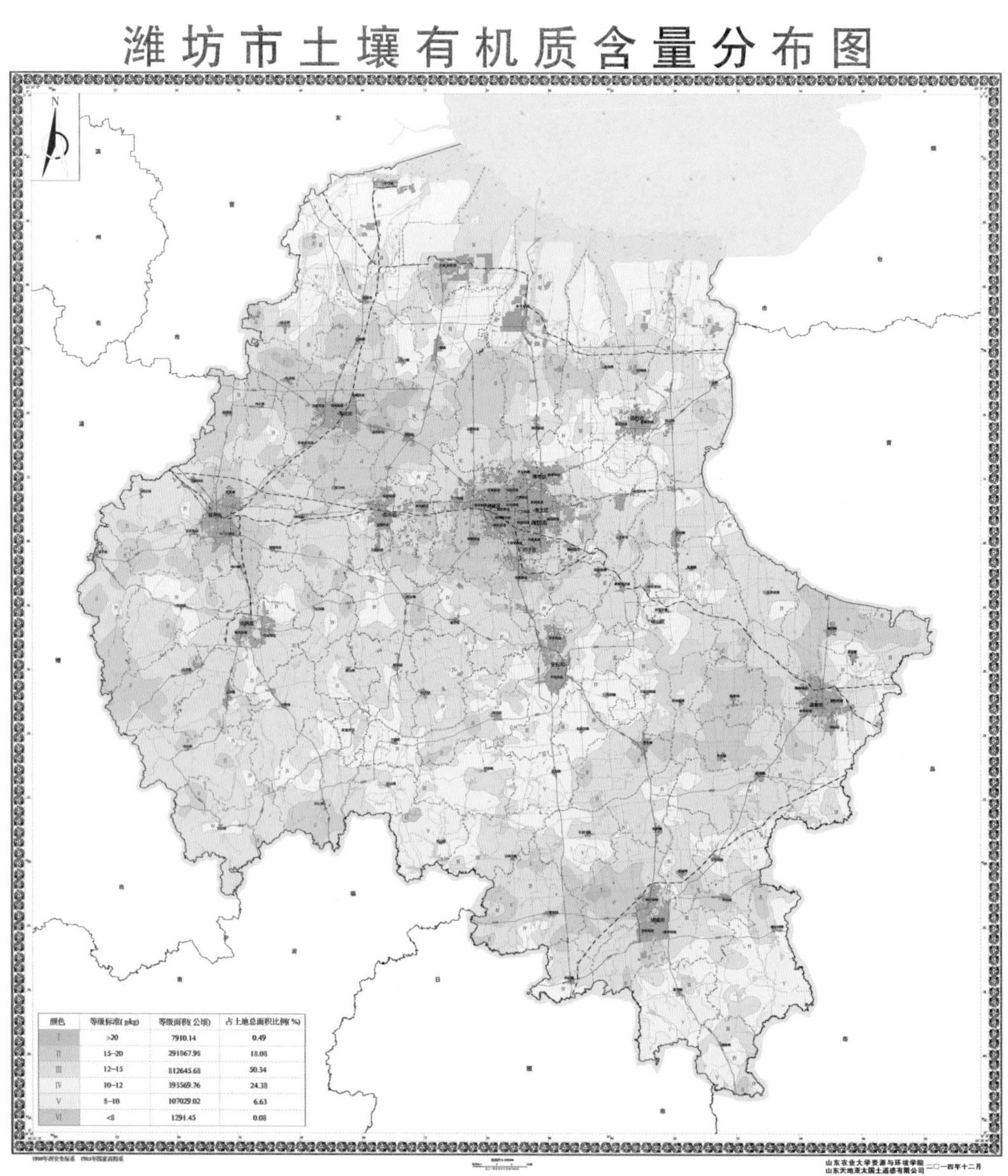

颜色	等级标准(g/kg)	等级面积(公顷)	占土地总面积比例(%)
Ⅰ	>20	7910.14	0.49
Ⅱ	15~20	291867.98	18.08
Ⅲ	12~15	812645.68	50.34
Ⅳ	10~12	393569.76	24.38
Ⅴ	8~10	107029.02	6.63
Ⅵ	<8	1291.45	0.08

潍坊市土壤全氮含量分布图

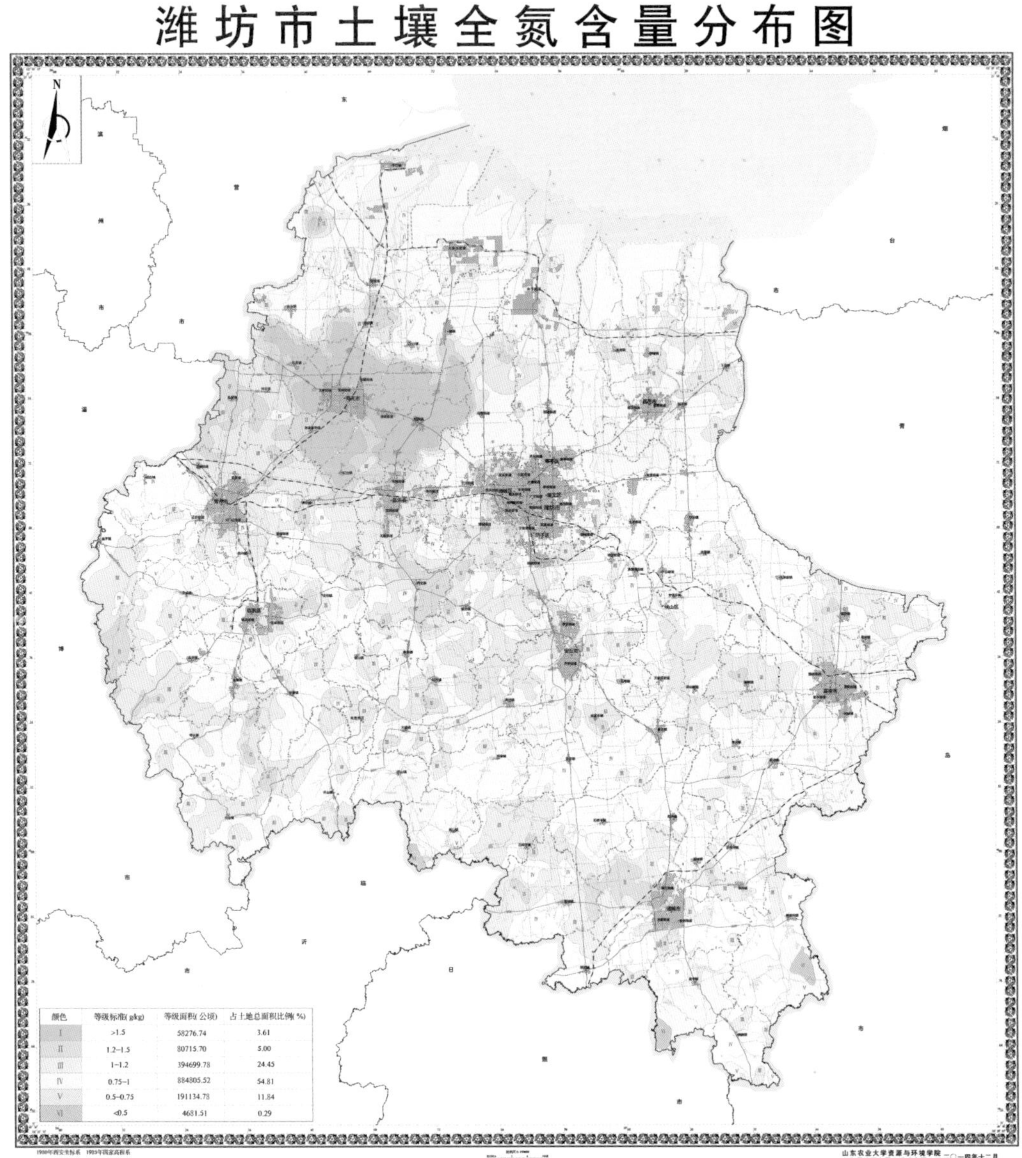

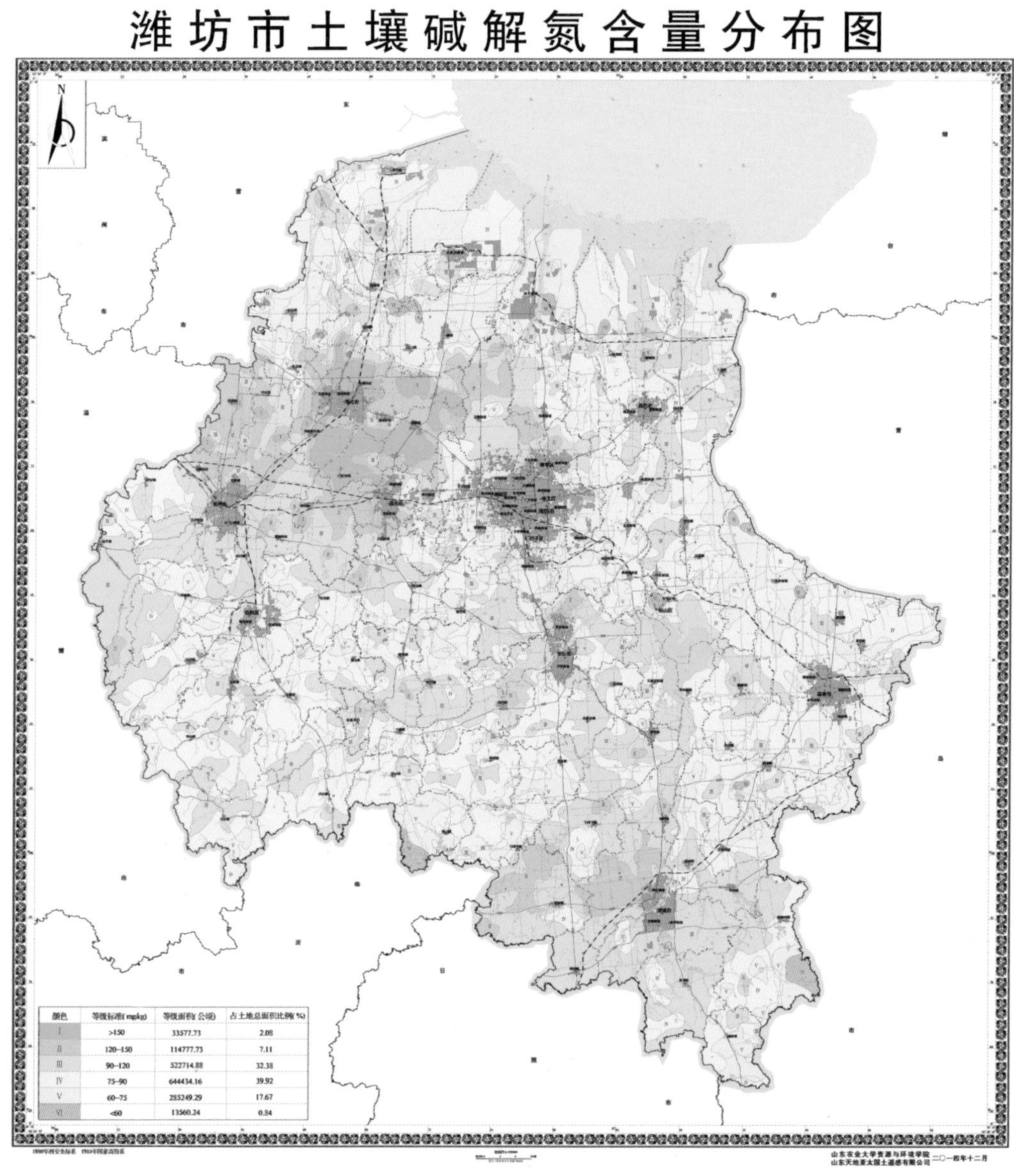
潍坊市土壤碱解氮含量分布图
颜色 | 等级标准(mg/kg) | 等级面积(公顷) | 占土地总面积比例(%)
Ⅰ | >150 | 33577.73 | 2.08
Ⅱ | 120~150 | 114777.73 | 7.11
Ⅲ | 90~120 | 522714.88 | 32.38
Ⅳ | 75~90 | 644434.16 | 39.92
Ⅴ | 60~75 | 285249.29 | 17.67
Ⅵ | <60 | 13560.24 | 0.84
1980年西安坐标系 1985年国家高程系
山东农业大学资源与环境学院
山东天地亚太国土遥感有限公司
二〇一四年十二月

潍坊市土壤有效磷含量分布图

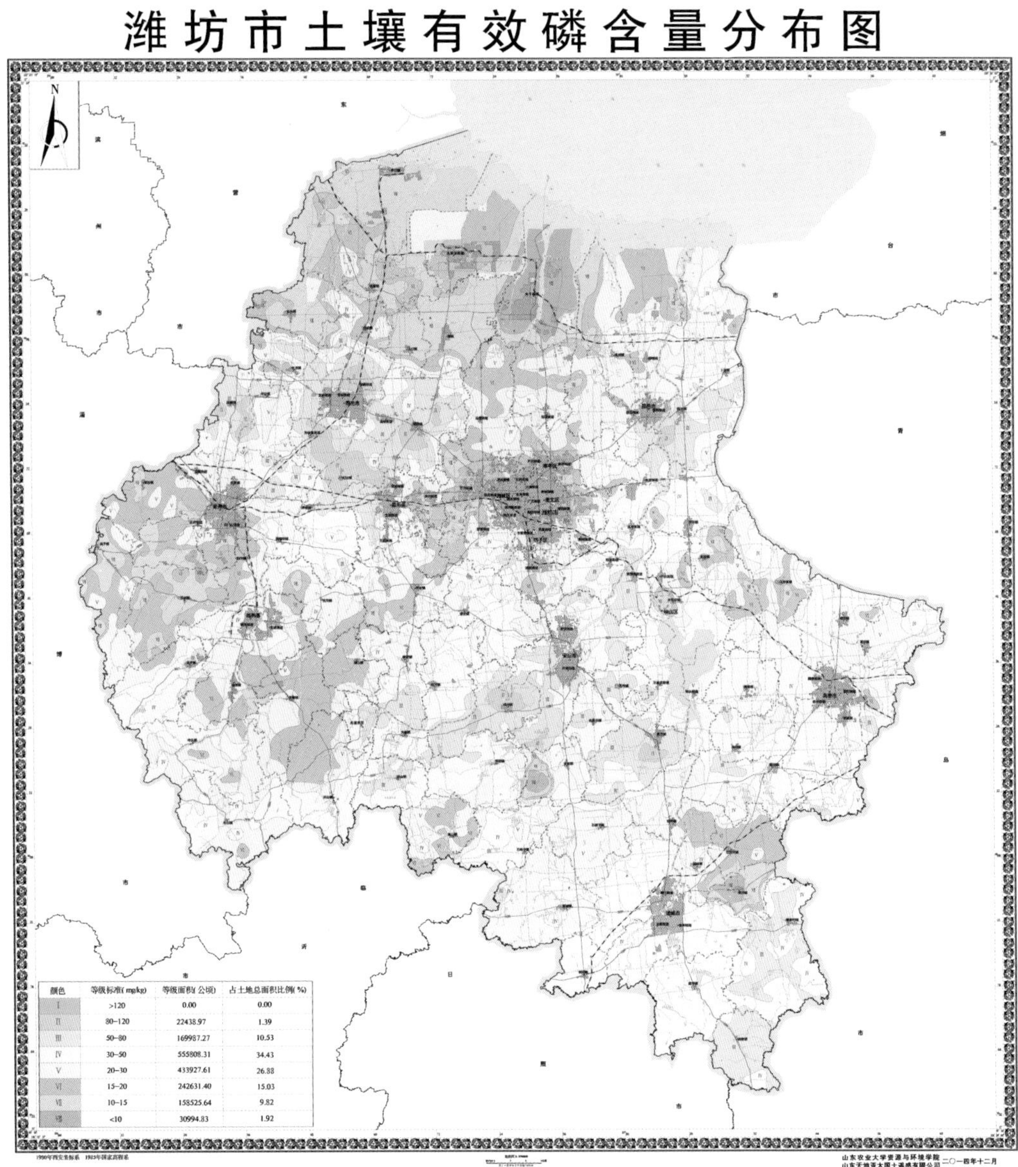

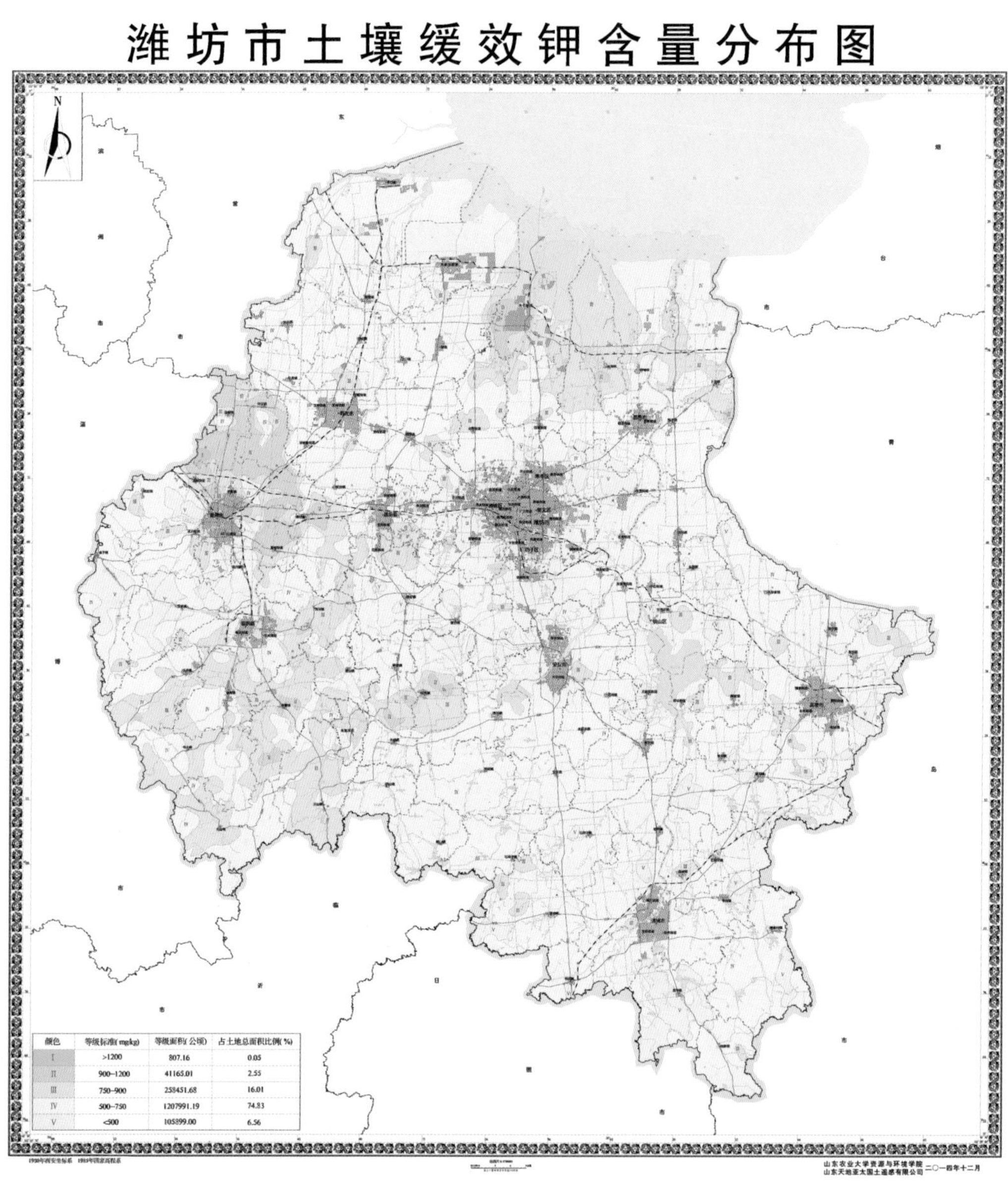

颜色	等级标准(mg/kg)	等级面积(公顷)	占土地总面积比例(%)
Ⅰ	>1200	807.16	0.05
Ⅱ	900~1200	41165.01	2.55
Ⅲ	750~900	258451.68	16.01
Ⅳ	500~750	1207991.19	74.83
Ⅴ	<500	105899.00	6.56

潍坊市土壤速效钾含量分布图

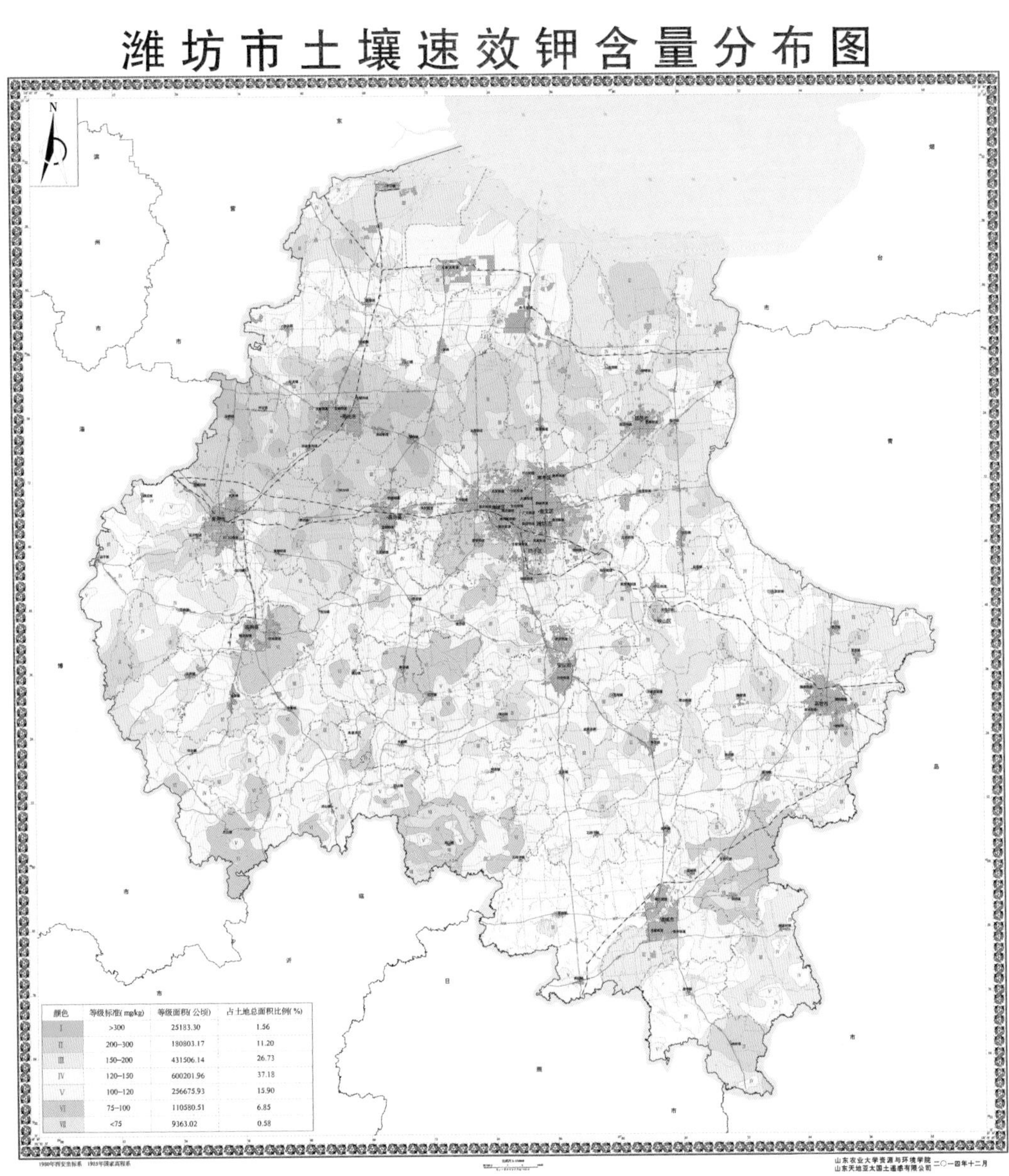

颜色	等级标准(mg/kg)	等级面积(公顷)	占土地总面积比例(%)
Ⅰ	>300	25183.30	1.56
Ⅱ	200~300	180803.17	11.20
Ⅲ	150~200	431506.14	26.73
Ⅳ	120~150	600201.96	37.18
Ⅴ	100~120	256675.93	15.90
Ⅵ	75~100	110580.51	6.85
Ⅶ	<75	9363.02	0.58

潍坊市土壤交换性钙含量分布图

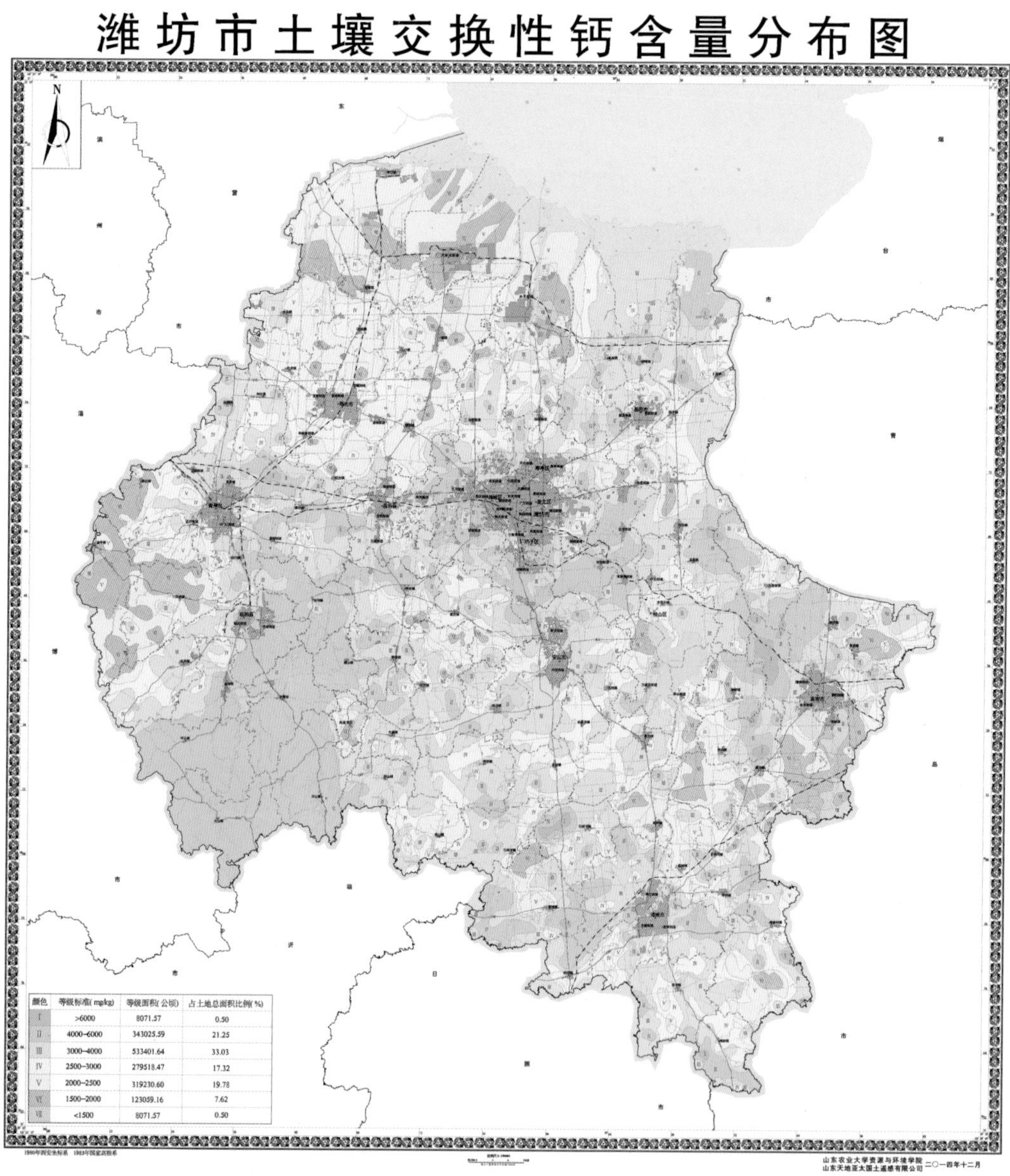

颜色	等级标准(mg/kg)	等级面积(公顷)	占土地总面积比例(%)
Ⅰ	>6000	8071.57	0.50
Ⅱ	4000~6000	343025.59	21.25
Ⅲ	3000~4000	533401.64	33.03
Ⅳ	2500~3000	279518.47	17.32
Ⅴ	2000~2500	319230.60	19.78
Ⅵ	1500~2000	123059.16	7.62
Ⅶ	<1500	8071.57	0.50

潍坊市土壤交换性镁含量分布图

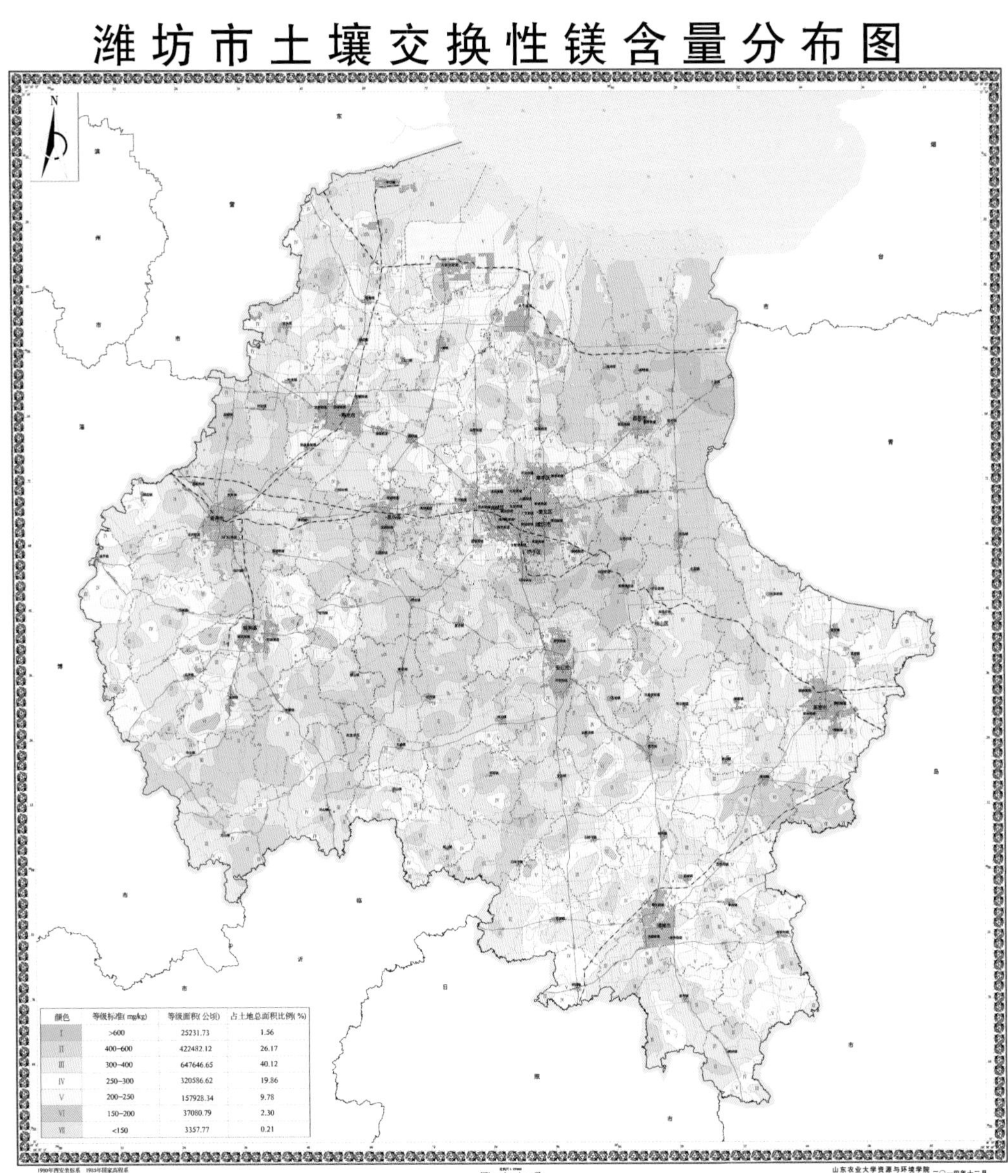

颜色	等级标准(mg/kg)	等级面积(公顷)	占土地总面积比例(%)
Ⅰ	>600	25231.73	1.56
Ⅱ	400~600	422482.12	26.17
Ⅲ	300~400	647646.65	40.12
Ⅳ	250~300	320586.62	19.86
Ⅴ	200~250	157928.34	9.78
Ⅵ	150~200	37080.79	2.30
Ⅶ	<150	3357.77	0.21

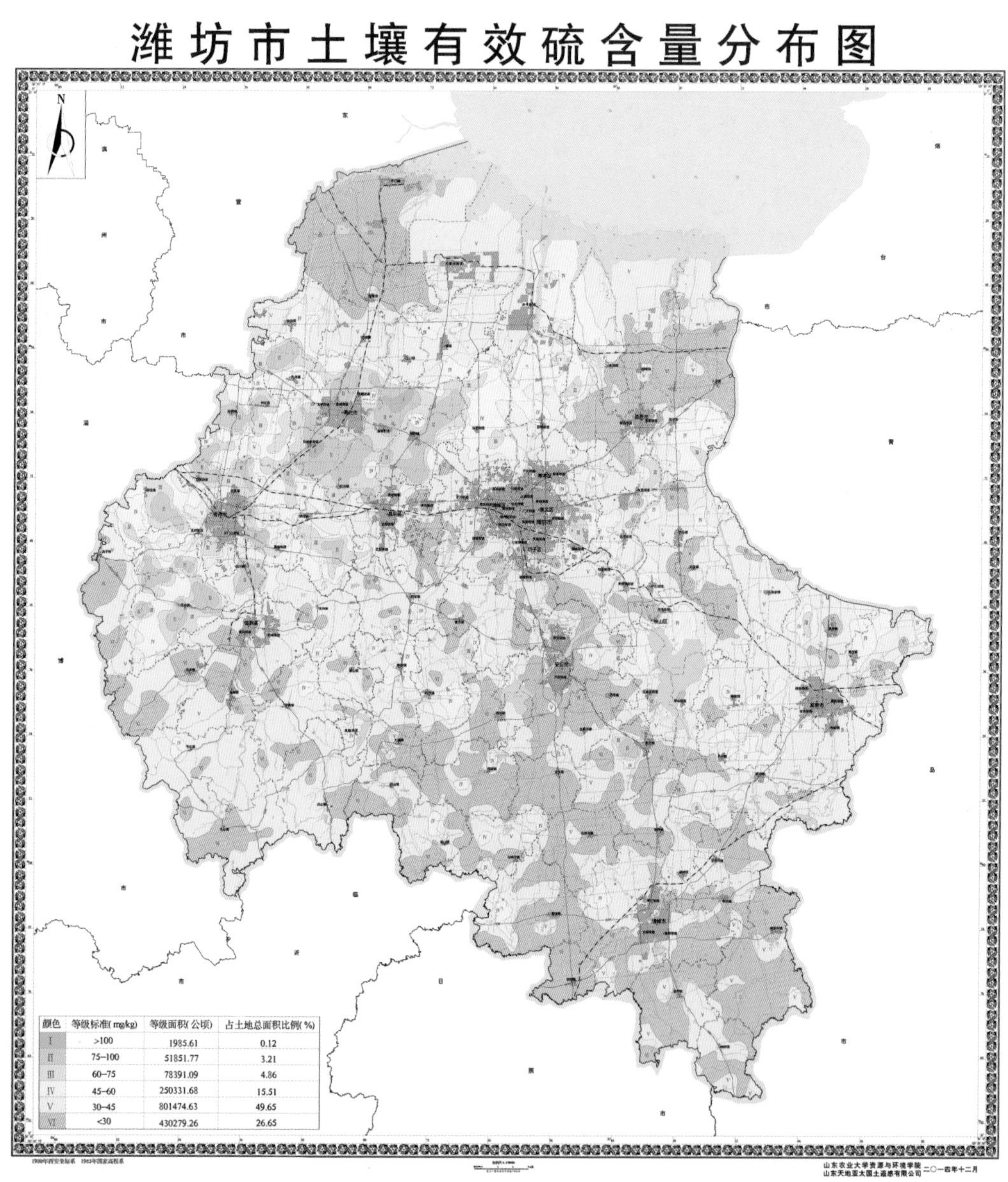

颜色	等级标准(mg/kg)	等级面积(公顷)	占土地总面积比例(%)
Ⅰ	>100	1985.61	0.12
Ⅱ	75–100	51851.77	3.21
Ⅲ	60–75	78391.09	4.86
Ⅳ	45–60	250331.68	15.51
Ⅴ	30–45	801474.63	49.65
Ⅵ	<30	430279.26	26.65

潍坊市土壤有效铜含量分布图

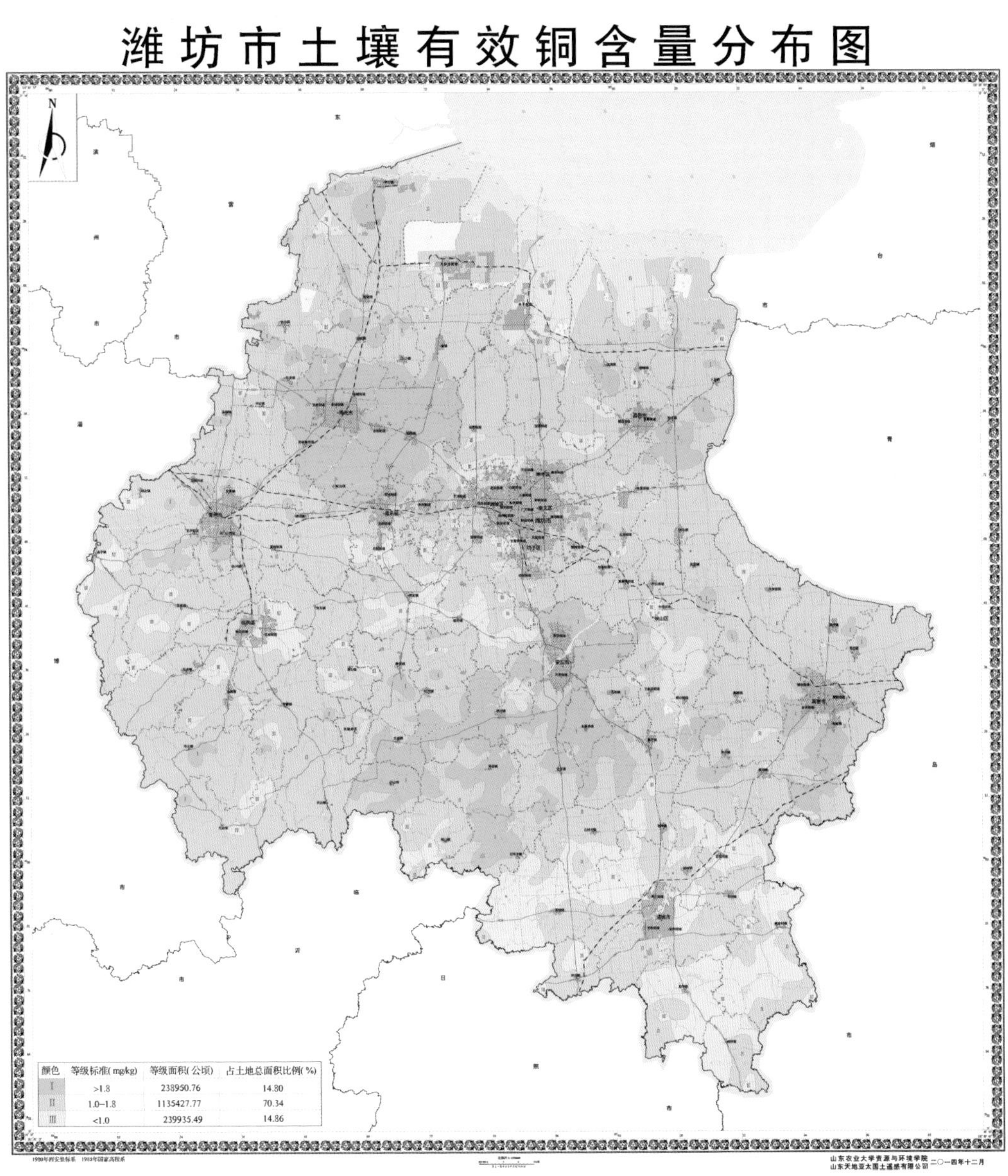

颜色	等级标准(mg/kg)	等级面积(公顷)	占土地总面积比例(%)
Ⅰ	>1.8	238950.76	14.80
Ⅱ	1.0–1.8	1135427.77	70.34
Ⅲ	<1.0	239935.49	14.86

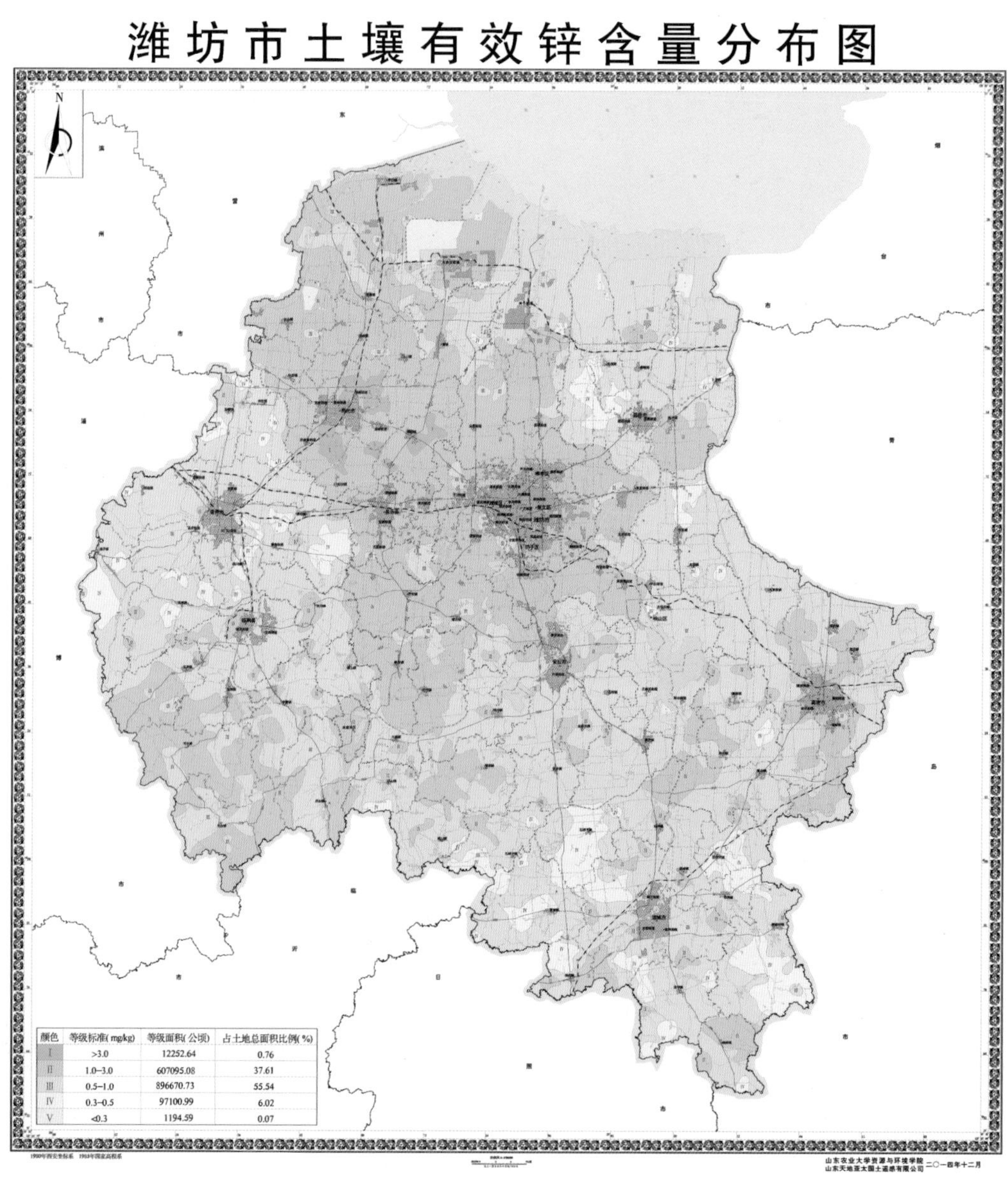

潍坊市土壤有效锌含量分布图
颜色
等级标准(mg/kg)
等级面积(公顷)
占土地总面积比例(%)
I
>3.0
12252.64
0.76
II
1.0–3.0
607095.08
37.61
III
0.5–1.0
896670.73
55.54
IV
0.3–0.5
97100.99
6.02
V
<0.3
1194.59
0.07
山东农业大学资源与环境学院
山东天地亚太国土遥感有限公司
二〇一四年十二月

潍坊市土壤有效铁含量分布图

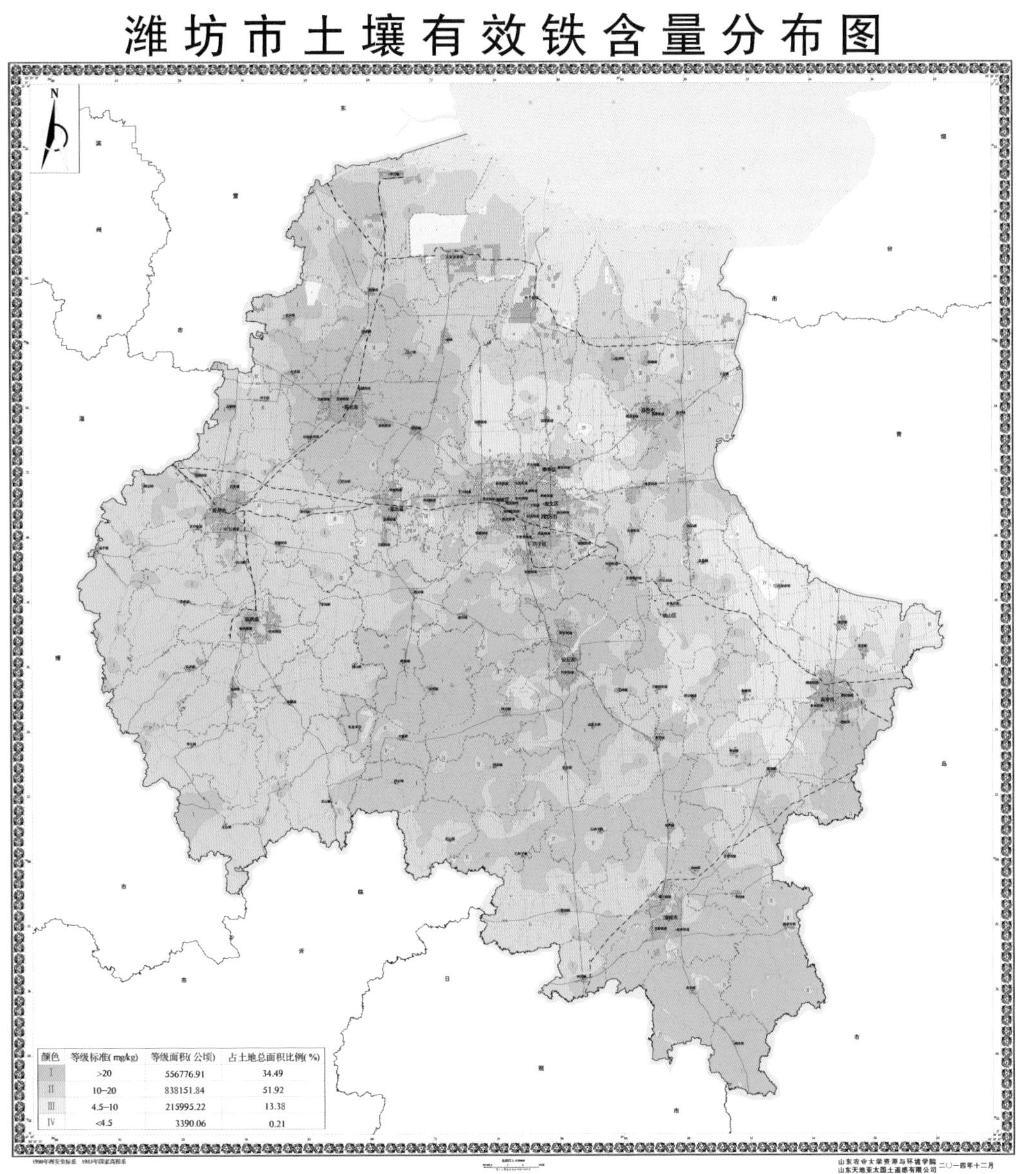

潍坊市土壤有效锰含量分布图

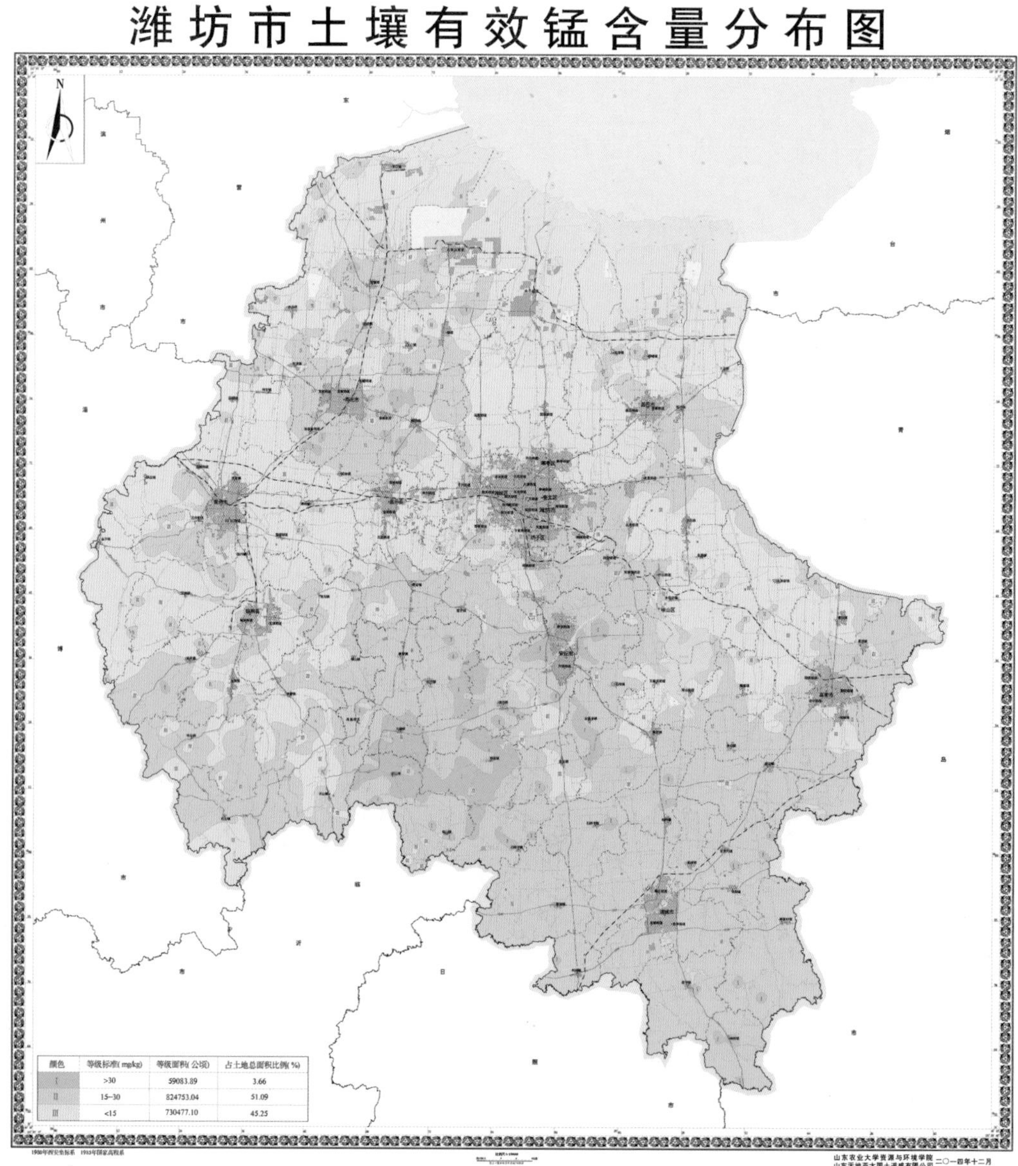

颜色	等级标准(mg/kg)	等级面积(公顷)	占土地总面积比例(%)
Ⅰ	>30	59083.89	3.66
Ⅱ	15–30	824753.04	51.09
Ⅲ	<15	730477.10	45.25

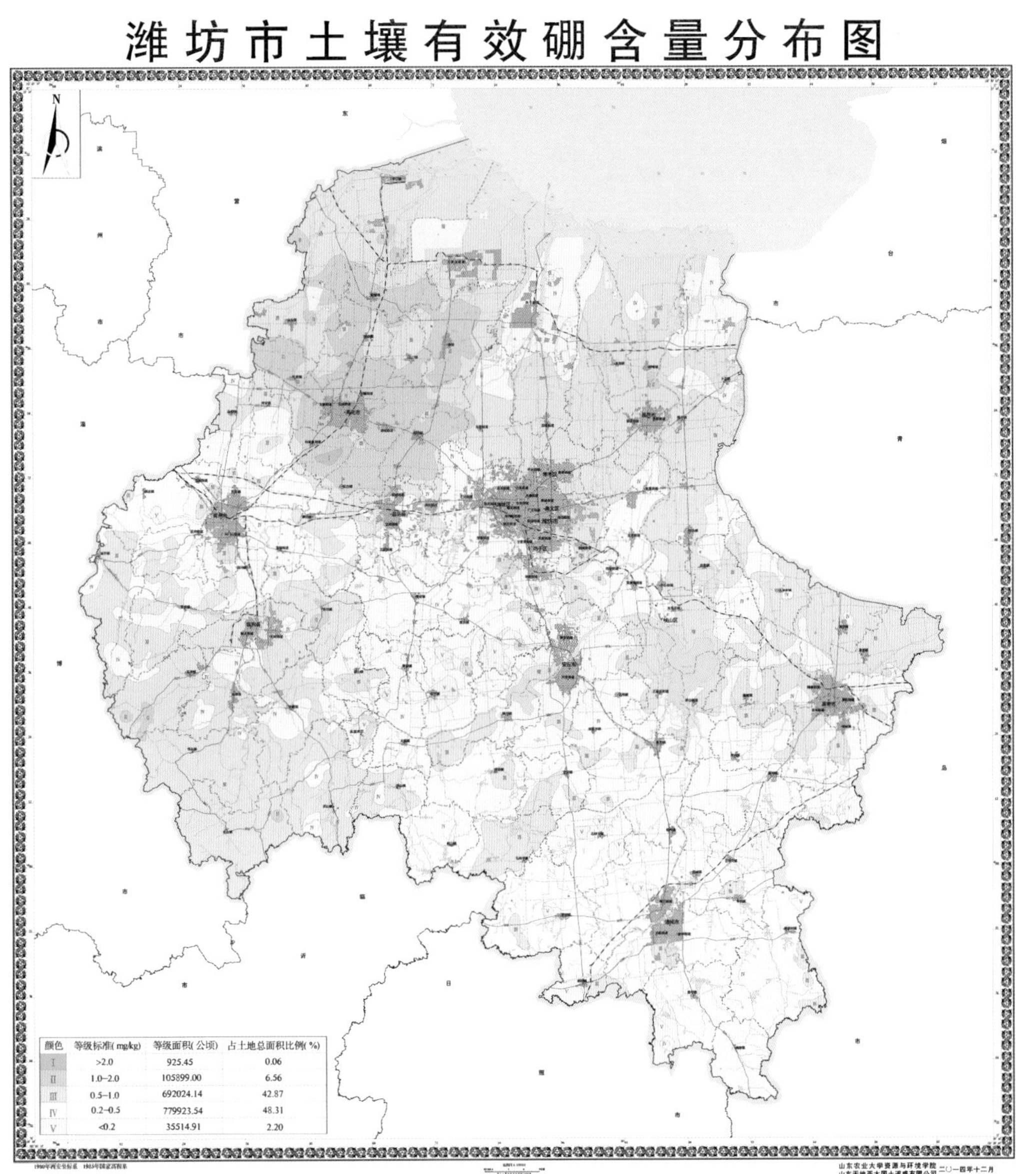
潍坊市土壤有效硼含量分布图
N
颜色 | 等级标准(mg/kg) | 等级面积(公顷) | 占土地总面积比例(%)
Ⅰ | >2.0 | 925.45 | 0.06
Ⅱ | 1.0~2.0 | 105899.00 | 6.56
Ⅲ | 0.5~1.0 | 692024.14 | 42.87
Ⅳ | 0.2~0.5 | 779923.54 | 48.31
Ⅴ | <0.2 | 35514.91 | 2.20
1980年西安坐标系　1985年国家高程系
山东农业大学资源与环境学院
山东天地亚太国土遥感有限公司
二〇一四年十二月

潍坊市土壤有效钼含量分布图

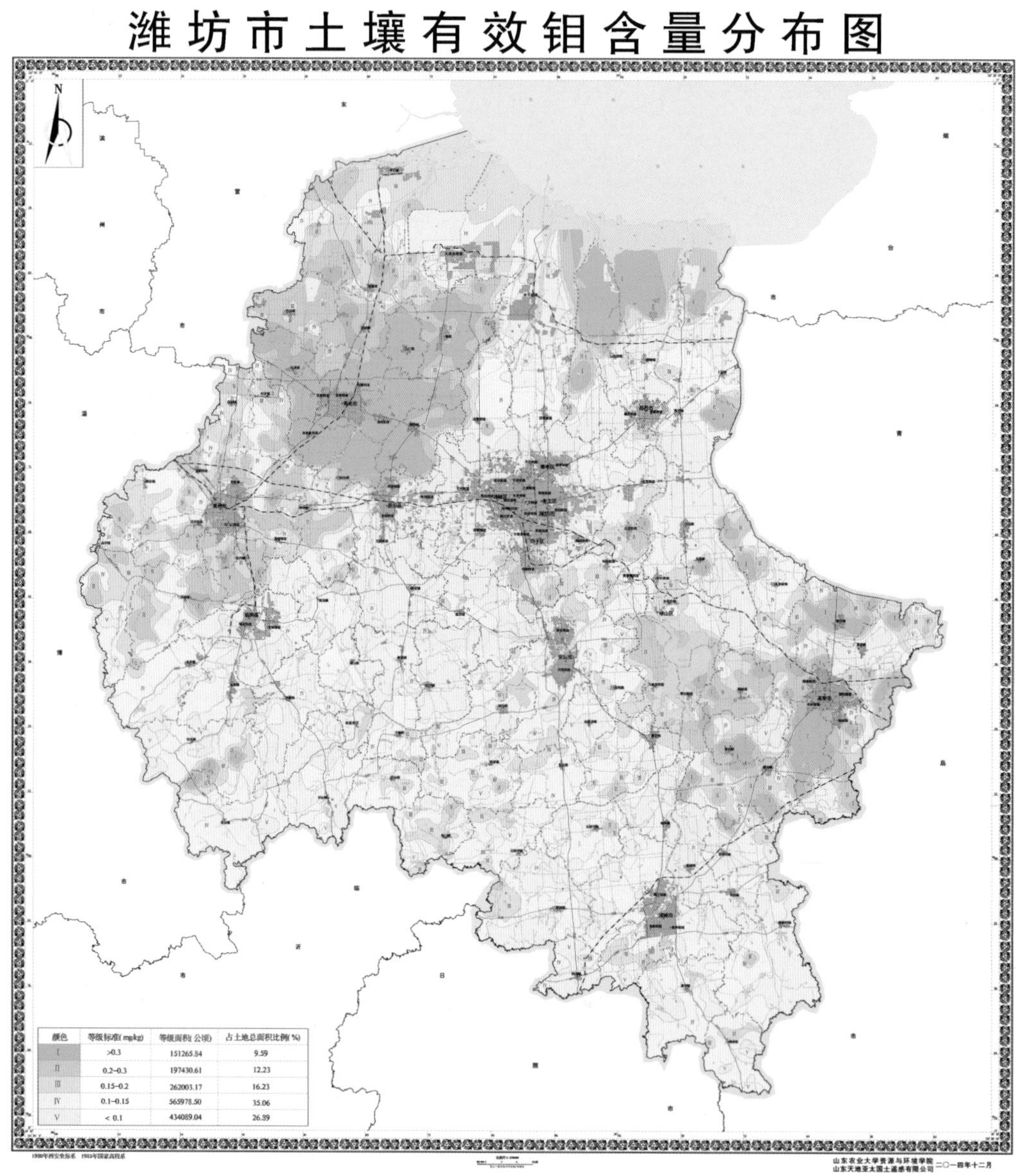

颜色	等级标准(mg/kg)	等级面积(公顷)	占土地总面积比例(%)
Ⅰ	>0.3	151265.84	9.59
Ⅱ	0.2~0.3	197430.61	12.23
Ⅲ	0.15~0.2	262003.17	16.23
Ⅳ	0.1~0.15	565978.50	35.06
Ⅴ	< 0.1	434089.04	26.89